当代科普名著系列

A World from Dust

How the Periodic Table Shaped Life

源自尘埃的世界
元素周期表如何塑造生命

本·麦克法兰　著

加拉·本特　玛丽·安德森　绘

杨先碧　杨天齐　译

上海科技教育出版社

Philosopher's Stone Series

哲人石丛书

立足当代科学前沿

彰显当代科技名家

绍介当代科学思潮

激扬科技创新精神

策 划

哲人石科学人文出版中心

对本书的评价

◇

　　本书的主题是化学在生物进化中所起的决定性作用。最近，一些作者对这个话题有所涉及，但是没有人像麦克法兰那样给予如此的重视，他将这个话题融入整个地球历史中。这本书采用了以前的其他作者未曾尝试过的叙述方式，对于对化学知之甚少的人来说也是非常容易上手的。

——罗杰·苏蒙斯（Roger Summons），
麻省理工学院地球生物学教授

内容提要

　　元素周期表中的那些方格包含了不少惊人的事实。这些元素讲述的故事，给化学、地质学、生物学甚至历史赋予了隐藏的秩序。

　　本·麦克法兰在《源自尘埃的世界》中追溯了数十亿年的进化史，以元素的数学作为开头，以人类的发展作为结尾。在这个故事中，元素周期表可以帮助我们看到新事物。世界就像是建立在地质学基础上的舞台。流水不断浸蚀山脉中的岩石，将矿物质转移进化学，并为远古生命提供化学护盾。在这种环境下，一系列化学规则不断提升生物的复杂性。随着细胞构成生物和生态系统，五颜六色的分子捕获了太阳的能量，并释放氧气。氧气是一个关键因素，它改变了世界，并使元素周期表中的一些元素按照可预测的顺序不断被生命利用。这些事件在版画家加拉·本特和医学插画家玛丽·安德森创作的40幅原创插图中得以生动体现。

　　本书适合那些对科学故事感兴趣的读者。岩石、元素和生命是这个故事的主角，将地质变迁、化学变化和生物演化交织在一起。麦克法兰将科学和艺术有机地结合起来，展示了历史、绘画、音乐、文学和化学的灵感共性。

无论您的科学背景是什么,您都能在本书中找到一个新的视角,以此来思考这个古老的世界是如何形成的。

作者简介

本·麦克法兰(Ben McFarland),在位于美国华盛顿州的西雅图太平洋大学教授化学和生物化学,已获佛罗里达大学化学专业和科技写作专业双学士学位、华盛顿大学生物分子结构与设计专业博士学位,研究方向为利用化学规则重新设计免疫系统蛋白质。

加拉·本特(Gala Bent),版画艺术家,在科尼什艺术学院任绘画教员,她的个人网页(galabent.com)展示了部分新作。

献给那些总是欢迎我回家的人：

劳丽（Laurie）（第五章和第八章）

萨姆（Sam），艾丹（Aidan），布伦丹（Brendan），本杰明（Benjamin）（第三章和第十二章）

贝萨妮（Bethany）（第十二章）

致　谢

本书所需的最宝贵和最稀缺的资源是时间。我通常通过两个渠道获得时间：由阿普尔盖特（Kathryn Applegate）和哈尔斯玛（Deborah Haarsma）组织的生物标识基金会的ECF资助，由康登（Bruce Congdon）管理的西雅图太平洋大学为我提供的年休假。

如果没有我的同事、学生和朋友对我的手稿进行阅读和评论，那我也会花费更多的时间。非常感谢汉森（Eric Hanson）、坦伦（Jenny Tenlen）、帕甘（One Pagan）、芬克（Larry Funck）、维尔科克斯（Ben Wilcox）、希尔曼（Kevin Hilman）、埃里克森（Thane Erickson）、布朗（Jeff Brown）和科比（Mike Korpi）。同样，也感谢上过我的两门课程——"物理化学概论"和"生物化学概论"的学生，他们阅读和评价了我的初稿（比终稿长得多）。特别感谢选修了**两门**课程的学生加西亚（Alex Garcia）。

感谢刘易斯（Jeremy Lewis）和兰利（Anna Langley）在编辑过程中给予的帮助。

感谢麦格雷戈（Chip MacGregor）和达尔斯特伦（Richard Dahlstrom）热心地提供有价值的建议。

最后,要感谢我的家人,感谢你们随时耐心听我不假思索地说起相关话题,感谢你们持续地表示出对我的爱和支持。

作者的话

这是一本有关历史的本质和自然的历史的书。因为我根据化学来理解这个世界,所以这本书讲述了元素、分子以及它们所构成的动物、植物和矿物。这是化学家讲述的自然史。

前三章介绍了几个化学概念,你读完之后或多或少会更熟悉些,这取决于你自己的化学基础。如果你需要加深对这些概念或词汇的理解,可以尝试在互联网快速搜索。我会不时地给出一些帮助搜索的信息。同时,元素周期表(表0.1)是帮助你阅读此书的指南。在这张表中,性质类似的元素在同一列中,从上往下看,原子量越来越大,就好像是重力把质量大的原子往下拉一样。

因为历史的本质是一个哲学话题,你如何看待它取决于你的经验。古尔德(Stephen Jay Gould)所著的《奇妙的生命》(*Wonderful Life*),也是一本关于历史的本质的书。在我的书中的第一章和最后一章,我会讨论古尔德的结论如何受到自身经验的影响。然而,我不打算攻击他,因为本书也毫无疑问源于我的经验。

我的经验有5个来源:我在研究生期间花了5年时间学习蛋白质化学;我最喜欢的颜色是绿色;我给文学艺术

学院的本科生授课，这对我连接科学和艺术至关重要（至少我交到了其他系的朋友）；我每年都出席7—12年级科技展览会的科学项目评比；我和我的家人参与了西雅图贝萨尼联合教会，在那里我给形形色色的没有上过大学的人讲课，他们可以随时离开——有时的确如此。

在上述几类经验中，最后一类是具有神学性质的，这在科普书的开头中是不常见的一类。我乐于在科学和信仰的鸿沟之间架起一座桥梁，或者在更多没有倾向性的领域中，尝试对命运和自由意志、无序和有序进行沟通。

或许，一些读者会把我对历史本质的结论归因于我个人经历的最后一部分。事实上，我的信仰在历史本质方面也是不明确的。在本书中，我强调，造成变异和流动混乱的化学秩序为历史的发展确定了方向。但是，其他和我有相同信仰的人强调了创造的偶然性和随意性，强调了历史的路径可能有很多，也强调了人们每天都会面临数不清的选择。信仰不会决定我对历史本质的结论，但是，它支持我在不同的观点中寻找一种平衡，最终得到一个合理的结论。更多的相关讨论请阅读第十二章。

对于本书的主要部分，任何人都可以很方便地进行阅读，你可以在表象之下发现许多细节和讨论。因为这本书是为非科学界人士撰写的，我向读者保留了基于个人兴趣和经验去探索个人研究的方法和局限性的机会。本书对于那些学习普通化学、生物化学或物理化学课程的学生来说，也有很好的参考价值。

正如达尔文（Charles Darwin）谈到自然选择时所说："我相信这个理论的真实性，因为它是从一个角度收集了许多表面上独立的事实，并对其做出了合理的解释。"自然选择对于达尔文的意义，就如同化学对于我的意义。在我看来，化学序列和化学顺序以一种令人惊讶而理性的方式塑造了生物学和历史的混沌，并解释了许多事实发生的原因。这是一段很长的故事,但是十分契合化学逻辑,它显示了历史的本质是由化学决定的。这重塑了我观察事物的方式,比如如何观察草地上的每一片叶子和海滩上的每一块岩石。我也希望你乐于用这种新的方式来思考那些古老的话题。

折叠的元素周期表

= 在生物化学中充当"平衡"角色的元素

= 在生物化学中充当"建造"角色的元素

= 在生物化学中充当"催化"角色的元素

= 同时具备"建造"和"平衡"能力的元素

1S

2P

3D
过渡金属

4F
稀土金属

1S

表 0.1 折纸式的元素周期表。将这张表作为你阅读本书的指南。我们将在第三章中解释"折纸"。

CONTENTS 目录

目 录

◈ 第一章

砷基生命?

莫诺湖的地质特征对其中化学过程的影响

2010年12月2日上午11:16,我收到了一封来自我学生的电子邮件,他是我生物化学课的学生。之后我又收到来自课上其他学生的两封邮件,都是问我是否听说过那个新闻。当天上午11点的一个新闻发布会宣称,科学家在莫诺湖中发现一种奇特的细菌,它用砷代替磷组建了自己的DNA。很快社交媒体上出现了相关的热点话题:砷基生命。我们都很激动,也有一点点困惑。我刚刚在课堂上讲授了磷对于DNA的独特用途。我无奈地自言自语:或许教科书得改写了。

如今,尘埃落定——教科书中的相关内容一如从前:DNA由磷建造,没有砷什么事。那个新闻发布会之后整整两年时间里,全球多个实验室围绕这个结果进行了很多实验。结果证明,教科书上说的是对的,但是这个事件依然有其价值。"砷基生命"事件的影响绝不只是在微生物学研究领域,而且是关乎科学本身,关乎我们该如何去理解事物,关乎自然史的本质。

每个人都应该知道这个事件。它可以降低我们对下一个成为热点话题的新闻发布会的期望值,还可以让全球科学界更加谨慎地对待这些新发现。而且,这个事件还表明,有一些事物隐藏在我们所生活的世界中,它们之所以没有被报道,是因为它们来源太多而且十分复杂。一种隐藏的秩序使得生物学甚至社会学变得有意义,这种隐藏的秩序就是化学。

所有生命,从湖水中的细菌到在阅读这些文字时你大脑中活跃的神经元,都会受到一定的约束。它们随机地适应环境,具有近乎无限的创造性,但是生命的总体路径是受限制的,就如同在跨洋邮船的甲板上活动一样。生命数十亿年时间尺度的演化历程,是受化学规则约束的。

规则之一是磷才能构建优质的DNA,而砷不行。为了得到这个结论,我们不得不从砷基生命的故事起源地开始。被称为砷基生命的细菌引发了轩然大波,而它们的家乡在加利福尼亚州的一个偏僻之地——莫诺湖。

莫诺湖坐落在约塞米蒂东部一个盆地底部,这个盆地位于康内斯山的山脚下。它是北美洲最古老的湖泊之一,宁静而美丽,其中有不少粗糙奇特的石灰华柱,看上去如同异星景观。这片湖毒性较大,含砷的湖水让周边的生态系统处于持续的化学威胁之中。

莫诺湖是一个不寻常的地方,生存着特殊的生命,这种生命甚至具有特别的原子。莫诺湖不寻常的化学成分源于特殊的地理环境。从空中俯瞰,莫诺湖具有不对称的形状,它的西岸略呈方形且有尖角,它的东岸则呈圆弧形。西部的尖锐边缘是地质断层的结果,由395号公路勾画出来。在断层以西,来自地壳深处的力量挤压出内华达山脉;在断层以东,撕裂而成的平整地块上出现了湖泊。西部的山脉阻挡了湿气前进的步伐,使得山脉东部的莫诺湖区域变得干旱而少雨。这里也是内华达沙漠的起点。

395号公路的断层上还有不少死火山。来自地下的压力使得内华达山脉以每年约1毫米的速度抬升,这使得山脉不断隆起并渐渐远离莫诺湖。有时候,这种压力甚至爆炸性地被释放出来。250年前,一座火山的喷发导致莫诺湖中出现了一个新的小岛。

内华达山脉的高浓度化学溶液,主要存在于莫诺湖水中。就像死海一样,莫诺湖坐落在碗状岩石的底部,有许多流入的溪流却没有流出的。一旦某个原子进入莫诺湖,它就难以离开,除非它足够轻而可以被蒸发掉,或以液态渗透到地下,或因为"侥幸"被动物食用而离开莫诺湖。水流把周围山上岩石中的原子带入到莫诺湖中,然后这些原子就被困在那里。

莫诺湖中的水主要来自山上的流水。溶解的矿物质,尤其是钙,使得莫诺湖的水很"硬"。它是如此之"硬",以至于蒸发之后会形成石灰华岩柱(见图1.1)。英国摇滚乐队平克·弗洛伊德的经典专辑《愿你在此》(*Wish You Were Here*)的封面照片就是在莫诺湖边拍摄的。这个封面展示的是,一名潜水者从蓝色的水中伸出两条腿,周围是沙黄色的石柱,给人一种溅起的浪花变成了岩石的错觉。有时候,湖水是如此之"硬",以至于会让长期停留在湖面上的鸟儿出现钙化现象。矿物质悄悄地爬上鸟儿的身体,覆盖了它的羽毛,最终袭裹和固化了整只鸟儿,就像爱伦·坡(Edgar Allan Poe)的作品中描述的场景那样。

石灰华柱的形成是个化学过程,也是时间的杰作。你也可以将一定量小苏打(碳酸氢钠)、食盐(氯化钠)、泻盐(硫酸镁)和硼砂(硼酸钠)与1加仑*水混合溶解在水桶中,然后添加氯化钙,就可以制作属于你自己的石灰华柱了。此时你的水桶中有着对成岩(也是对生命)来说十分关键的6种元素:钠、氯、镁、硫、钙和碳。在水桶里混合物包含的元素中,只有硼元素(硼砂中的元素)在本书中是非主流元素。混合这些化学物质之后,你所需要做的事情就是耐心等待水分的蒸发。几个月

---

* 1加仑约为3.8升。——译者

之后,钙离子就会不可阻挡地和小苏打中的碳酸盐发生化学反应,形成石灰华柱。

当钙离子转化为石灰华后,其他化学物质继续溶解在湖水中。首先,来自食盐的钠和氯这两种元素很好地溶解在水中。由于太重而不能蒸发,钠和氯不断困于莫诺湖中,导致湖水的盐度是海水的2倍。剩下的其他元素大部分被水中的氧原子框架包围——碳存在于碳酸盐(小苏打)中,硫存在于硫酸盐(泻盐)中,硼存在于硼酸盐(硼砂)中,而砷存在于砷酸盐中(这没有出现在上述实验中,因为我想你不会让自己的实验桶里出现毒药)。

图1.1 在莫诺湖中,石灰华柱中不同寻常的化学成分,是否也会重塑微生物的DNA?而且,注意镁是如何和DNA中的磷酸发生作用的。

本书的大部分内容都是在讨论这些化学物质在原子尺度上的作用。当你在这个尺度范围内进行探究时,有两个主要的因素要考虑。**首先,所有的事物都处于连续的运动之中**。比如,在无风的时候,一条河流看起来很平静,但是从生物学的角度来看,它是在不断变化的:动物在其中游动,植物随波逐流,水也在不断流动。如果从最微小的尺度上进行观察,这种运动变化情况更是会被显著放大,因为其中的分子在不停地摆动或来回快速运动,就如同瓶中的小蜜蜂一样。

其次,当分子结合在一起的时候,**它们只考虑两件事情:形状和电荷**。形状都是比较常见的——所有原子都是球形的,可以像超市里的橙子那样堆在一起。但是,电荷就有些不一样了。除非你和电线打交道,或者将你的脚在长绒地毯上摩擦,不然你是难以感觉宏观世界中的电荷不平衡现象。然而,在纳米尺度上,电荷驱动着周围的所有物质。每个原子都是由较重的带正电荷的质子和较轻的带负电荷的电子组成的。当这些电荷处于对称和平衡状态时,所有的电荷加起来呈现电中性。但是,如果它们变得不平衡,多米诺骨牌效应就出现了,化学反应由此发生。

微观世界里"异性相吸"的原理一样管用,因为正电荷和负电荷会相互吸引。如果这种引力将2个带负电荷的电子放到2个带正电荷的质子之间,电子就可以靠化学键将质子连接起来。通过化学键相连的原子可组合成分子。如果两个离子带不同的电荷,它们也可以连接在一起。莫诺湖的化学性质,实际上所有物质的化学性质,都是由正、负电荷的不同形式的相互作用产生的。

在前面所提到的带酸根的分子中,每个分子都有不同的中心原子被3个或4个氧原子包围。这些酸根具有很强的负电荷,可以吸引相邻的分子。如果有水分子靠近,酸根中带负电荷的氧原子会吸引水中带正电荷的氢原子,并猛地将之拽下来。结果,H^+(氢离子)从H_2O(水)分子中剥离下来,剩下OH^-(氢氧根离子)。

因此,当岩石中的盐分溶解在水中后,其中的酸根会制造足够的氢氧根离子,从而改变水的化学性质。这种变化可以用pH计来测量。如果溶液中所有的水分子都没有变化,pH为7,溶液是中性的。如果溶液中的水分子被部分分解而产生氢氧根离子,pH大于7,溶液是碱性的。如果溶液中的水分子被部分分解而产生氢离子,pH小于7,溶液是酸性的。

有这样一条经验可以遵循:深色花岗岩是酸性的,而浅色石灰石是碱性的。莫诺湖中的浅色石灰华柱意味着周边的碱性环境,湖水的pH约为10。其中含有很多氢氧根离子,其碱性和氧化镁乳液差不多,通常只比氨水的pH小一些。这种碱液摸起来有些滑而黏,就好像你跳入其中,就会溅起石头般的浪花。

因此,莫诺湖不可能是花园之地,但也并非一片死寂。当地的地质环境导致了湖水较"硬"而且呈现碱性,这也形成了独具特色的生态环境。鱼不能在pH高的莫诺湖水中生存,但是更小、更灵活的生物可以适应这样的环境,并从中获取它们生存所需的物质。

春天,当汹涌的溪水流入莫诺湖时,湖水也因藻类的生长而变绿了。汇入莫诺湖的溪流给湖中的生物带来了包括磷酸盐在内的矿物质养分。阳光给予藻类生长的能量,然后藻类将小分子转化为其他生物所需的大分子:糖类、脂肪和蛋白质。丰年虫以藻类为食,而鸟儿以丰年虫为食,它们还吃黑蝇。在湖滨,常常生活着大片大片的黑蝇,它们在那里不断繁殖。从人类的角度来看,这些黑蝇简直有些泛滥成灾了。

但是,并非所有的岩石成分都对生命有益。当大量溶解在春季径流中的磷酸盐进入莫诺湖时,大量溶解的砷也以砷酸盐的形式流进来,并不断富集在湖中。那里的生物已经学会了如何适应含砷的环境。这种极端的生态系统吸引了不少好奇的科学家,他们希望弄明白有毒地质环境中的生化机制。

抗砷的细菌

让我们再回到有关2010年砷基生命的新闻发布会这个话题。从20世纪80年代冷聚变失败之后,科学家就开始学会了质疑通过新闻发布会公布的科研成果。然而,这次与冷聚变不同的是:砷基生命的研究成果通过了同行评议并在知名期刊正式发表。一个包括美国国家航空航天局(NASA)天体生物学研究所成员在内的科学家团队,在美国著名学术期刊《科学》(Science)上发表论文称,他们找到了莫诺湖中的细菌用砷代替磷构建DNA的证据。

这篇2010年发表在《科学》杂志的论文中提出的问题颇具煽动性:莫诺湖的极端环境能促使生命用有毒元素来构建自身吗? 难道莫诺湖中的细菌是如此之独特,以至于可以发展出基于砷环境的生化"炼金术",将一把"毒剑"炼制成"高效之犁"?

沃尔夫-西蒙(Felisa Wolfe-Simon)是《科学》杂志2010年那篇论文的第一作者,她声称细菌能在砷环境中顺利闯关。她在实验室里培育了一些来自莫诺湖淤泥中的细菌,并逐天减少培养容器中的磷酸盐,同时保持砷的浓度不变,她以此来证明细菌不但可以**耐受**砷,而且事实上还可以**利用**砷。她日复一日在实验室观察,结果这些细菌仍然毫不妥协地生长着。

沃尔夫-西蒙在实验中移走磷酸盐是基于元素周期表的规律,因为表中的砷(As)位于磷(P)的正下方。元素周期表的每列代表着同一族的元素,它们具有类似的电子排布,因而也就具有相近的化学性质。磷可以用来构建所有生物的DNA和细胞膜。一旦环境中的磷酸盐被移走,细菌将被迫借助环境中的最优替代品:砷酸盐。

事实上,元素周期表中同族元素化学性质的相似性在实验室里是很有用的。如果你想部分改变一个分子,可尝试用同族的元素来替代某个元素。它们往往有类似的化学键,化学性质也差不多,但是具有不同的外形。2006年,化学家利用镧、氧、铁和磷合成了一种新的超导体。既然磷能发挥作用,那么为何不尝试利用它的化学"表亲"——同一族的砷呢?科学家的确这样尝试了,结果获得了含砷的超导体,从某种意义上来说甚至性能更好。

既然超导体中磷和砷可以互换,那为何DNA中不能呢?在发现莫诺湖细菌之前,沃尔夫-西蒙在2009年发表的论文《自然界也会选择砷吗?》(Did nature also choose arsenic?)中也提出了类似的问题。她推测,砷基生命组成的"暗生物圈"在生命起源中占有一定的地位。换句话说,这是非主流的生化圈子。

问题是,对于所有的已知生物来说,磷是生命的构建者,而砷则是死亡的代名词。在这种情况下,它们的相似性也可用来解释为何砷是一种危险的毒药(这种毒药经常用于推动戏剧情节的发展)。这两种元素都可被氧原子包围而形成酸根:磷酸根和砷酸根。元素周期表可让我们预测它们形状和大小的相似性:如果把磷酸根比作手球,那么可把砷酸根比作壁球。你在翻找健身袋里的手球和壁球时,可能把它们弄混。同样地,细胞原本想"抓"一个磷酸根,结果可能会误"抓"了一个相似的砷酸根,中毒的悲剧就发生了。

磷酸根和砷酸根看起来很像,但它们的作用却不一样。如果你摄入了过多含砷的物质,你会感觉头痛、意识错乱、嗜睡。你将腹泻或呕吐,身体试图从上下两头将它们排泄出来。你体内的许多器官或组织都会立即发生故障:你会感到肚子疼、肌肉痉挛、肾功能失调;生长能力也会失效,头发成片掉落,指甲变白。如果达到一定剂量,砷甚至会令人昏迷和死亡。

维持生命的磷酸根和致命的砷酸根之间的不同之处在于时效性。

磷酸根可以牢固地结合其他分子,并可维持数天;然而,砷酸根和其他分子结合之后,几秒内就掉下来了。如果说磷酸根是勤奋认真地建造身体的工程师,那么砷酸根则是很容易分散注意力的落后者。比磷酸根个头更大的砷酸根的化学键更长,可以给水留更多的空间。水从各个方向挤压而来,侵入砷酸根,然后破坏它的化学键。在试管中,含有砷酸根的化学物质几秒钟内就会分解。砷不会和身体内的蛋白质和代谢物合作,它会和两者结合,但是结合不牢。

当身体用砷取代磷酸根后,砷的毒性就会出现。它就像一张粘不住的旧便利贴,很快就掉落下来。磷酸根可以传递全身肌肉收缩和生长所需的基本信号,而砷酸根会切断这种信号。如果磷酸根这个"信使"消失,细胞也会随之死亡。迅速生长的细胞(头发和肾脏中的细胞)率先感受到威胁,但是由于所有的细胞都会用到磷,因此所有细胞都处于危险之中。心脏细胞也会因失去能量而停止活动并死去。

砷酸根还会带来第二种危险。因为砷的个头比磷大,它就有更大的空间携带额外的电子。在细胞中,砷酸根像海绵一样吸收周围的电子,这会破坏细胞的电子平衡。砷酸根也会随机地释放电子,这些电子会和其他分子产生强烈的反应,对氧气来说尤其突出。随机的反应像来自内部的弹片一样击碎细胞。在一个实验中,酵母被喂食砷之后,细胞内的电子平衡被破坏,其中的DNA像掉落在地的鸡蛋一样四分五裂。砷还会通过干扰硫原子的方式,来破坏蛋白质的合成。

从这个角度来看,用富砷且贫磷的培养液来培育细胞是愚蠢的。然而,这还需要实验室的证据。沃尔夫-西蒙的逻辑也是建立在元素周期表之上的,而且事实上细菌确实可以在莫诺湖恶劣的环境中繁衍生息,那样的化学条件对动物和植物来说只有几小时的生存期。对于没有复杂系统的单细胞生物来说或许可以松一口气,因为在缺磷的环境中它可以有第二选择,尽管这个第二选择在通常情况下是有毒的。微生物是否可以把这种有毒的元素转化为生命的一部分呢？

沃尔夫-西蒙的实验表明，微生物可以在富砷且贫磷的环境中生存。这是一个令人激动的结果，但这仍然只是一个开端。能在砷酸盐环境中生存，并不意味着砷酸盐可以用来构造细胞。由于当时最先进的显微镜也不能看清原子，所以沃尔夫-西蒙和她的同事通过观测细胞来进行验证。这些细菌看上去布满了可容纳砷酸盐的泡泡。细菌通常用这种方法来应对毒素——它们将这些毒素塞进泡泡里。这就如同我们在清扫房间时，把那些暂时用不着的东西全部塞进壁橱里。就像我们为了整洁平时不打开壁橱一样，只要不把泡泡里的毒素放出来，细菌就没事。

沃尔夫-西蒙和她的同事仍然不能证明，在那些细菌的分子中，砷酸根**代替**了磷酸根。在细胞中，磷酸根和蛋白质结合，覆盖在细胞膜上，作为较小的储能分子[比如腺苷三磷酸（即 ATP，TP 的意思是**三个磷酸根**）]飘浮在周围。也许最重要的是，磷酸根可以用于形成 DNA 的主干核苷酸。DNA 是一种生物大分子，能告诉细胞如何制造其他分子。如果沃尔夫-西蒙能够发现砷酸根不仅仅是临时地而是永久性地固定在 DNA 的主干上，那么这项研究就没有争议了。

然而，他们并没有找到这样的证据。在沃尔夫-西蒙的论文中，包含了几处令人惊讶的、薄弱的实验证据。他们分离出来的 DNA 显示，其中有微量的砷酸盐。但是其含量是如此之低，以至于可以将之看成是"背景噪声"。他们用 X 射线照射细胞，的确产生了一个令人费解的波形。这也不能直接说明那就是砷酸盐形成的，只能说明它可能和**某种物质**有关。然而，它看起来又明显不像其他物质形成的波形。这个波形太微弱了，而且对所有科学家来说，其中的误差实在太大了。对我来说，也是这样的感觉。与其说我们获得了确凿的结论，还不如说我们陷入了谜团之中。

2011—2012年,莫诺湖细菌之旅

6个月后,《科学》杂志迈出了我从未见过的第一步。它登载了8篇不同的评论文章,每篇都是质疑沃尔夫-西蒙论文的辩论性短文。化学家陈述了砷酸盐化学键的脆弱性,生物学家质疑了相关技术。每个人都在问,为什么没有做更详细的实验。(现在,这成了针对一篇论文常见的评论方式,因为对一个实验提建议总比进行这个实验要简单得多。)

要真正改变观念,不是通过出版物,而是通过实验。沃尔夫-西蒙和其他人将来自莫诺湖的细菌送到世界各地,让其他科学家开始研究这些细菌。加拿大一位科学家甚至每天在博客上公布她的实验。2012年夏天,在《科学》杂志第一次登载沃尔夫-西蒙论文的一年半之后,有两篇相关研究论文发表在《科学》杂志上,还有两篇发表在其他杂志上,所有这些论文构成了一系列证据:

1. 来自瑞士的一个实验室发现,莫诺湖细菌可以在"非常低"浓度磷酸盐环境下生存,但在"非常、非常低"浓度磷酸盐环境中**不能**生存。微量的磷可能污染了沃尔夫-西蒙的原始培育介质。这个瑞士实验室还采用了可以称重单个分子的质谱技术,以此来寻找较重的砷原子。结果,莫诺湖细菌DNA中砷原子的含量低得难以测量,这表明其DNA中至少99.99%的相关成分是磷酸根。

2. 雷德菲尔德(Rosie Redfield)就是那名在博客上每日更新相关实验的加拿大科学家。她的研究团队也发现,莫诺湖细菌不能在"非常低"浓度磷酸盐的环境中生存。他们的质谱研究也显示,寻找砷的结果是一片空白。这些细菌在温哥华的表现和在瑞士的表现是一样的。后来,雷德菲尔德还将这些细菌的DNA在水中储存了两个月,结果什么也没有发生。化学家所知道的所有含砷酸根的分子都容易和水发生反

应,但是这些细菌的DNA和所有磷基DNA一样稳定,这很可能是因为它们本身就是磷基DNA。

以上研究充分说明,莫诺湖细菌并不能利用砷酸根,而只是可以抵御砷酸根。这表明它们并非"食砷者",但这也不能说明它们的真实身份究竟是什么。它们为何如此擅长识别磷酸根和砷酸根?另外两篇论文可以回答这个问题。

3. 以色列研究人员采用了一种复杂且耗时的技术。这种技术利用X射线来观察单个原子。他们查验了在磷酸根环境中培育的细胞外的磷酸根结合蛋白,并让它们进入在富含砷酸根环境中的细胞内。在该环境中,这些磷酸根结合蛋白面临来自数以千计的砷酸根的挑战。这个实验小组仔细观察莫诺湖细菌中的磷酸根结合蛋白,结果发现了它们擅长接纳磷酸根而排斥砷的原因。

他们拍摄的图片显示,莫诺湖细菌蛋白中有一个磷酸根结合孔。这个孔就像一把锁,而磷酸根就像与之适配的钥匙。磷酸根的4个氧原子彼此分散开,并和中间的磷原子相连。这种四面体结构就像是相机的三脚架,顶部还伸出一个支撑相机的托臂;磷原子在中间,并伸出4个支脚,在每个支脚末端有一个氧原子。蛋白质上的磷酸根结合点就像一把锁,与磷酸根上4个带负电荷的氧原子相对应的是由4个带正电荷的氢原子组成的稍大的四面体孔洞(见图1.2)。两种带相反电荷的物质相互吸引,使磷酸根结合到蛋白质上合适的位置,蛋白质和磷酸根就达到了电荷平衡。

莫诺湖细菌的蛋白稍稍有点扭曲,这对它的生存有利。磷酸根和砷酸根四面体的每个氧原子都会和水分子中的一个氢原子相结合。对磷酸根来说,这种结合的角度为95°;而对砷酸根来说,这种结合的角度为109°。这种结构的差异可以用于区分营养物和毒素。莫诺湖细菌的蛋白质将带负电荷的氧原子按照95°与其表面的氢原子匹配,而不是按

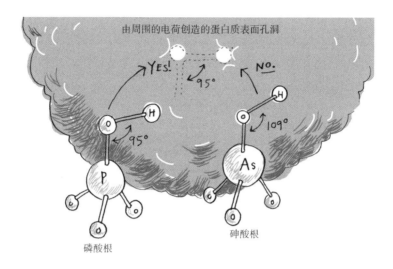

图1.2　磷酸根和砷酸根具有相似的几何构型,但是蛋白质可以通过O—H键和酸根的结合角度来区分它们。

109°进行匹配。这样,就可以将磷酸根结合到恰当的位置,而砷酸根无法与之匹配。

4. 最后一项证据是细菌内磷的总量的研究。既然沃尔夫–西蒙的“非常低”浓度的磷酸盐不足以让细胞生存,那么莫诺湖细菌如何具有与众不同的生存能力呢？来自美国迈阿密的一个实验室发现了“令人毛骨悚然”的秘密:这些细菌可以通过自噬核糖体(细胞中最重要的细胞器)的方式来获得磷酸根。

核糖体是由蛋白质和RNA组成的合成蛋白质的细胞器。(RNA看上去和DNA比较像,但组成它们的碱基对有1个不同。)细胞内的每个蛋白质都是由核糖体来组装合成的。细菌的干重有1/4是由核糖体贡献的,而磷酸根大约占RNA质量的1/4,这使核糖体成为缺磷细菌的目标。迈阿密实验室的研究人员发现,莫诺湖细菌可通过破坏自己的核糖体来获得磷酸根。毋庸置疑,从长远来看,这种策略是不可持续的。这就好比劈了家具去为火炉提供燃料。

以上四项研究可以得出一个结论:莫诺湖细菌尽可能地**抵御**自身对砷酸根的利用。正如我们所知,生命不会接受构建细胞分子的替代物,它不会和砷酸根合作,而是发展出拒绝砷酸根的新方法。这不是沃尔夫-西蒙所期待发现的,却反过来让这个结论更有说服力。生物学在不断发展变化,但是它的发展是基于一个固定的、无可争议的化学事实:砷酸盐不适合构建DNA。即使有关莫诺湖细菌砷基DNA的研究搭建了一个高高的纸牌屋,它也会在数秒内崩塌。

磷:最后一个永久性的元素

以上再次强调的是生物学家早已熟知的事实:磷不可避免地会和生命发生联系。在莫诺湖,它造成了春天藻类水华。这种现象可以追溯到遥远的过去。地球冰川经过后,古老的岩石或许为地球提供了大量磷酸盐。可以推测,不断前行的冰川将岩石中的磷酸盐刮出来,并将其冲向大海,结果带来了远古海洋中植物和微生物的大爆发。越来越多的磷构成了越来越多的生命,这就是地质学通过化学向生物学的演化。这对所有的生化反应都产生了深远的影响,因为所有和磷有亲和关系的元素,也能很好地融入生命。

在元素周期表中,磷(以磷酸根的形式)在生物学上的优势地位,远远超越了下边的砷(砷酸根)、上边的氮(硝酸根)、右边的硫(硫酸根)和左边的硅(硅酸根)。事实上,在与带负电荷的原子形成中等强度化学键方面,它也比元素周期表中的其他元素更具优势。这使得磷在生化反应中,成为传递能量和信息的最佳选择。

为了弄懂磷的化学优势,让我们进入微观世界去看原子是如何移动、结合和分离的。微生物的生存必须要有水而不是空气,它们被大量流动的水分子包围着。微观世界里的每种微粒都像蝴蝶一样飞来飞去,直到它们被固定住为止。其中的分子运动表现为随机的碰撞和移动,就如同大型户外活动里的人员流动一样。在这种混乱状态下,就像三维拼图的碎片那样,最合适的一些粒子会结合到一起,它们结合的动力来源于随机的运动碰撞和电荷形成的电场。形状和电荷都比较匹配的原子会结合得更稳定一些,就像莫诺湖细菌中的磷酸根-蛋白质组合。

综上所述,搭建生命结构的分子需要具有以下三个特征:

1. 它必须在水中仍然能**发挥正常功能**。

2. 它必须具有和功能相匹配的**形状和电荷**。

3. 它的**化学键必须**如所需的那样**稳定**。

砷酸根和磷酸根都可以在莫诺湖中发挥正常功能,都具有相似的合适形状和电荷,然而上述第三点将两者区分开来:磷酸根和蛋白质可以形成长时间稳定的化学键,而砷酸根不行。即便满湖都是砷酸根,生命还是要选择磷酸根。

为了搞清楚磷酸根的独特性能,我们从化学家着手研究的地方来了解:它具有四面体(有4个面)结构,如同图1.2中展示的那样;当溶解在水中时,磷酸根离子可自由移动,4个氧原子围着磷原子打转;从远处看,这些原子组合成一个个带负电荷的小球,和水分子中相反电荷连接在一起,演绎一段复杂的离子之舞。

没有其他元素能够担此重任,因为其他元素都不具有磷的化学性质。所有可能的化学选项都出现在元素周期表上。花点时间研究一下本书开头的元素周期表(图0.1),考虑那些方框中的不同元素。[当我们在读这本书的时候,记得不时回头看看那张表。它就是本书阅读之旅的地图,就像托尔金(Tolkien)所著的魔幻小说《魔戒》(*Lord of the Rings*)中中土世界的地图一样。]起初,90个天然元素似乎给了替代磷的很多选项。但是,这些选项很快就变少了。

首先,我们不得不排除元素周期表前两排的元素(从1号元素氢到10号元素氖)。这些元素太小了,不能提供和氧化合的4个化学键并形成我们所需的四面体结构,因此这些元素不符合上述第2个特征。然后,我们得排除第4排(从19号元素钾开始)及之下的元素(从37号元素铷开始)。它们虽然足够大,但是它们要么太稀少,要么和氧结合成酸根后难溶于水,因此它们不符合上述第1个特征。

接着按列来考虑。元素周期表中,各元素的外层电子数从左到右是逐渐增多的。最左边的那列元素只有1个外层电子,紧挨着的那列元素有2个外层电子(接下来一堆过渡元素,比如从21号元素钪到30号元素锌,大多也有2个外层电子),5号元素硼的那列元素有3个外层电子,6号元素碳的那列元素有4个外层电子,一直到最右边的那列元素,有8个外层电子。每个氧大约需要备选元素有1个外层电子和它结合成键,这样我们可排除5号元素硼左边的所有元素,因为它们的电子太少,不足以和4个氧原子结合成键。最右边的那列元素都是不和其他元素发生反应的气体元素,它们非常顽固而难以形成化学键(因此它们又被称为"惰性气体"),所以也可以被排除。

当我们再次坐下来观察那些我们认为"颇有前途"的候选元素时,才发现排除上述那些我们已经去掉的元素,结果只剩下铝、硅、磷、硫、氯。(我们跳过了几个例外的元素,但是即使这几个例外,也会被新的研究排除在外。)于是,我们根据生物大分子可在水中形成四面体结构这条线索,发现90个天然备选元素只剩5个可用了。

在这5个元素中,有4个效果不如磷。铝或硅和氧原子结合会形成岩石(真正的岩石,绝非夸张)。它们彼此之间会形成牢固的化学键,并以无定形长链的方式来分享氧原子。砂和玻璃都是有着尖锐边缘的硅酸盐材料。对于需要变化和适应环境的生命来说,这些材料实在太坚固了。它们就像美杜莎*的受害者一样僵硬,从而割裂了生命的流动结构。

对于最右边的氯来说,它和4个氧原子结合在一起会形成高氯酸根。含有此酸根的高氯酸盐非常容易发生化学反应,常常用作火箭的燃料,还可用于制造含氯的漂白剂。就如同砷酸盐一样,高氯酸盐是毒药,而非食物。一些独特的微生物也吞食氯酸盐,但是它们不会用其来构建身体。

然后就剩下磷和硫。如同磷酸根一样,硫酸根也可以和生物大分子结合,不过只是发生于细胞**外**,其中的化学原理在后续章节会解释。但是,磷酸根可以相互连接,而硫酸根却不能。比如,如果一个细胞和两个硫酸根于水中结合在一起,在几分钟之内就会失去一个硫酸根;而一个细胞和两个磷酸根结合在一起则可以存在1000天。作为一种链式分子,磷酸根的位置是可转换的:一个氧原子可以出现在它的左边,另一个氧原子可以出现在它的右边。其他物质可先和磷酸根左边的氧结合,再和磷酸根右边的氧结合,通过这样的方式,磷酸根就可以在不同的基团之间进行传递。

因此,通过磷酸根上的氧原子和开关分子结合,磷酸根就可以有效地传递细胞信号。有时我幻想磷酸根能够发出微弱的绿光,不仅因为单质磷可以发出绿光,而且因为它传递的信号是"通行",相当于细胞交通中的"绿灯"。随着信号的传播,更多的蛋白质附着在磷酸根上,这样细胞就逐渐充满了绿色通行信号。最终,这些被启动的蛋白质会告诉细胞移动一些物质,或是从DNA那里复制一些物质,或者满足细胞的一些需求。磷酸根会把信息从细胞某处传递到另外一处。因为磷酸根和蛋白质形成的化学键是中等强度的,这种化学键可能被一个原子击碎,这样信号的关闭就可像开启那样快。

---

* 美杜莎是古希腊神话中的蛇发女妖,凡看见她的眼睛者皆会被石化。——译者

磷酸根在传输能量方面的作用比传递信号更大。两个或三个磷酸根连接在一起，会处于拉伸状态。它们所形成的中等强度的化学键，会让7—10个带负电荷的氧原子彼此挨在一起。这些氧原子会排斥水中同样具有负电荷的氧原子，让磷酸根之间的化学键不会被水的反应活性所破坏，但是这些氧原子也会互相排斥（这是因为电荷有"同性相斥、异性相吸"的现象）。如果磷酸根的化学键被破坏，氧原子会相斥而分开，并加速化学键的断裂，然后释放储存在其中的能量。更为重要的是，被释放出来的磷酸根能和水发生更好的相互作用。总之，断裂状态的腺苷三磷酸（ATP）的化学性质比结合状态的更稳定，因此ATP中3个磷酸根的分裂可以释放能量。

在细胞中，已经发现了4种不同的三磷酸（简称"TP"）分子，它们分别是ATP（腺苷三磷酸）、GTP（鸟苷三磷酸）、CTP（胞苷三磷酸）和TTP（胸苷三磷酸），这取决于哪种基团（简称A、G、C或T）和TP基团结合。你体内的能量转移过程可将食物中的能量转变为含磷酸根的分子，其中最重要的是ATP。你肌肉运动所需的能量，则从ATP的分解过程中获得。而且，你体内分解葡萄糖的第一步，就是要加入磷酸根。这些磷酸根既可以传递信号，也可以储存化学能。

最终，磷酸根中储存的能量帮助构建所有生物分子中最重要的分子，即长期存储信息的DNA分子，以及它的"姊妹分子"——短期转录信息的mRNA分子。4种TP分子，可以和DNA的4个基础"字母"（构成DNA的4个碱基：A、G、C、T）分别匹配。

在水中，磷周围的4个氧原子，无论是在磷的左边还是右边，都可提供负电荷。这就是为什么DNA和RNA的名称都以A结尾，是因为带负电荷的磷酸是一种酸（acid）。酸就是在水中能生成正电荷氢离子和负电荷离子的物质。

自然界中，磷酸根是能在水中制造大量电荷长链的唯一物质。负电荷相斥并将DNA长链铺展,就像早期的电传打字机所用的纸带一样,十分便于阅读而不是乱作一团。DNA用于储存信息,而且像一本翻开的书那样方便阅读,而磷酸根就是用于保持"DNA书本"的翻开状态。

本纳(Steven Benner)是一名重新设计DNA碱基的化学家。在我看来,碱基就是核苷酸的"提梁"——DNA的A、G、C、T部分。本纳在化学上将新的可替代的碱基组合在一起,并获得了显著的成功。关于这个问题,用他的话来说,自然存在的碱基结构"是一种愚蠢的设计",他可以改进这种设计。我相信他所说的。

然而,本纳重新设计碱基的理由是他不能重新设计DNA分子长链上的磷酸根。没有一个化学家可以用其他元素替代磷来构建DNA长链。数年前,本纳就开始了他的设计项目,并企图用其他中性分子来替代DNA分子中带负电荷的磷酸根。结果,因为没有磷酸根负电荷的自我相斥,他们设计的DNA长链会乱成一团。只有当本纳转而设计DNA分子的另外一部分(碱基)时,他的研究才获得了一定的成果。(其他科学家试图用硝酸根来构造生物大分子的主链,但是硝酸根没有磷酸根的相关功能,因为三个硝酸根的结合甚至还没有三个硫酸根稳定。)

在细胞中,磷酸根是如此重要,是如此之多,以致会引发大量问题,尤其是当它开始产生电荷的时候。如果细胞内的所有这些磷酸根都去传输能量和信息,那不就意味着细胞内会有大量的负电荷吗?如此巨大的电荷不平衡,将会使得细胞崩溃,或者促进细胞频繁放电,从而破坏生命所需的稳定性。

细胞需要其他物质来平衡磷酸根的电荷。它需要带正电荷的物质来附着在上面,但是不需要附着得太好。当不需要的时候,那种物质能够快速脱离。因此,如果磷酸根的负电荷开始在细胞中起作用的时候,需要另外一种物质和它"协同作战"。

镁:磷酸根的隐蔽伙伴

当我们在高中生物课学习有关ATP的知识时,我们可能不得不接受不太准确的信息。我们将腺苷三磷酸简写为ATP,使其更适合青少年时期的大脑来接受。ATP这个词现在还在我们的大脑中,这不得不说是一个奇迹。然而,对于这个浓缩成三个字母的术语来说,它省略了与ATP匹配的化学伙伴。

带负电荷的ATP必须和正电荷一起,才能获得电荷平衡。在细胞中,带正电荷的镁离子提供了这种平衡。对于像我这样的化学家来说,我们应将之写成Mg-ATP,但是因为某些偶然的历史原因,在英语中这五个字母组合很难发音。我们只得使用ATP这个名字,就像我们受困于全键盘一样。无论它的称谓中是否有镁,镁对从ATP到RNA中的磷酸根发挥功能来说是很重要的。

许多元素像镁一样可以携带两个正电荷,但是镁的大小令它脱颖而出。如果我们需要正电荷,我们往往会从元素周期表左边的金属元素中去选取,这样就可以排除周期表右边的所有元素。对于左边的那些金属元素来说,水可以和它们发生化学反应,并夺走它们的外层电子。这样,最左边的元素就会失去一个外层电子,结果携带一个正电荷。一个正电荷太弱了,不能和磷酸根的负电荷达成有效的平衡,于是就排除了这一族元素。三个正电荷又太强了,它们会牢牢地附着在磷酸根上,让我们永远不能把它们分开以获得游离的磷酸根。这就排除了铝及它的同族元素,和该列右边的金属元素。在上述两族元素之间,就是通常能够携带两个正电荷而表现出 +2 价的元素。

接下来我们还得考虑它们在自然界中的含量(上述第1个特征)。因为磷酸根在细胞中含量很大,与它达成电荷平衡的物质也必须含量很大。就像以前分析的那样,我们得排除元素周期表下面一半的元素,因为那些元素个头较大而含量较少。尽管第一排过渡元素,从钪到锌,含量都足够多(这一点我不太肯定),但是所有这些元素和磷酸根的结合都太紧。它们和磷酸根形成高强度的化学键,并成为坚硬的磷酸盐岩石,而非我们所需要的中等强度的化学键。

最后我们就剩下一族元素可选:铍、镁、钙(排列在它们之下的另外3个元素经过之前的步骤已经被排除了)。因为在元素周期表中,同族元素从上到下原子大小递增,所以这3个元素中,铍是最小的,而钙是最大的。所有这3个元素的原子都能携带2个正电荷,和磷酸根上的负电荷达到有效的电荷平衡。

如同"金发姑娘和三碗粥"的童话故事那样(故事中的金发姑娘选择了不太凉也不太热的那碗粥),我们也可以将三个选择缩减到一个。首先,我们得考虑它需要和ATP中的三个而非一个磷酸根结合。镁能和相邻两个磷酸根上的氧原子完美地结合,但是钙显得太大了。这样一来,镁就成了磷酸根的最佳搭档。

至于铍呢?尽管铍看起来似乎和其他小元素一样容易制造出来,但实际上由于恒星中核聚变反应的特殊性,所有恒星上的铍含量都不多(参见第三章)。这对我们来说是有益的,因为铍的附着力比镁强,以至于它对生命来说是一种毒性物质。人们对金属铍过敏,是因为铍可以和细胞表面的氧结合而导致免疫反应。因为铍一旦和生物分子结合就不分开,它会触发免疫报警机制,人体会因炎症暴发而受到伤害。

结核分枝杆菌也会利用到镁对磷酸根的黏性。它将镁放入蛋白质毒素中,利用镁的正电荷来作诱饵。这些毒素中的镁会吸引人体细胞内RNA长链上的磷酸根,然后和它们发生反应,并将其分裂成碎片。镁就如同结核分枝杆菌用来伤害人体RNA的蛋白质毒素刀具的刀刃。

然而,结核分枝杆菌在利用这种镁制"刀具"时也会特别小心,因为它也可能会伤害到细菌自身的RNA。结核分枝杆菌制造出另外一种蛋白质，它如同镁制"刀具"的"刀鞘"，包裹在镁的外面。尽管镁只是蛋白质毒素链中数以千计的原子中的一个，但是它是蛋白质毒素"刀具"起作用的关键因素。化学家已经在尝试设计一些小分子来和镁结合，从而让毒素"刀具"变钝。

由于磷酸根和镁可达成电荷平衡，细胞中的RNA可以携带一团带正电荷的镁离子，就如同一个镁光环。当RNA需要折叠成紧凑的形状以完成某些任务时，比如将核糖体折叠起来以形成新的蛋白质，镁就显得尤其重要。带负电荷的磷酸根和镁结合在一起，形成一张充满正电荷和负电荷的网，就可将核糖体稳定住。如果缺镁，植物中的核糖体会瓦解，植物也会早衰。

许多小链RNA会形成一种具有特别形状的紧凑结构，可以协助特殊的化学反应。一个世纪以来，我们知道一些蛋白质也在做类似的工作，我们称之为酶。当RNA可以起到酶的作用时，我们称之为核酶。研究核酶的科学家十分了解镁的价值。如果他们在实验中忘记加镁，核酶很快就会裂解。这样一来，他们下次实验就不会忘记加镁了。

针对元素周期表中的不同元素，科学家已经进行了一系列的实验，以检测不同的金属和核酶长链上的磷酸根的结合度。研究结果显示，镁起到的效果最好。携带2个正电荷的镁离子十分高效，如果在1个镁离子和100个钾离子（携带一个正电荷）之间选择，核酶仍然会选择镁。镁和核酶的RNA链的结合不但紧密，而且很快，结合的时间尺度小于毫秒。

镁也可以帮助DNA起作用。举例来说，当酶校正DNA时，镁是必不可少的成分。在图1.1中，当DNA从莫诺湖中升起的时候，我们可以在DNA的磷酸根之间发现镁。大多数DNA的图片中都不包括这部分结构，因为其中的镁会到处移动。但是，如果真的没有镁，几秒之内，带负电荷的磷酸根就可能让细胞萎缩。镁和磷酸根是一对完美搭档，如同牛排和红酒的组合一样。

化学规则和一次精彩的争论

镁和磷酸根的配对,是许多组合中的一种。从某种意义上来说,化学就是一门研究配对的科学。化学研究原子间的化学键,而化学键是有且仅有两端的组合。甚至在化学的萌芽时期——炼金术时代,这种配对的观念也占有一席之地。

在生物化学的时间尺度上,有些配对是永久的,有些配对是短暂的,还有一些是相当不稳定甚至相互排斥的。有的配对比较在意方向性,而有的则完全不在意结合的途径。但是,所有的化学键配对都是源于因电荷不平衡而带来的原子的相互吸引或排斥。所有这一切都是两个物理粒子相互影响的结果:比较小的、轻的、带负电荷的电子不断地运动;带正电荷的、牢固的、比较重的原子核,则是通过相反电荷相互吸引的方式来束缚电子。

正负电荷相互吸引,这样的物理定律表明,镁和磷酸根在水中能够很好地配对。配对中的一个成员可能不那么有名(比如镁),但是通用的化学规则告诉我们,这个容易被忽略的成员仍然很重要。如果化学的配对规则有微小的变化(比如若砷酸根可以更快速地进行配对),结果就可能是致命的。

收集磷酸根和镁,并抵御砷酸根,这是生命的既得利益。生命利用一组蛋白质作传感器,监测每种离子的浓度,并让它们保持平衡。在莫诺湖细菌中,结合磷酸根(抵御砷酸根)的蛋白质可以让磷酸根进入细胞。至少有两种蛋白质特别为镁敞开了细胞之门。在ATP-Mg"钥匙"的作用下,一种特别的镁转运蛋白打开细胞之门,这再次显示镁和磷酸根是互补的。

并非所有元素都是受欢迎的,砷就是一种不受欢迎的元素。有另一种蛋白质在大肠杆菌的细胞内巡游,寻找那些藏匿的砷酸根。当砷酸根进入适合其形状的蛋白质结合处时,这种蛋白质改变形状并和DNA结合。这会激活砷酸清理蛋白,它们用碳氢基团来堵住砷酸根的氧原子,砷酸根这个入侵者就被压制住了。

在植物和动物体内,尤其是在那些长期暴露在砷环境中的生物体内,也发现了类似的砷酸清理蛋白。在某些情况下,元素周期表可以解释神秘的化学效应。比如说,利什曼原虫病可用锑元素(元素周期表中的51号元素Sb)来治疗。但是在印度的某些特定区域,这种治疗方法就失效了。一些科学家认为他们知道其中的原因,并用小鼠实验来支持他们的观点:在元素周期表中,锑在砷的正下方,因此两者具有相似的化学性质。在印度的那些地区,饮用水常常被砷污染,居住在那里的人们已经升级了他们体内的砷酸清理系统。因为锑和砷具有相似的化学性质,两者被相同的系统清理掉了。这样一来,原本可以灭杀利什曼原虫(*Leishmania*)的锑也被清理掉了。一些和化学有关的意外结果,在对照元素周期表后就变得容易理解了。

细胞中的一些蛋白质会对特定的元素做出响应,无论是用作细胞内部深处的传感器,还是用作使所需元素越过细胞膜的转运体。在大肠杆菌中,至少有5种不同的转运体,将铁运送到细胞内。这需要巨大的能量投入,也说明铁对生命来说十分重要。锌也有5种蛋白质转运体,不过只有2种是将锌运入细胞,其他3种则是将锌运到细胞外。铜有2个将其运出细胞的转运体,而镍、锰和钼各有1个将其运入细胞的转运体。一些转运镁的蛋白质也可以转运钙,还有一种蛋白质将镍和钴都运出细胞。钾和钠也拥有相同的转运蛋白质,将钠运出细胞并将钾运入细胞。

通过这样的方式,细胞中的蛋白质告诉我们哪些元素对生命来说很重要。为什么有的只进不出,而有的只出不进? 每一种元素都有属于自己的化学原理和规律。许多化学物质,如同磷酸根一样,有着不可替代的独特作用。每一种元素也有着独特的历史。有些元素在原始生命形成之时就存在于生命之中,而有些元素是后来随着更多的生化反应广泛出现才融入生命的。这一历史顺序是由化学规律决定的。它们甚至按照一定的化学方向来"出场",即按照化学元素周期表某些特定区域从左到右的顺序。

所有这些都表明,无论生命是哪一种形式,它都既不完全随机,也不完全预设。在化学中,气体是变化不定的,固体则相对比较固定;而液体是介于两者之间:液体在原子水平上的运动是随机的,而在宏观上来说其运动规律是可以被人类预测的。就生命本身来说,它不像固体或气体,更像是液体。生命就像被一条由化学物质组成的河流所承载,不断向前流动,其驱动力并非重力,而是可预测的化学稳定性法则。

伟大的科学传播者古尔德(Stephen Jay Gould)不同意上述观点。古尔德在其著作《奇妙的生命》(*Wonderful Life*)(1990 年)中,将生物进化比喻成"彩票","有着数以千计的可能性"。最为令人惊讶的是,古尔德指出,如果生命是一盘磁带(以此隐喻生命的进化历程),"把生命的磁带倒回去……让它从一个特定的时间点重新开始,历史并不会重演,许多事件出现的机会变得很小,比如像人类一样的智能生命很难再现"。古尔德所论述的事情我们将在第九章再次论述,不过他的观点非常受欢迎,我们不得不从头开始讨论。

古尔德很好地记录了错误的科学史料带来的危害,这使得他对生命的宏观论述持怀疑态度。因此,本书的宏观论述必须要有证据的支撑,才能很好地自成一家。本书的叙述来自三个不同领域的证据:岩石(地质学)、基因(生物学)以及将两者联系在一起的化学规则。为了介绍这些其他进化规律,我想要把古尔德的观点介绍给化学家 R·J·P·威廉斯(R. J. P. Williams)。

　　威廉斯和他人合写了一本书《进化的命运——环境和生命共同进化的化学》(*Evolution's Destiny: Co-evolving Chemistry of the Environment and Life*)(2012年),其中讲述了化学如何引导进化的历程。我对他心存感激。实际上,几十年来,威廉斯一直在撰写类似内容的书籍,这些内容都是基于化学规则。只是在近年来,生物学的发展才赶上了威廉斯的化学预测。可以说,生物学的新发现总体上符合威廉斯的预期。

　　总的来说,我认为当讨论单个物种的演化时,古尔德的观点是对的;然而,当我们的视野拓展到生态系统级别,甚至整个行星的进化历史时,我认为他的观点是错误的。威廉斯给出了由化学引导宏观论述的相关推理、证据和方法。从他论述的合理视角来看,自然史实际上是可以预测的。在过去10年里,微生物学家也对古尔德的理论发起了挑战。他们在实验室里对生命进行"倒带重演",结果也发现了可预测的进化模式。

　　由此看来,我认为"生命的磁带"比古尔德所认为的更具有可预测性——其实,生命不像一盘磁带,更像一条河流,它沿着用化学规则打造的固体河岸,像液体一样流动。我们已经明白了,为何这条河流里流动着磷和镁,而不是砷。在接下来的章节里,我会解释生命中存在其他化学元素的原因。

　　在每一个案例中,我们都将从身边一个生机勃勃的物种开始。它们表现出来的化学特性,将让我们知道化学中一些潜在的规则和配对方法。化学家在实验室里模拟生命的某些方面,如同通过镜子偷偷地观察。这些实验告诉我们一些化学规律,而对这些规律的最好总结就是元素周期表。这张表就像是一张地图,指引我们去了解地球的化学历史。

　　在密切关注生物化学的过程中,一部历史出现了,它讲述的是无序中的有序故事,是漫长岁月中出现智慧生命的故事,还是毒物和食物、阳光和水、死亡和生存的故事。它是一部由元素书写的历史，也是一部以能量、反应和配对的化学规律为演化基础的历史。我们是在生命之路的半途才出现的生物，我们开始回望过去，并探寻生命的印记。

◇ 第二章

预测细胞内的化学机制

细胞内的"文字"

科学发现的过程有些像在弗雷西克城堡附近散步。我猜你从没有去过那里,我也没有去过,但是我的一位朋友去过。这个城堡位于苏格兰东北部凯斯内斯郡弗雷西克的伯恩的入口处。当我在写作本章的时候,谷歌地图还没有收录这座城堡,我只能手动在地图上搜索相关的海岸,以便确认它的位置。在城堡的外面有一座简单的、没有标志的未名建筑,其折叠状的构造就像是生化分子的一种隐喻。

这座城堡本身占地不大,只有三层楼高,是用橙色的碎石和灰色的石头建成的。它位于一片狭窄海滩的拐弯处,北面是山坡,南面是悬崖峭壁。这座建筑外形接近缩小版大教堂的十字形。它的右翼移到了建筑物的顶端,使得它看上去像一个小写字母 f。如果你在弗雷西克城堡附近徘徊,你会发现一片被风吹过的黄绿色草地中矗立着一堵石墙。这堵墙看上去有些破败,但是依然牢固地矗立在那里,犹如哈德良长城的石墙。从空中看,它就像 f 状城堡之前的一个句号。

让我们像一位科学家一样接近这里,并开始测量。从城堡侧面看,未名石墙建筑就像是没有屋顶的环形树桩状矮塔,8英尺*高,16英尺宽。石头是古老的沙石,历经压实和风化,并被数百万年前沉积其中的铁染成不同色调的红色。但是,石头上面的砂浆是新刷的。

这样的探测还不够,我们继续进行。走到另一端,一个入口出现了,如图2.1所示。这个建筑的形状不是一个闭合的圆环,但是它的螺旋形墙壁向大海一边有个开口,你也可以由此进入。里面有一个小石凳,你可以在上面坐着。挨着石凳有一个窗户,如同看向外面的眼睛。此时你被一堆岩石形成的"拼图"围绕着,还可以听到周围有海浪的回声,看到上方蓝灰色的天空。如果这个螺旋形建筑的入口是张大嘴,那此时你就好比《圣经》里鲸腹中的约拿(Jonah)。你就像同时处于建筑内和建筑外。

图2.1　苏格兰弗雷西克城堡旁费尔德曼设计的回声壁的入口。

这个奇特的建筑的设计师或许希望你也以这样的方式发现它。(但愿我没有因此过分破坏他的初衷——如果你某天碰巧亲眼看到这座建筑,请表现得惊讶一些。)这个设计师就是我的艺术家朋友费尔德曼

---

*1英尺约为0.3米。——译者

(Roger Feldman)教授,他曾经有两个夏天都去了苏格兰旅游,并将古老城堡的碎石进行了调整,设计建造了这座建筑。他称其为"回声壁"(ekko),高清视频播客网站Vimeo上还有一段关于其更多信息的视频。

费尔德曼希望你能进入回声壁内,体验他的作品。通过这种方式,置身其中的你可能会感悟到一些科学知识。假想你正在接近一个神秘的、微小的细胞,如同发现回声壁那样。当然你不能直接进入细胞,但是你可以用设计周密的实验来解答一些问题,并通过这些实验结果来想象细胞的模样。成百上千个实验,就可以支撑你进入细胞的想象,如同你走入回声壁并四处观察一样。在这个假想的细胞里,你会发现一些熟悉的东西,也会有一些意外的发现。

每个人都可能意外发现自然界的神秘之处。在达尔文(Charles Darwin)之前,佩利(William Paley)讲述了一个著名的故事:在英国的一片草地上发现一块手表。佩利说,发现生命的过程犹如发现那块手表。接下来我们有类似的比喻,但这些比喻有不同的含义。

就像回声壁,而不像佩利说的手表,一个活的细胞是向环境开放的,并随环境而改变。回声壁不仅仅是一个艺术装置,还包含一片土地,是一堵墙刻画出来的自然之地。它是用周围环境中的物质建造的,简单而巧妙。因此,我可以想象它是如何以自己的方式将各个部分组合在一起的。

从微观尺度上来看,组成回声壁的石头,就像多个原子组成的基团一样。像风中的羽毛那样,这些基团也会因不断进行的原子运动而散落四周。现在,设想这些微小的石头携带了正电荷或负电荷,它们就可以像磁性砖块那样相互吸引和组合,最终形成线状或片状结构。如果其中一个片状结构呈现螺旋形,而且是没有完全闭合的螺旋形,那它就是原子级别的"回声壁"。这种构造不是靠手来建成的,而是利用化学反应来建造的。细胞看起来也像是这样:例如每个细胞有一个靠简单电荷力形成的自组装分子组成的墙壁。

对于回声壁来说,墙壁本身就是所有组成部分。然而,细胞内部会有许多神秘的事情发生。在回声壁内部和外部,不会出现什么信号和指令,而在每个细胞内部深处,都会有属于自己的文字。这些"文字"是用DNA来书写的,DNA则是以特定方向阅读的化学字符串。DNA只有4种核苷酸,书写它们的"符号"包括碳、氧、氮,并由磷酸根连接。这些核苷酸根据那些"符号"的指令来传递信息。对于许多人来说,"书写"这些指令用的是完全陌生的语言。

发现细胞犹如发现一座微型的回音壁,发现细胞深处的DNA犹如发现石凳上古老纸张的碎片。DNA片段储存着生命的历史传奇。我们可以进行同样的类比:喜爱古代语言的语言学家能翻译和演绎那些历史传奇故事;同样,化学实验也可以重建生命的历史。在本书的其他部分,我们将从DNA中读取一些信息,并将这些信息和来自岩石中的信息结合起来解读。化学定律将两者联系起来,形成一部历史,那就是宇宙的历史。

细胞的化学语言

在探索生命"纸片"的过程中,我们会发现,DNA语言并非细胞中唯一的化学语言。所有的生物用DNA、RNA和蛋白质这三种化学字符串来表达自我(见图2.2)。从这个角度来看,所有生命都是三语者。

当然,也可以说生命是双语者,因为DNA和RNA从根本上说是同样的语言,组成DNA和RNA的"字母"的区别仅在于离信息传输位较远的两个原子。如果你在一个试管里将组成"字母"相同的两条DNA链和RNA链混合在一起,它们将很容易相互匹配。

另一方面,生命语言的第三种字符串是蛋白质,它们形成了在化学性质、形状和用途上完全不同的语言。我在第一章中提到的核糖体,利用RNA信息作为一个模板,将氨基酸中的信息放到蛋白质数据库中,从而将RNA语言转化为蛋白质语言。生化学家恰当地将这一过程称为"翻译"。

这就意味着,DNA、RNA和蛋白质作为细胞中的三股信息字符串,相互交织在一起。在一个复杂的生物体中,DNA被保护在细胞核中,可躲避一般性的伤害,因为它掌握着生命的终极"图样"。当细胞需要蛋白质时,DNA会开放它的"图书馆书库",释放特定的信息,告知氨基酸如何合成细胞所需的蛋白质。这一信息就是那种蛋白质的基因。DNA可以被复制为进入核糖体的RNA短链。如果说每条RNA是根丝线,那么核糖体就像是介于织布机和纺车之间,因为它可以读取RNA中的信息,并将之转为合成蛋白质所需的信息。

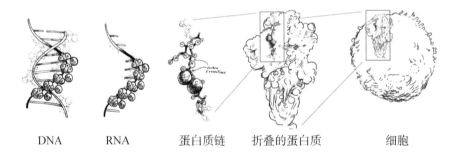

| DNA | RNA | 蛋白质链 | 折叠的蛋白质 | 细胞 |

图2.2 组成生命信息和结构的三种"字符串":DNA、RNA和蛋白质。蛋白质折叠成三维结构,以便在细胞内部、外部和表面完成相应的化学功能。

一旦蛋白质被合成出来,就意味着完成了从信息到行为的范式转换。蛋白质链缠绕在一起,形成三维的小球(即球状的结构)。蛋白质的这种形状,使它能够在化学的三维世界中起作用。这就是对细胞如何运作的简略描述。

过去一个世纪,大部分生化研究聚焦于蛋白质如何和其他化学物质发生相互作用。蛋白质可以分解和合成物质:将食物中的分子分解成碎片,并将这些碎片和氧结合起来,合成ATP能量;改变形状以引起肌肉收缩;感知环境;捕捉光线;将生物小分子合成大分子,包括DNA的合成。

蛋白质和DNA拥有绝大部分相同的元素,其中有4种最基本的元素,它们占据了你体重的96%以上。这4种元素分别是碳、氢、氧、氮,它们的化学符号合起来可以是一个生造的英文单词"CHON"。糖类、脂肪、抗生素和大多数的生化分子,都主要是由碳、氢、氧、氮组成的。这些元素的整合就是生命体的基本原生质,这些原生质可以被塑造成不同形状,携带不同电荷。

在这4种元素中,碳是核心的"建筑模块"。它是能和包括自己在内的其他大部分元素形成最多化学键(最多4个)的最小元素。在元素周期表中,碳右边的氮最多形成三键,在水中通过吸引氢离子(H^+)来携带1个稳定的正电荷。在氮的右边是氧,它可以形成二键,并吸引电子,因此它能携带1个稳定的负电荷。

CHON组合里最后一个是氢,它只能形成单键。但是,由于它小而且含量丰富,它常常用来遮盖分子中的"开放键"。氢也容易从分子上掉落下来,并附着在附近的水分子上。通过这种方式,氢可以快速移动,并和其他分子发生反应(就像磷酸根相对于砷酸根在面对莫诺湖的磷酸根结合蛋白时的表现一样)。

当我发现了一件未曾料及的艺术品时(也就像某人可能以同一方式发现了回声壁),CHON的核心特征便出现在脑海。在第一章里,我提到威廉斯的观点和古尔德的生物学观点达成了一种化学平衡。在本章,我们将继续接触到威廉斯的一些观点,但是让我们先来欣赏一下他用4种颜色来表示4种元素的艺术品。

几年前,在拜读了威廉斯的书籍之后,我在哈佛大学的校园内漫步。在科学图书馆大楼里,我抬头看到大厅里悬挂着一个四色四面体

运动物。我看到有关这个作品的铭牌,明白了这表现的是生命所必需的蛋白质链。铭牌上写着:

生命之链
约翰·鲁宾逊和R·J·P·威廉斯

凑近一看,我发现雕塑展示了蛋白质中的4种基本元素:黑色代表碳,绿色代表氧,蓝色代表氮,末端的小银球代表氢。那就是威廉斯制作蛋白质链框架所需的所有元素。

这4种小小的元素一起组成了DNA、RNA、蛋白质等生物大分子。它们呈现各种复杂的形状,并携带不同的电荷(正电荷、负电荷或呈电中性)。除了这些,生命并不需要更多的东西。我们搜索抗生素结构的图片,并以此弄清楚富有创造力的细菌如何利用这4种元素演化出更复杂的形状。每当我需要具有复杂形状的化学物质进行生化测试时,我都会去看一下抗生素清单。那些微生物比我更具化学创造性。

但是,也有一些局限性。CHON组合能够制造出不少形状,但是它受到电荷数较少的限制。就如同我们之前提到的,生命需要磷来制造带负电荷的四面体(碳不能搭配如此多的化学键)。至少这种带负电荷的四面体是可能出现的,而一个稳定的、带正电荷的四面体在生物体内是不可能存在的,因为自然界中含量大的那些元素不可能形成这样一种结构。

同样,生命也不可能制造一个碳的立方体。碳的4个化学键自然地形成109°夹角,而不是立方体所需的90°夹角。在高压的条件下,微生物可以挤压碳而形成立方体,但是这样的立方体有过多的锐角。碳的立方体具有爆炸性,这对生命来说是不好的特性。生命体内可能出现立方体的构造,但是那适合铁和硫,而不适合碳。

由于你只能用CHON元素形成这么多的形状,所以细胞中三种语言的"字母"数也是有限的。DNA中有4种"字母",RNA中有第5种"字母",蛋白质有20种氨基酸"字母"。每种生命,从最小的微生物到美国总统,都是用同样一套20种氨基酸组合来制造自身的蛋白质,它们的合成过程采用DNA中的同一套密码系统。这些都是跟我学习生物化学的学生必须记住的。

蛋白质是生命和自然界中化学物质之间相互作用的关键,因此它必须像周围环境一样千变万化。相比DNA或RNA中的4种或5种"字母",生命从20种氨基酸"字母"那里可以获得更丰富的多样性。

另外一方面,蛋白质能够更好地发挥作用是因为它们有一个"缺陷":缺少带电荷的主干。蛋白质的主干是由中性的CHON原子组成的,于是它们就能卷曲而形成紧凑的环状、U形或者其他更复杂的形状。DNA主干由带负电荷的磷酸根组成,它们相互排斥,这使得DNA成为可以更好地传输信息的线形,而蛋白质可形成精确的形状,有利于更好地移动原子。

DNA中的磷、蛋白质中的硫和细胞外的氧

回头再看看那个假想的可以让你进入的回声壁细胞。如果你佩戴一副假想的化学眼镜,它可让你看到染上不同颜色的不同元素,那么你主要将看到4种不同的颜色,每种颜色对应着CHON组合中的一个元素。在雕塑作品"生命之链"中,这些颜色分别是黑色、绿色、蓝色和银色。在那之后,你还可以看到更多的2种颜色,分别对应着磷(或许是红色)和硫(应该是黄色)。这些颜色分别位于两处不同的地方。

大量的磷存在于DNA的长链中,用于传递信息;而少量的磷存在于ATP中,用于传递能量。如果将细胞放大到回声壁的尺寸,那么细胞中的蛋白质将像芝麻粒那么大,漂浮在细胞中,将其中的化学物质从一种形态变成另外一种形态。这些蛋白质将带来第6种颜色——黄色,

那是我们赋予硫原子的颜色。从某种特定意义上来说，DNA中的磷和蛋白质中的硫具有相反的化学性质：在DNA中，磷原子被氧原子包围着，处于"被氧化"的状态；在蛋白质中，硫原子被氢原子或碳原子包围着，处于"被还原"的状态。

氢和氧分布在元素周期表中的两侧，具有相反的化学性质。如果说酸在化学上的反义词是碱，那么被还原分子在化学上的反义词就是被氧化分子。一个被还原分子倾向于从氢原子中获得正电荷，而一个被氧化分子倾向于从氧原子中获得负电荷。

这些相反的特性很重要，因为每个细胞内部都发生着被还原的反应，细胞外则发生着被氧化的反应。在细胞内，你可以看到更多的氢原子和电子；而在细胞外，你可以看到更多的氧原子。以硫为例：在细胞外，硫被氧包围着而形成硫酸根；在细胞内，被氢包围的硫则占主导地位。这一化学现象十分重要，它成为了本书接下来内容的重要线索，也是探索细胞内外环境的重要线索。

细胞外的分子，比如血液中的分子，常常含有带负电荷的硫酸根。如果你曾经听到电视里的医生（或扮演医生的演员）说："更多的肝素，赶紧！"其实，你听到的就是索取硫酸根的命令，更准确地说，肝素是一种生物大分子，它以带负电荷的磷酸根的网状碳链形式充斥血液。肝素可起到抗凝血的作用，它形成的电荷网可以排斥其他分子，并抑制血块的凝聚。科学家将硫酸根结合到非指定的碳链上，结果制造出功能和肝素类似的分子。这说明，起到抗凝血作用的是硫酸根，而非碳。

当我说细胞内有更多被还原分子的时候，我的意思是其中有更多的氢，也有更多用于中和氢的正电荷的电子。细胞需要移动这些电荷，但是细胞内充满了水，这会阻碍电子的移动。其中有助于电子移动的物质是硫原子、碳环和少量的某些痕量金属。如同有少量空位的轿车或SUV那样，这三种物质是电子的移动座驾。

氧分子和氮氧化合物分子也可以吸收电子,但是它们的协助必定会被拒绝。这些分子是如此之小,以至于它们在携带电子后就会变得不稳定,具有强烈的活性。这需要细胞非常小心地利用它们。如果把硫原子和碳环比作是轿车,那么氧分子就好比是摩托车,它可以把一个额外的电子挂在车把上,但是就得冒着电子可能意外掉落的风险。如果你将电子丢在了一个它不应该出现的地方,它很快就会和其他物质发生反应,给细胞带来一定的破坏。硫因为要比氧大一些,它可以安全地运送电子。在元素周期表中,硫原子在CHON组合中各元素的下面,所以它更大一些;但是,它在所有元素中又算相对较小的,因此在自然界中含量较大,而且可以在水中发挥作用。

细胞将硫保存于两种运送电子的分子中:一种是如同ATP大小的小分子,名为谷胱甘肽(glutathione);另外一种是短链蛋白质,名为金属硫蛋白(metallothionein)。(它们的英文名称有硫的影子,因为thio在希腊语中的意思是硫。)这些分子中的硫就像是吸收电子的海绵。

细胞利用这些含硫的分子吸附那些迷途的电子。硫就像一个好用的海绵拖把,以至于细胞可以运送一波波的电子作为信号。如果一个迷途电子从转运分子上意外掉落下来,谷胱甘肽或金属硫蛋白上的硫就会将它"捡"起来。这种基于硫的清扫系统,比我们所想象的更重要:几十年来,科学家忽略了酵母细胞中的富硫泡泡,这些泡泡中储存了谷胱甘肽以备不时之需。

生命不断囤积电子,基于以下三个理由:

1. 生命需要为耗氧产生能量的线粒体**提供**稳定的电子供应。

2. 生命以电子为**胶水**来结合和构造蛋白质、核酸、脂肪和糖类的复杂结构。所有这些结构都是利用化学键结合在一起的,而建造这些化学键需要电子。(当然,和这些带负电荷的电子相伴的是带正电荷的氢离子,以此达到电荷平衡。)因此,生命尽可能地囤积每一个电子。

3. 生命用电子传递**信号**。举例来说,蝌蚪体内过氧化物的电子不平衡信号可以刺激它的生长。更明显的是,一种雄蜻蜓在性成熟后体色会由黄色变为红色,这是因为它在性成熟后可以将电子输送给贫电子的黄色染料分子。这些染料获得电子后,就会变成红色。这就像是分子交通灯,当其他蜻蜓看到这只红色的蜻蜓后,它们就知道这只蜻蜓已经完全长大了。此时,电子充当了信号开关。利用你自身细胞中的谷胱甘肽的硫原子,对电子的浓度进行调节,就可以在各种各样的细胞中传递许多其他的临时信号。

在蛋白质中,硫还可以发挥另一种独特的作用:它们可以互相结合。这种原子的"自恋"意味着,如果蛋白质中的两个含硫的氨基酸碰到一起,它们可以"面对面"地结合在一起,然后形成一个改变蛋白质形状的缠绕物。这种相互结合的化学键具有中等强度,很容易被氢和电子拆开。让与硫原子结合的电子数发生些许改变,就可以改变大型蛋白质的形状。因此,少量电子就可能破坏蛋白质的化学键,并改变蛋白质"大山"。

例如,一种分解糖的重要的酶(丙酮酸激酶),通过让它的硫和电子或氢以不同方式结合来起作用。利用同样的原理,酶可以将无用的蛋白质送到细胞内的垃圾站。还有一个例子,一种细菌蛋白可以通过硫原子来感知到杀菌的漂白剂,并在漂白剂出现时变成新的形状,以此提醒细胞的其他分子注意防御危险。

化学家用"氧化还原反应"这样的术语来描述电子移动的反应。这些反应通过转移电子的方式来改变少量的负电荷。与此对应的第二种形式的化学反应是"酸碱反应",它是通过转移质子(氢离子)的方式来改变少量的正电荷。

生命可利用氧化还原反应和酸碱反应来达成自己的目的,但是在涉及一些最重要的功能时(比如从食物中获取能量、建造新的结构),它似乎倾向于利用氧化还原反应。在水中,氧化还原反应比酸碱反应更容易控制。在酸碱反应中,质子容易和周围的水分子结合,而自由电子则不会。

因此,在生命条件下,如果合适的电子受体和给体都能处于恰当的位置,氧化还原反应就能完成精确的化学变化,并不需要温度或酸度发生很大的改变。氧化还原反应能协助机体组织精美的结构,而不需发生剧烈或极端的化学变化。其他类型的化学反应在湿润的环境中会很不稳定。

如果受控的电子意味着生存,那失控的电子则意味着死亡。这就是为何生命难以控制那些渴求电子的小元素的原因。在元素周期表中,你越是往东北方向(右上方)走,就会发现那里的元素更渴求电子(即更危险)。在最右上方位置上几个元素中,氧是含量最丰富的元素。氟更危险,但是它处于气态时含量很低,因为氟气非常容易和其他物质发生化学反应。漂白剂含有的氯元素,也是位于右上角。它和氟在肆意掠夺电子方面具有相似性,比氟的夺电子能力稍弱一些,但是我们还是不会忽视它的危险性(就像你不会想喝漂白剂一样)。

如果有过多的氧进入细胞(主要是细胞质)内,氧就会夺取硫所携带的电子,并将这些电子随意传递到各处,破坏细胞耐心搭建起来的各种化学键。氧会从细胞质进入线粒体中,那里需要氧完成细胞的呼吸作用;氧还可以用于传递细胞内的瞬态信号波。尽管如此,过多的氧还是必须在破坏细胞之前被硫清理掉。

上述结果听起来似乎有些矛盾,但那就是基本的规则:**氧和电子是生化对立面**。氧和电子必须像"曼妥思"薄荷糖和可乐那样被分开,否则就可能发生破坏性爆炸。如果电子在细胞质内,氧就必须在细胞质外。细胞膜将细胞内部隔离成低氧区(除非是为了某些简短信号),而生命就是基于这种独特的分隔而发展起来的。

学会了拒绝金元素的微生物

　　继续观察细胞内部,你会发现少量溶解的金属元素悬浮在周围。事实上,你会发现某些特定金属在生命中的特殊分布模式:大量的镁离子,而很少的铜离子。这种模式是由于物质的化学性质而产生的。利用元素周期表,你可以预测在细胞中观察到的元素及其含量。首先,你不会看到太多的金,因为细胞会很努力将金拒之门外。

　　粗略一看,冰冷坚硬的金属似乎和温暖柔软的生命难以相容。但是,就连你的麦片包装盒上的营养标签都表明,你需要铁、钙等金属元素才能存活。从化学上来看,金属和富碳的生物分子通过普通的水介质相遇。金属因失去电子而溶于水,并携带正电荷(比如第一章里提到的 + 2 价镁离子)。这种正电荷能和水中带负电荷的氧原子很好地相互作用。

　　金属以溶于水的正电荷离子的形式,和生命相遇。也是通过这种方式,一些微生物"变身"为小小金匠。如果你以亲身前往或线上浏览的方式参观美国密歇根州立博物馆,你可能看到一个名为"金属爱好者的伟大作品"的艺术装置。这件艺术品看起来像是科幻老电影《弗兰肯斯坦》(Frankenstein)中的布景道具。一个巨大的圆底烧瓶里充满了水,并和各种各样的试管、导线相连。微小的金片在水中闪闪发光。一种嗜极微生物在其中游动,受到来自无氧的有毒的氯化金溶液的挑战。

　　就像莫诺湖中的情形一样,细菌用巧妙的化学反应来应对环境的挑战。这个艺术装置中的细菌将电子提供给金离子,夺走金离子的正电荷,将其电荷数降至0。不带电荷的金不再相互排斥,而是聚集在一起,形成微米尺度的小球,漂浮在烧瓶中。有人称它为"弥达斯"(Midas)*微生物,我则认为它更像是纺线姑娘**。

　　——————————

　　＊希腊传说中贪心的国王,具有点石成金的能力。——译者

　　＊＊西方童话故事中能纺出金子的姑娘。——译者

　　这种细菌的拉丁名的意思是"爱金",实际上它是拒金的。它并不会囤积金子,而是要摆脱金子。用电影《魔戒》*中的角色来比喻,它是佛罗多(摧毁魔戒的人),而不是咕噜(获取并守护魔戒的人)。当某种肽发现金离子并将其转化时,金离子都留在细胞外面。

　　只有少数几个物种表现出这样的技能,因为它们学会了在含金元素的有毒环境中生存下来。大部分金属溶于水后,它们会失去一个或两个电子,但是金元素可以失去三个电子,这让它可以随意地和负电荷结合。 +3价金离子可以和硫、氮和氧结合,粗暴地将其他只有 +2价的金属离子推走。

　　在绝大多数环境中,并不存在大量难缠的金元素。因此,只有少数微生物不得不进化出分子屏障来抵御金元素的毒性。这些屏障就是可利用金元素自身的亲和力来对付金元素的分子。一种微生物可制造出自我牺牲的活性小蛋白,用蛋白中带负电荷的氧原子将带正电荷的金离子吸引过来。然后,利用活性碳原子(如醛)将一些电子抛给金离子,将金元素的电荷数降至0。这些金元素不再溶于水,而是形成如上述艺术装置中的小球状金粒。

　　桉树也学会了这种技巧。当它们生长于含金的沉积土时,它们的根扎向土壤深处,将对植物没用的金原子拉出来。它们将土壤中的金集中成一个个小块,存放在枝叶中的偏僻区域,以此来消除这些有毒的金元素。你可以摘下一片桉树叶,分析其中的金含量,以此来寻找地下的金矿。在电影《魔戒》中,托尔金将加拉德瑞尔(Galadriel)的家乡洛丝罗瑞恩描述为"金树林"。某些地方的桉树林,也可以使用同样的名字。

　　如果你拥有额外的电子,那你将电子传递给金元素是容易的。你可以在自家厨房里,用绿茶制造金纳米粒子。这是因为绿茶中有抗氧化剂,可以减少金所携带的电荷。看看这个词:"抗"氧化剂,就意味着

---

* 又译作《指环王》。——译者

它是一个电子,或是可以通过提供电子来还原其他分子的物质。绿茶有好几种富电子分子,其作用就如同"弥达斯"微生物的小蛋白中的醛。抗氧化剂往往是一些富电子分子,可以为缺电子分子提供电子,以消除后者的破坏效应。

镉的麻烦

于是,在细胞中,我们看不到 + 3 价金离子或 + 3 价铝离子,或者其他 + 3 价金属离子。铝以及其他在元素周期表中同族的元素,拥有 3 个外层电子,它们在水中可以失去这些外层电子而成为 + 3 价离子。在细胞中, + 3 价或者更高价的离子会带来不少麻烦,因为它们可以像一个个嚼过的口香糖那样,黏附在生命中那些原本已经缜密安排好的零件上。

细胞利用特殊的蛋白质泵将易黏附的离子推出细胞,以此保持自我清洁。留在细胞内的金属被小心翼翼地控制着,被一些特定的蛋白质裹挟着。这些蛋白质就像牧羊人一样,"牧放"着各自的金属。但是铝族元素不值得那么麻烦地对待,因为在大多数细胞中,都只有非常少的铝族元素,这些元素不被细胞的蛋白质所接受,这样我们便可以不考虑该族元素。

+ 3 价金属离子只是严谨的细胞给出的"禁飞名单"中的一部分。绝大多数金属元素会被细胞排出,或者从一开始就不被准许进入细胞。对于细胞来说,比较棘手的是那些来自同一族具有相似化学性质的两种元素,比如磷和砷。它们如此相似,以至于可以利用同一个通道;它们又是如此不同,以至于会引发麻烦。

镉和锌也是具有类似问题的两个元素。在元素周期表中,镉在锌的正下面,这使得镉比锌更大一些,也更毒一些。(我们还可以看到镉下面是汞,一种更毒的金属元素。)镉和锌的性质是如此之像,以至于在锌矿石中常常掺杂着镉。镉可以在某些位置中取代锌,但是它并不能发挥锌的所有化学功能。

生物可以利用硫的化学特性来解除镉的毒性。金属硫蛋白分子并非只是充当吸收电子的海绵,还是清除镉的巡逻队员。镉像锌一样,对硫具有特别的亲和力。因此,金属硫蛋白中的硫可以把镉固定住,防止它与其他重要的物质发生化学反应。硫就像是针对镉的捕蝇纸。

在少数生物体内,镉会做一些令人惊讶的事情,而这些事情可作为探索生命历史的线索。在那些微生物中,镉占据了锌的位置,**甚至完成了锌的化学功能**。在这些生物体内,镉已经或正在从有毒变为有用。

与上述化学反应相关的酶,是最古老的锌蛋白酶之一:碳酸酐酶。这种酶可以有效地将一个额外的氧结合到CO_2(二氧化碳)上,生成CO_3^{2-}(带有 3 个氧原子的碳酸根离子)。附加的氧会压制二氧化碳气体,让它更好地溶解在水中。在碳酸酐酶中,锌可将水固定住,将水中的氧原子添加给二氧化碳。镉酶可以用镉来完成同样的任务。

最初,镉替换锌可能是意外,但是之后这种意外变得有用了。环境中的镉进入细胞中,黏合在正确的位置上,就可从毒素变成工具。

如果锌和镉可以发生这样的现象,那么其他金属元素在漫长历史中也可能发生类似的情况。元素周期表将提供这样一种模式:新的金属被引入,而原来的金属被移除。新来的金属最初可能如同镉那样有毒,但是它们经过简单的、可预测的变化后,能变得有用。

许多物质都可以附着在金属硫蛋白的硫上,因此硫是细胞的万能清洁剂。比如,硫可以吸附额外的铅离子和汞离子,这些离子有毒且具亲和力。事实上,这些金属元素之所以有毒,就是**因为**它们具有亲和力。它们扰乱了细胞内的化学秩序。

　　一些环境中有如此多的有毒分子,以至于生命要存活下来,就需要极大的智慧来排毒。或许最聪明的要算是名为硫酸绿球藻(*Galdieria sulphuraria*)的红藻。它是硫磺温泉中的主要生物,因为其他"稍有头脑"的生物都不会在如此富含重金属元素的高温酸性环境中生存。这种藻类如同变色龙一样,当没有阳光时,它呈现淡黄色,并消耗糖分;如果没有糖分,它则变为绿色,以阳光为能源。

　　硫酸绿球藻的成功秘诀在于它的基因。它具有能驱逐砷、铝、镉和汞的解毒系统。它还有高度选择性的、可以让重金属元素进入的蛋白质通道,一种封存砷的酶以及一种中和汞的酶(通过将电子添加给汞)。硫酸绿球藻中有5%的基因与转运体或蛋白质通道相关,而其他生物的平均水平是2%—3%。

　　硫酸绿球藻似乎从它的细菌朋友那里拷贝了一些基因。这些基因与其他细菌的基因是如此一致,以至于如果将这些基因用英语词汇来代替,那么这种红藻会被判剽窃罪。它至少"剽窃"了十几种细菌的基因,它甚至拷贝自身的基因来进行多版本基因实验。这种红藻的基因组清楚地证明,基因可在微生物间快速传播,这加速了微生物对环境的适应性。由于对新基因具有如此的开放性,硫酸绿球藻才能成为排出和转运金属的"大师",一个隐藏的微生物"巫师"。

细胞内的金属元素总是差不多

　　硫酸绿球藻生活在独特和极端的化学环境中。尽管如此,我能预测硫酸绿球藻的细胞内会有什么样的化学物质。具体来说,它的细胞中绝大多数金属元素的浓度,和其他微生物体内甚至我们人体细胞内的金属元素浓度差不多。尽管外部环境有巨大差异,但是其细胞内部都有DNA,这些DNA都是由CHON组合加磷酸根(再加镁)组成;也都有蛋白质,这些蛋白质都是由CHON组合加硫组成。

这种内部的一致性可延伸到细胞质内的各种金属元素,每种不同的金属元素在所有细胞中都会处于大致相同的水平,因为所有金属元素都遵从相同的化学规则,而且无论是温泉里的藻类还是格子间里的人类,都有相同的化学反应模式。

为了解释其中的原因,让我们从一个朋友犯了大错的实验开始了解。当你在实验室将金属元素和细胞混合的时候,会出现一定程度的危险。当然,这种危险不是针对你,而是针对你的实验而言。我的一个同事曾经测试蜗牛细胞对锌的反应。在他进行的一系列实验中,所添加的锌越来越多。在某个临界点,蜗牛细胞冻结了,就像是变成了黏稠的果冻。锌阻碍了生命的流动。在低浓度条件下,锌对氧、氮和硫的化学黏附性是有益的;然而在高浓度条件下,锌会黏附在细胞内的所有物质上,让细胞内部产生交联反应,如同往细胞中加入了胶水一样。生命必须是流动的,凝固的生命根本就不再是生命了。

从化学上来看,锌离子只能携带两个单位的正电荷,但它是被压缩在一个紧密的球体中,这样它的电荷浓度相对较大,因此它就比其他大原子对阴离子的黏合力更强。大多数金属元素在浓度足够大时都可以变成生命物质的胶水。钙喜欢黏合氧,因此它可能凝结DNA或其他磷酸基化合物(如ATP)的磷酸根中带负电荷的氧。足够的钙和磷酸根可以形成锋利坚硬的磷酸钙晶体,它将划破生命的流动的油状结构。细胞会排出钙,以防止这种情况发生。

而在细胞外,钙的黏合性是有益的。一些细菌利用DNA作为富含磷酸根的支架,在细胞外建造生物膜结构。DNA吸附钙,然后硬化成壳状外膜。

其他有亲和力的离子也能和磷酸根黏合在一起。一种叫秀丽隐杆线虫(*C. elegans*)的蠕虫,可以生活在高浓度的+3价铝离子溶液中。当铝离子和磷酸根黏合时,这种线虫就会发生不良反应。细胞不得不在铝和功能性DNA中做出选择,不能两者兼得。为了生存下去,细胞必须将铝驱逐出去。还有一种细菌为了解除铀毒,会将磷酸根收集到一处。这些磷酸根可以吸附铀,并将其粘住。

磷酸根的亲和力是一种普遍的特性,可以作用于生命所必需的金属元素和有毒金属元素。一种微生物可将铜离子装入含有亲和力很强的磷酸根和钙的亚细胞区室中,然后将其驱逐出细胞。另外一方面,过多的磷酸根会减少细胞所必需的金属元素。生活在高浓度磷酸盐环境中的酵母,会遭受铁离子浓度不足的困扰,因为铁离子会和磷酸根黏合。

由于亲和力太强对生命不利,而更多的物质意味着更大可能出现黏性,因此细胞的物质浓度要适当才行。如果积累过多,即使是生命所必需的金属元素都可能转变为毒素。由于+3价金属元素离子亲和力更大,与那些+1或+2价金属元素离子相比,它们在更低浓度就可能达到临界点,因此细胞会更加严格地排出+3价金属元素离子。对于离子的大小和亲和力,元素周期表给出了有序的、可预测的趋势。由于离子的亲和力和离子在细胞内的数量相关,那么这个数量也是有序的且可预测的。

这可用一个实验来表示,这个实验可用一张图来表示(见图2.3)。在实验室里,化学家利用螯形分子,能够测量氧、氮和硫可以结合多少金属元素(细胞中带负电荷的非金属元素可以和带正电荷的金属元素黏合)。对于那些在水中可形成+2价离子的金属元素而言,这些结果可按照元素周期表从左到右的顺序排列起来。图中的曲线就像是一座倒V状的山。亲和力从左到右逐渐增加,到铜时达到顶峰,因为它的亲和力最强。

这张亲和力图对蛋白质和螯形化合物同样有效。在许多研究中,蛋白质的亲和力顺序可用这张图来预测。唯一的偏差源于氧、氮、硫可能形成某种金属元素特别喜欢的形状。这张图对制造催化剂也有用，因为催化剂需要黏附别的物质。

化学亲和力曲线可和相关的生物浓度曲线对照。图2.3右边的曲线显示了各种金属元素（按照元素周期表的排序）在细胞质中的含量。在细菌、爬行动物、鸟类和哺乳动物中，结果是相似的：从左到右浓度下**降**，铜位于最低点，这意味着它的浓度在细胞中是最低的。生物浓度曲线呈现正V状，因此生物浓度和化学亲和力是镜像关系。每个细胞中的金属元素含量由化学键决定。

基本的化学规则是生命需要流动。它需要金属元素对非金属元素有一定亲和力，但是不要太多，不要随时随地都黏合在一起。生命需要有足够的自由离子来达到一个精确的平衡点，既能利用它们的化学亲和力，但是又不能多到在细胞内部形成交联结构。金属元素离子的固有化学特性，让细胞拥有足够而不是过多的金属元素。通过这种方式，键合的化学规则让自由金属元素离子的生物浓度曲线呈V状。

（细胞可以利用与特定金属元素结合在一起的特殊"伴侣"蛋白来满足平衡和流动的需求。近来的研究显示，细胞中平均有70%的金属元素不会和"伴侣"蛋白结合，并遵循图2.3中的趋势。）

如此一来，细胞就像是橱柜。对于许多食谱来说，你需要大量的面粉，但不会需要如此多的小苏打。所以，你会在橱柜里存放一大袋面粉和一小盒小苏打。亲和力弱的金属离子就像是面粉，因为细胞需要大量的此类金属元素才能将其黏附在特定的位置。而亲和力强的金属元素离子（如铜离子）更像是小苏打。少量强亲和力金属元素可和非金属元素紧紧结合在一起，因此你不需要太多这样的金属元素，太多就会导致物质凝固。

有关橱柜的比喻在上文末尾好像有些失败了，因为买再多的小苏打，也不会让你的厨房冻结起来。但如果真的冻结了，你就会密切关注

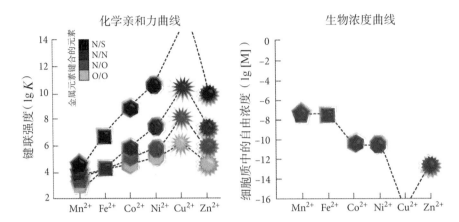

图2.3 欧文-威廉斯(Irving-Williams)的金属元素离子化学键序列。图左:化学实验室中金属元素与含不同非金属元素的分子的结合能力。图右:在生物细胞中与其他物质结合的相同自由金属元素离子的浓度。两张曲线图相互关联,因此某元素在左边曲线位于高点时,在右边曲线位于低点。注意,这些金属元素离子是按照元素周期表中第四行的顺序进行排列的。

数据源自:R. J. P. Williams and Frausto da Silva, *The Chemistry of Evolution*, pp. 67, 135。

自己究竟买了多少。你甚至可以认为,对于全球所有的美食类型来说,用大量的面粉和少量的小苏打是一种固定的做法,因为基本的化学特性决定了你对前者的需求量总是要比后者多。世界各地的橱柜里,都是一大袋面粉配一小盒小苏打。

对于没有出现在上述曲线中的金属元素,也可以用同样的方法来分析。比如,金的三个正电荷使得它的亲和力是如此之强,以至于会超越化学黏度曲线的顶部。由于生物浓度曲线是化学黏度曲线的镜像,金离子在活细胞中的浓度会很低,其位置会低于图中生物浓度曲线的**底部**。这就说明了细胞为何会排斥金离子和其他任何含量大的 + 3 价离子。

值得注意的是,最简单的元素排列——元素周期表中的顺序,可以产生一种明显的趋势,该趋势对简单和复杂的情况都同样有效。它既适用于化学实验的试管中,也适用于生物体内的细胞质中。这种化学键**力**的普遍趋势,对生物**浓度**也适用。

一个化学假说和一个行星尺度的检测

在化学亲和力曲线中的化学趋势被命名为欧文-威廉斯序列,该名称源于两位首次对之进行排序的化学家。其中的"威廉斯"是 R·J·P·威廉斯,他首先注意到生物浓度和他的化学序列正好相反。除了在构建模型方面的显著才能之外,威廉斯已经和合著者出版了几本书,都是关于这类化学观察如何帮助解释过去和现在的生物学。

欧文-威廉斯序列展示了表面复杂性背后的简单规律。它首先被化学家用来预测金属元素如何和小分子反应并结合在一起。美妙的是,它同样适用于复杂系统(如生命)中的大分子(如蛋白质),并在几十亿年的自然历史中发挥作用。这个序列就是一个明白的趋势,在许多情况下都适用,并且符合元素周期表的普遍情况。物理学家发现了许多自然规律,从重力到电磁学。欧文-威廉斯序列则是化学方面的自然规律。

在很久以前,欧文-威廉斯序列就隐藏在自然界中,等待人们去发现。自从宇宙诞生以来,物理定律就没有什么变化,对此物理学家已经核实过了。尤其是,利用70亿年前的星际甲醇发出的古老光线所测量出来的精细结构常数,和利用现今的物质所测得的精细结构常数是一样的。这就意味着以前的甲醇和现在的甲醇都是以同样的方式形成化学键。地球也就不到50亿年的历史,欧文-威廉斯序列所确定的化学特性在这期间是稳定不变的。

因此,我们可将欧文-威廉斯序列应用于对古岩石的地球化学分析,以及对古生物的生物化学分析。化学键的形成原理告诉我们,为何有的元素能紧紧地键合在岩石中,而其他一些元素飘浮在空气中。它还告诉我们,能量如何存储在糖和脂肪的化学键中以及大气的氧中,并在生物需要时及时释放出来。

而且,它告诉我们有趣的一点:地球并非总是现在这个样子。在地球形成之初,它具有和现在相比十分不同的化学环境。它为什么会改变?如何改变?在化学研究的基础上,威廉斯提出了一个假说:地球的变化不仅是戏剧性的,而且是**不可避免的**。化学决定了地球的早期环境,然后经过数十亿年将地球变成我们现在所看到的样子。随着环境的变化,生命也发生了变化,化学能解释其原因。威廉斯和地质学家里卡比(Ros Rickaby),在他们合著并于2012年出版的《进化的命运——环境和生命共同进化的化学》一书中,阐述了上述假说。

威廉斯是一个彻头彻尾的化学家。当他在谈论进化时,并不关心具体的物种,而是将具有同样化学特征的物种归为一个大类,他称之为"化学类型"。动物是一个化学类型,因为它们摄入食物和氧,并将这两者结合起来转化为能量。植物是一个不同的化学类型,因为它们吸收二氧化碳和阳光,然后制造出糖——动物所需的食物。摄入氧的单细胞生物是一个化学类型,呼吸氢气的生物则是另外一个化学类型。

威廉斯做了一个长时段的考察。他发现,物种之间的随机变异是一个强劲的"发动机",可以驱使化学类型充分发展为一个类群。这和古尔德强调的重点完全不同,他在《奇妙的生命》(1990年)一书中强调了生命个体形成物种的随机进程。这两种观点能够很好地相互包容。古尔德是在生物个体的层面上进行近距离观察;威廉斯的视野则在化学或化学类型的层面上,从远古开始,跨越了亿万年的时间。

我第一次知晓威廉斯的观点是在2005年左右,当时DNA测序技术已经成熟到可以让我们检测各个物种的基因组图谱。我记得我对此很感兴趣,但我相信这仅仅是化学家完全用化学观察世界的个案。我也知道威廉斯理论的实验证据正在涌现。科学界当时正在检测大大小小生物的基因,并寻找被写入DNA中的先后发展顺序的证据。这些基因可以组合在一起,用于读取它们何时利用过何种金属元素的迹象。很久以前就可用的元素可能被古老的基因所利用;而近期才可用的元素可能被新的基因所利用。

我将为你省去一些麻烦,跳过那些论证威廉斯结论正确的数据。他所确定的化学趋势在基因数据中得以体现,只有少数例外。他完全用如欧文–威廉斯序列一样的化学定律来预测基因数据。这意味着,过去40亿年的时间里,化学塑造了生物学。这和《奇妙的生命》中的结论也是相反的。古尔德所说的"生命磁带"在回放时看起来应该是一样的,因为从合适的角度来查验,生命的事件都是可以由普适的、具预测性的化学定律来决定的。

生命进化的过程必定是可预测的,因为威廉斯已经对此进行了预测。至于我为什么这样说,这样意味着什么,只需要从化学家的角度来讲述宇宙自然史的故事即可知晓。

生命中依靠金属元素的化学反应

根据每种金属元素的亲和力、大小和化学性质,它们在化学反应中的表现有所不同。让我们回到生命的细胞中,看看这些金属元素是如何在其中起作用的。生命所需的元素可以按照其功能分为三类,这些元素展示于本书前文的"折纸式的元素周期表"(图0.1)中。

1. **建造**:构造绝大多数细胞的**基础**"建材"是生命的六大元素:碳、氢、氧、氮、磷和硫。这是我们观看细胞模型时,首先看到的6种颜色。用于构建骨骼的钙可以看成这个团队的兼职人员。

2. **平衡**:第二组成员是可溶解在水中的7种元素,它们互不接触,像微小而闪亮的雪花一样。这些元素之所以会被用到,是因为它们不会形成持久的化学键,这样可以根据生物的需要而进入或离开细胞,以令细胞的总电荷保持**平衡**(或不平衡)。这个小组包括钠、钾、钙、镁、氯、磷酸根和硫酸根。因此,带1个正电荷的离子(钠离子和钾离子)和带2个正电荷的离子(钙离子和镁离子)被大量使用。

3. **催化**:在细胞中发现的其他化学元素含量很少,并遵循欧文-威廉斯序列所决定的恒定浓度。这些是元素周期表中间的金属元素,它们位于过渡金属元素区域。这些元素大多可以携带2个正电荷,但是它们具有稍稍不同的形状、大小和反应活性;有些还具有特殊能力,这使得它们在不同的特殊情况下变得有用。它们都具有**催化**不同化学反应的能力,因此它们必须像橱柜里的调料那样随时待命,当细胞要"烹饪"时它们就得出场配合。

来自第三组(催化剂组)的金属元素通常被发现和蛋白质相黏。在那里它可以完成以下三件事情中的某一件:协助进行化学反应;将蛋白质连在一起;或者在四处游荡的时候,只是被随机地黏附在某处。总之,被黏合的金属元素可能是催化性的、结构性的或随机的。如果有一件事情是金属元素可做的,那就是催化反应。2010年的一项针对所有辅因子(帮助酶起作用的辅助性分子或离子)的研究表明,绝大多数活化反应的辅因子是金属元素,而不是CHON结构。

金属元素可以激活各种化学反应。化学家大量使用金属元素作催化剂,以便让化学反应进行得更快一些。比如,在汽车的催化转化器中,气体或液体分子流过时会被吸附在金属表面。虽然惰性的表面有时也能让化学反应进行,但是活泼金属还能释放或获得电子,让化学反应快速启动。活泼金属可以打乱其他原子之间的化学键,让可能数年才能完成的化学反应加速到数秒就完成。

你的体内含有少量的金属元素,有的是原子大小的离子,有的是十几个金属元素原子组成的网络。这还不足以让机场的金属元素探测器报警,但是足以让你的身体正常运行。

这些金属元素被看起来巨大而笨重的蛋白质的CHON结构放置到正好需要它们的地方。所有过程都涉及金属元素:化学家已经制造出一种多孔的岩石状物质,就像你体内的酶那样,可以将葡萄糖转化为果糖。这种物质可以将锡原子和钛原子放置到合适的位置,锡和钛就可以催化葡萄糖转化为果糖的化学反应。这种能将合适的金属元素放置到合适位置的岩石状物质,就像是你体内一种新陈代谢的酶。

因此,岩石中的化学反应和人体内的化学反应有相似之处。从化学家的角度来看,一些重要的东西,比如生物的血液,可以看作是溶解了金属元素的复杂溶液。在红色的血液、含铁氧化物或岩石中,红色是铁结合了氧而显示出来的颜色(这使得它们具有不同的结构,却有着类似的颜色)。在铁锈中,氧和铁杂乱地结合在一起,形成容易碎裂的物质。在岩石中,氧化铁分布在固态晶格中。在血液中,具有大型CHON结构的血红蛋白将氧精确地和铁放在一起。

如果血红蛋白可以被称为一种催化剂,那么它不是为了促进化学变化,而是为了**定位**。血红蛋白"催化"氧从肺进入身体其他部位的移动过程。在肺里,血红蛋白吸收氧气,然后将其释放到毛细血管中。如果你贫血,血红蛋白中没有足够的铁元素,那么你的血液将不能运送充足的氧气,你的大脑和肌肉会因为缺氧而变得疲弱。

根据欧文-威廉斯序列展示的金属元素的化学亲和力,运送氧的工作由Fe(铁)来完成,而不是Cu(铜)或其他金属元素。在图2.3的化学曲线中,Fe(铁)位于左边,具有中等偏弱的亲和力。这意味着Fe(铁)可以在肺里和氧结合,然后在毛细血管中释放氧。如果金属元素和氧形成的化学键太弱,比如Mn(锰),氧就不能在肺里和金属元素结合。如果化学键太强,比如Cu(铜)或Zn(锌),金属元素就永远不会让氧被释放到毛细血管中。(一些深海无脊椎动物在低温高压的环境下,用铜来运送氧,这是因为它们需要亲和力更强的相互作用,才能从环境中获得原本含量就很少的氧。)

金属元素因被堵塞而丧失功能

这就是为何CO(一氧化碳)如此危险的原因。这种无色无味的气体,是因汽车尾气中的碳不完全燃烧产生的。它拥有一对原子,看起来和氧气很像。一氧化碳模仿氧气,潜入血红蛋白中,像氧气那样和铁结合。而且,一氧化碳和铁的结合比氧气**更紧密**。铁原子因此被堵塞了,而不能再运送氧气。一氧化碳使得你血液中的铁失效了。由于这种元素被堵塞了,即使你的肺奋力地吸入再多的氧气,你的细胞都会窒息,因为氧气不能抵达需要它的部位。

血红蛋白不仅仅是一个被动的载体。血红蛋白中的铁可以重新被定向,因此这种转运蛋白可以成为催化化学反应的酶。一组化学家利用溶解的血红蛋白来催化制造塑性聚合物的反应,因为血红蛋白很容易和铁以及附近所有的CHON蛋白质形成化学链。你的身体还会利用血红蛋白中的铁,通过其移动在氧和氮周围的电子而使得一氧化氮发出信号。当运送氧时,血红蛋白像是火车车厢;但是,这个分子也能"烹饪"出一氧化氮,此时其表现得更像是厨房。血红蛋白的多功能,正是因为铁的功能很多。

血红蛋白作为一种金属元素键合蛋白而家喻户晓,其实它还有很多同伴。大约1/3的蛋白质都结合着金属元素,通常这些金属元素可将蛋白质的各个部分聚在一起,或是催化某个反应,或是同时发挥上述两种作用。在植物中,铜元素用于移动可收集太阳能的电子。锌元素可将锌指蛋白结合在一起,用于抓取DNA,并打开或关闭基因。因为铜或锌可以和硫或氮紧紧地结合(如同化学亲和力曲线图所示),含硫或者氮的蛋白质就可以获得这些金属元素的功能。

佩托比斯摩(Pepto-Bismol)等药物,可攻击硫和金属元素形成的这些化学键。导致胃溃疡的细菌——幽门螺杆菌,拥有一条布满硫的长尾巴,即鞭毛。这条硫尾巴可将少量锌原子运送到蛋白质要去的地方,这样它就能借给那些新生成的蛋白质一个锌原子,以保持蛋白质的活性和胃溃疡细菌的感染性。在这条蛋白质尾巴上,锌可以被生化学家和细菌都很少遇到的一种金属元素所代替,它就是带有三个正电荷的铋离子,也是佩托比斯摩中的活性成分。佩托比斯摩可以替换锌和硫结合,消除这种制造蛋白质的锌指蛋白带来的危害,以此灭杀导致胃溃疡的细菌。在工业时代之前,人们的胃里是没有铋的,因此幽门螺杆菌之前从来没有"见过"铋,也就对它(暂时)没有免疫力。人类提纯了一些新的亲和力强的金属元素(如铋),并用它们来对付细菌,将稀有元素和硫的天然亲和力转化为一种抗菌武器。

一些科学家甚至猜想致癌物也是通过欧文-威廉斯序列所预测的亲和力在起作用。特别是镍和铬(一种可携带6个正电荷的金属元素),它们可在某些关键的生长信号通路中替换铁,这样可能因它们的极端亲和力而导致某些癌症。如果铁在通路中被堵塞了,而这些生长信号通路仍在生效,本该是铁占据的位置就被镍和铬抢占,细胞就会开始非正常生长,肿瘤由此产生。

金属元素被替换,蛋白质的功能被改变

汇总起来,有三个结论:
1. 金属元素容易四处移动,也容易和蛋白质结合。
2. 金属元素对蛋白质的结构和催化活性是至关重要的。

3. 化学家制造新的物质来证明他们的观点(化学家在内心里都像是喜欢搭建乐高玩具的孩子)。

你可以看到化学家是如何把金属元素从一种蛋白质转移到另一种蛋白质中,以此合成新的金属元素–蛋白质配位化合物。这类实验并非像一个疯狂的科学家将助手的头换成鸭头那么具有戏剧性,但却是切实可行的。当金属元素发生变化之后,酶的性质也随之变化。

碳酸酐酶可以利用镉和锌为二氧化碳添加氧原子,这是我们举的关于金属元素替换的化学过程的第一个例子。如果另外一种金属元素替换了这种酶中的锌,一些奇怪的化学现象将产生。如果用锰替换锌,碳酸酐酶就会在目标分子上形成一个奇特的三角形环氧基。如果用铑替换锌,碳酸酐酶就会移动氢而不是氧。改变了金属元素,就改变了酶的性质。因此,细胞必须排出非正常金属元素的另外一个原因,就是为了防止制造新酶。

一种"节俭"的甲虫已经懂得通过转换金属元素的方式,让一种酶具有两种不同的产物。通常,当这种甲虫处于幼虫阶段的时候,这种酶会用钴或锰将五碳链连接起来形成可用于自卫的十碳链。然而,当长大之后,它需要用十五碳链作为生命周期激素。它的细胞会用改变了一个原子的酶来完成任务,那就是用镁来代替钴或锰。一个镁离子的化学作用就足够改变酶的产物,并传递生长信号,而不是用于化学防御。

同样地,弗氏柠檬酸杆菌(*Citrobacter freundii*)也有一种关键酶,能将磷酸根从ATP移到其他物质上。如果锰在相应的位置替代了镁,这种酶就会和同样的磷酸根形成两个键,从而制造一个小型的环磷酸根。如果细菌想要制造环磷酸根,它只需要输送少量锰,原有的酶就可以表现出新的化学特性。

即使是同一种金属元素,如果它被酶以不同的方式进行控制,也可能产生不同的化学结果。在一类酶的家族中,一些酶会将羟基(含有氢、氧原子的基团)结合到目标分子上,而另外一些酶会移除目标分子的烃基。通过对金属元素采用不同的控制方式,这些酶能完成截然不同的化学反应。这就如同一个棒球或垒球比赛中的投手准备投出快速球或是曲球,其结果也是大不一样。金属元素有充足的能力完成不同的任务,并能被它们所处的环境所引导。

有时候,改变酶上的金属元素将会改变它的目标分子。一种DNA切割酶通常可用镁、锰或钴(而不是钙)去切割DNA的不同部位。如果是镉、锌或镍和这个酶结合,那么它根本无法切割DNA。那些金属元素就像是巨大酶蛋白之船上的小小方向舵。

如上所述,不同的金属元素可能发生不同的化学反应,更多的金属元素参与则意味着更加丰富的化学多样性。生长在含有不同浓度的钾、钙和硒的土壤中的细菌,将制造出不同类型的分子。事实上,土壤中钾和钙越多,细菌所能制造的分子的多样性就越丰富。其中一些非同寻常的化学分子结构,可能有益于人们利用金属元素来制造新药或天然杀虫剂。

化学影响了生物学的发展,因为化学变化为生物变化铺平了道路。并非所有金属元素都是可获取的。在行星形成之初,一些有用的金属元素被封闭了起来,被困在地质绝境中。当有一天其中一种金属元素首次变得可用时,新的化学反应可能催生出新的生命,并带来新的复杂性。

将金属元素设计到蛋白质中

科学研究的内容是搜集事实,并**寻找它们之间关系**。因此,如果实验表明金属元素对蛋白质非常重要,我们就可以重塑或者重新设计蛋白质以利用金属元素的功能。如果我们把一种新的金属元素交到蛋白质的"手里",或许就会有令人吃惊的事情发生。

我自己的实验室在蛋白质设计方面也有类似的经历。蛋白质是令人难以置信的复杂分子。如果给予机会,它们会令你吃惊。当我第一次进行蛋白质设计时,我还是一名紧张的新教员。我们投入了一年的时间,结果还是失败了,我们所得的蛋白质并没有呈现预期的特性。我们改进了原有的设计,然后获得了成功。

设计蛋白质时,你必须记住蛋白质就如同鸟儿。当蛋白质"飞入"试管时,你就不能控制它了。蛋白质的复杂性比你的想象或假设要大得多。这种情况其他实验室也遇到过,有时候意外情况就是金属元素的化学力量的很好例证。

用金属元素来做最简单的事情就是将其黏附在蛋白质上,这与将箭射向靶子正好相反。你首先要设计一个蛋白质"靶子",然后把它放进富含金属元素的溶液中,让它自己去寻找金属元素这个"箭头"。如果你在蛋白质的适当位置上设计三个或四个氮、硫或氧原子,蛋白质就能把金属元素紧紧粘住。

许多人设计了蛋白质中的金属元素结合位点。其中最出彩的是,科学家将蛋白质中的硫和氮设计成特定的模式,从而创造出特别的双铜结合位点。无论在天然蛋白质还是人工制造的蛋白质中,双铜排列都可呈现出亮紫色。如果你的试管中出现亮紫色,说明你的设计成功了。

在2010年,一组科学家设计了一种特别的蛋白质,锌原子可以把4个该蛋白质分子连接在一起,此时锌原子就如同这4个蛋白质分子之间的拉链。每个蛋白质分子可结合半个锌原子,这样锌原子就可以作为两个半位点的桥梁,将两个蛋白质链结合在一起,形成一个完整的位点。锌可以将4个蛋白质亚单元结合起来,铜也可以完成这样的任务,因为它在欧文-威廉斯序列中也表现出很强的亲和力。

一些科学家利用这种锌"拉链"的设计方法,将蛋白质末端相连在一起,形成细长的"纳米管"。这些蛋白质连在一起,形成锯齿状结构,这种结构可编织成较大的纳米管。这组科学家进而编织出像锁子甲*一样的蛋白质结构。

另外一个研究小组专注于寻找新的蛋白质支架来容纳锌,而不是建造更大的结构。他们对已知的蛋白质结构进行全面搜索,以便寻找具有可以支持像爪子一样的氮和锌结合的最佳形状的蛋白质。他们在这种新的蛋白质中设计了两个锌的半位点,锌使得它们连在一起。然后,他们注意到了不寻常的现象:这种蛋白质暗藏特别的玄机。

意外酶和蓄意的金属元素

这个结果源于一个意外的错误。当蛋白质–锌–蛋白质的复合结构被确定之后,所有的原子都各就各位,它们并没有像预期的那样完美地搭配在一起。开始时,正如预期的那样,三个氮原子和锌结合在一起,但是这个蛋白质中途移动了(这对蛋白质而言是正常的),没有结合第四个设计好的氮原子。在本该结合这个氮原子的位置,出现了一个开口到表面的锯齿状漏斗。锌的亲和力足够强,使得它和三个氮原子就能结合,而在蛋白质上留下了一个裂缝。这个特殊的裂缝比锌大,大到就几乎如同酶的一个正常活性位点(见图2.4)。这个裂缝大到足够让小分子容易进入。在某些实验中,我们可以看到离群的分子被这个裂缝捕捉。

科学家意识到,裂缝的形状和本章早些时候提到的碳酸酐酶的形状相似。或许,如果在恰当的位置上有一个具有弱键的分子进入这个裂缝,锌就可以支配电子去破坏外来分子的弱键。通过制造一个不完美的锌拉链,研究人员也许意外地制备出了一种酶。

_____

* 一种古代铠甲。——译者

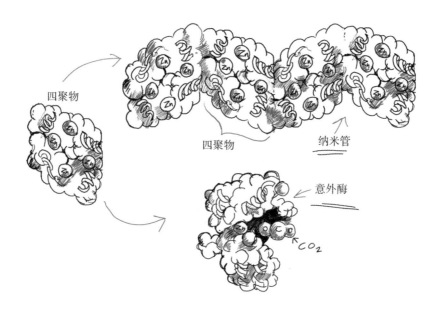

图2.4　设计锌蛋白。首先,锌将4个蛋白质聚合在一起(左边);然后,利用这种设计方法合成纳米管(右上);还可利用蛋白质支架,合成意外酶(右下)。

科学家们行动了起来。他们将具有弱键的分子和设计好的锌蛋白混合在一起,这些分子很快就被蛋白质弄碎了。在这个实验中,没有人从开始就计划合成一种酶,但是,他们仅仅因为把锌放置在蛋白质裂缝旁,就成功地做到了。(现在,相关的实验室利用这种理念,开始利用锌蛋白合成另外一种名为β内酰胺酶的酶。)

这并非科学家第一次在锌周围合成新酶。2007年,另外一个实验室放置了4个硫原子用于结合锌原子,合成随机蛋白。几个这样的随机蛋白可以形成新的化学键,更多的随机蛋白就可以合成生化学家所说的连接酶。这就是随机蛋白的力量,也是锌固有的"连接酶"的能力。锌很可能擅长连接化学物质,就如同镁擅长聚合磷酸根一样(例如,DNA聚合酶中的镁)。

幸亏有研究人员的自信,当这种反应不再是意外事件时,它依然有效。一个实验室合成了一种细长的蛋白质,一端用爪状的三个氮原子和锌相连,另一端用爪状的三个硫原子和汞相连。汞和硫的结合是如此之强,以至于它把整个蛋白质团在了一起。另外一方面,这里的锌就不那么意外了,它能将氧添加到二氧化碳上,就像碳酸酐酶(另一种具有金属元素功能的酶)一样。

另外一个实验室总共进行了数百万次实验,随机改变了简单四柱蛋白的核心形状。如果血红蛋白中血红素形态的铁和这些随机蛋白结合,大约一半的血红素可以进入蛋白质的核心。它们中的一些随机结合血红素的蛋白质可以催化化学反应。举例来说,它们可以利用血红素铁来移动电子,以此开启或关闭合成过氧化物的化学反应。

这是另一种意外酶,意味着即使你并不知道你在做什么,只要你能进行足够多的尝试并利用铁元素天然的催化能力,你就能制备出一种简单的酶。"结合一个金属元素并放手让它发挥作用"这一随机的策略,对锌和铜同样有效,这是由它们固有的亲和力和化学功能决定的。

因此,虽然细胞中的金属原子不像碳、氢、氧、氮、硫、磷那么多,但这些金属元素也特别重要。它们在生物体内的浓度按照元素周期表的顺序排列,由欧文-威廉斯序列所决定。元素周期表的族还包含了其他模式,比如同一族物质有的可能是必需营养素,有的却是毒物,这样的组合有锌和镉、磷酸盐和砷酸盐。这些特点决定了什么是生命所需要的、什么是生命会拒绝的,追溯到生命起源时都如此。

因此,就如同化学家所遵循的,基于化学的生命历史也必须从元素周期表开始。如果塑造生命的基础是元素周期表,那么塑造元素周期表的基础是什么? 就像物理学一样(而且说实话,这本质上**就是**物理学),这个问题的答案会让柏拉图(Plato)感到自豪,因为元素周期表的周期和族的建立源于柏拉图的理念,即数学的抽象组合和逻辑一致性。

◇ 第三章

展开的元素周期表

折叠元素周期表

现在,我们关注的起点不是隐藏的,也并不遥远。它不是一个像莫诺湖或弗雷西克城堡那样极端的地方,它是某个页面所要表达的中心概念。这个中心概念就是元素周期表,它是化学的中心,因此也是本书的中心。

远远看去,元素周期表隐约像大教堂的形状。你也可以在冰箱贴、T恤衫和餐馆标志上看到元素符号。表中那些有规律的族不是很对称,但该表看上去的那一点点别扭可能源于历史的偶然因素。将其重新整理一下,一个简单的数学排列就出现了。

为了理解这个排列,我们将元素周期表视为用算盘的珠子做成的,它们被排列成熟悉的U形。然后,把所有的珠子推到左边:

第一周期:氢、氦

第二周期:锂、铍、硼、碳、氮、氧、氟、氖

第三周期:钠、镁、铝、硅、磷、硫、氯、氩

第四周期:钾、钙、钪、钛、钒、铬、锰、铁、钴、镍、铜、锌、镓、锗、砷、硒、溴、氪

第五周期：铷、锶、钇、锆、铌、钼、锝、钌、铑、钯、银、镉、铟、锡、锑、碲、碘、氙

按周期来看，每周期分别有2、8、8、18、18个元素。这个排列在接下来各周期继续下去，但令人难以理解的是，大多数周期表将14个元素移出第六周期和第七周期。在本书的周期表中，我将它们移回到原本所属的位置，这样后两个周期就都有32个元素。

周期表甚至可以进一步被简化。每周期元素的总数是逐渐增加的，第一周期是2，第二周期增加6（2 + 6 = 8），第三周期增加10（2 + 6 + 10 = 18），第四周期增加14（2 + 6 + 10 + 14 = 32）。2,6,10,14分别除以2得到奇数数列：1,3,5,7，用另外一种方式来表达是$2n + 1$，n等于从0开始的整数。所以，周期表可以说是通过计算和添加奇数来建立的。

这种模式也可以用折纸来展示。正文之前的一张图（图0.1）中有一些虚线，表明你可以在那里将各个区域折叠起来，并折叠成图3.1那样。你可以先折叠14列的区域，然后折叠10列的区域，再折叠6列的区域，这样最后只剩下2列。

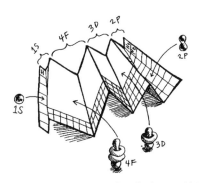

图3.1　如何折叠元素周期表。沿着图0.1中的虚线进行折叠，你可折成2块（最左边的区域）、6块（最右边的区域）、10块（中间偏右的过渡金属）和14块（中间偏左的稀土金属）。

元素周期表的优点是周期和族都是按照化学顺序来排列的。比如，所有第一族的元素都可以轻易地失去一个电子，通常形成单键。生命可利用的原子标记在图3.1中，因此，你可以发现生命可以利用有机化合物中的氢、食盐中的钠和香蕉中的钾。根据电子移动的基础化学特性，钾和钠、锂和氢类似。最大的不同是，沿着同一族元素越往下，原子越大。

如果说最左边一族是由活泼而易反应的元素组成的,那么最右边一族则是由不大会变化的元素组成。氦、氖、氩、氪和氙,似乎都有一个不错的名字,但是都不太会发生化学反应。这些元素很难失去电子或完全不能形成化学键,它们是一类"孤僻"的气体,不太可能被生命所利用,因此它们都不会被标记。比如,没有什么维生素里会含氖。

这样的排列方式贯穿于整张元素周期表中,因此各族元素形成了一种独特的节奏。莱维(Primo Levi)说元素周期表是一首诗,因为逐列看过去,有一种内在的韵律。对我来说,它就是一种有规律的填字游戏,用游戏老手的话来说就是"填得不错"。

化学家塞尔利(Eric Scerri)称这种有序的重复如同具有音乐之美:"元素周期表中的任何元素,彼此之间并非完全重现。从这个角度来看,它们的周期性和音乐中的音阶没有什么不同。在音阶中,当返回到相邻音组中音名相同的一个音符时,听起来像是同一个音,但是它们并不完全一样,后者是一个高八度音。"这种对比是特别合适的,因为音乐和电子都可形成波。

继续对元素周期表进行折叠,直到2p区和1s区在一起显示出来,此时每行有8个元素。在2p区的顶端,有CHON组合中除氢以外的三个元素,CHON组合包括了生命六大元素中的四个。剩下的两个主要元素(磷和硫)藏得稍微深一些,位于周期表中的第三周期。我们在周期表中继续"深挖",会发现原子序数越来越大,因为我们正在一个一个地添加质子(为了平衡质子的正电荷,带负电荷的电子也随之增加)。所有这些增加的质子和电子,会占据越来越大的空间。

因为第三周期元素的原子更大了,它们可以容纳4个以上的化学键。我们可以第一次看到以磷或硫为中心的四面体含氧酸根离子。7个被生命用于平衡电子的元素,也位于2p区和1s区。

再折叠一次,我们可以获得生命所需的一切。展开后再折,就可以把3d区10个族的元素展露出来,这个区也被称为"过渡金属"区。生命仅仅需要微量(以毫克计量)的铁、锌、铜和其他元素。此外,生命似乎只需要从每一族中获得一种元素,这个结论对同一族的钼和钨来说也是成立的,因为同种生物会利用钼**或**钨,但是绝对不会两个元素都用到。该区各族最顶端的元素通常是生命优先利用的,也是自然界中含量最丰富的,而且是最容易获得的。如果铜可以更低成本地起到相同的化学作用,生命就没有必要去利用银(在同族元素铜的下面)了。

在欧文-威廉斯序列(见第二章图2.3)中,这些金属元素的黏性从左至右逐渐增加,在铜和锌处达到峰值。3d区最左边三族的元素没有被生命利用,这是因为它们的黏性实在太低了,不能为生命所利用。因此,我们不能指望很快发现钪基或钛基生物,而钒的利用也是罕见的。这些金属根本无法和其他元素黏合,也难以进行生化反应,因此生命将它们放在一边,只利用了过渡金属区右边的元素。

所有纷繁芜杂的生命都受到这些整齐的周期和族的制约。正如斯诺(C. P. Snow)所描述的自己对元素周期表的理解:"那是我第一次看到看似杂乱无章的事物按顺序排列起来。我青少年时期所学的杂乱无章的无机化学,看起来可在我的眼前自成体系了。就如同一个站在丛林中的人,突然穿越到荷兰花园中一样。"化学的历史,也从丛林转变成了花园,因为自从有了元素周期表,自然界中的所有物质都可由100多个元素来表示,而周期表中各周期的元素个数都依照1,3,5,7这样简单数列的2倍逐行增加。

气球玩具与量子力学

由于这些数字太简单了,所以这样的规则看起来似乎有些随意。为什么如此重要的数字是1,3,5,7? 又为什么要将它们乘以2? 为什么元素周期表中隐藏着如此简练的表述？为了回答这些问题，我们不得不从头开始构造一个原子。

元素周期表按照原子序数来排列，原子序数等于原子核中质子的数量。在纳米尺度上来看，质子是带有一个正电荷且又大又重的静止粒子。每个带正电荷的质子和一个带负电荷的电子达成电荷平衡，电子是一种又小又轻且不停运动的粒子。在原子中，电子在原子核周围闹哄哄地跑来跑去，就如同生日聚会中的孩子；质子则像是疲惫的父母那样，坐在那里困惑地观看。但是孩子被父母所吸引（毕竟父母掌握着蛋糕），所以他们从来不会跑得太远。

为了构造一个原子，你不得不像电子那样考虑问题。从物理上描述一个物体如何运动便是它的"力学"。我们逐个添加质子和与它们达成电荷平衡的电子，考虑一下会发生什么事情。这可用来区分氦和氢——氦比氢多一个质子和一个电子。（中子也有助于维系原子核的稳定，但是它们不带电荷。）从质子的视角来看，只有电子是运动的。

但是，电子不会像我们常见的物体那样运动。用于汽车和曲棍球的物理学方程式，在应用于电子时会失效。描述电子运动需要新的语言和新的方程式，我们可以借用物理学教授关于波的研究。电子的运动如同水槽中的波纹或小河中的涟漪。

任何小如电子的物质，都可以像粒子那样相干（即相互作用），像波那样传播，这取决于不同的情景。在20世纪早期，爱因斯坦（Einstein）发现光**波**可以表现出**粒子**的特性。不久之后，薛定谔（Schrödinger）用三维**波动**方程计算出作为**粒子**的电子可能出现的位置。光和电子都可表现出波和粒子的特性。

在图3.2中，请注意波形的末端总是相交。这是因为驻波不可能出现传递一半的情况。当你拨动吉他的琴弦时，它会以波的形式发出振动，但是**它的频率只能是整数**，这是因为它振动的起点和终点是固定

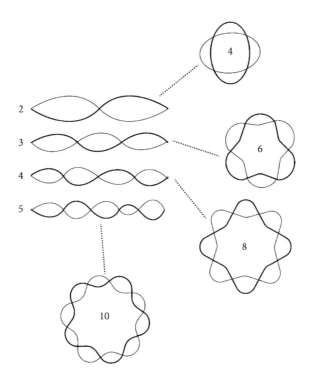

图3.2　电子形成的波可用整数来描述。不同种类的波（一维的线形波和二维的环形波）会携带不断增加的能量，它们只能是频率为整数的波，因为它们的末端必须匹配在一起。

的。电子被质子束缚着，就如同琴弦被绑在吉他上一样。

　　结果简单得令人吃惊。被质子束缚的电子必须被**量子化**为简单的数，比如1，2，3。在图3.2的图形中，1和2之间没有一个1.5。对此，一种思考方法是设想电子是一个二维平面上的环形弦。如果这是一个弹奏出来的波，那么这个波必须沿着圆环与自己匹配。这就意味着波必须以量化区间的形式存在。如果你称第一个区间是1，那么第二个区间就是2，后者的波动次数是前者的两倍，以此类推。

　　为了描述这种量子化的运动，我们需要量子力学。如果你对物理学没有了解这么深，也不要着急。许多化学家对此同样不在行，他们在考试结束之后就忘记了这些知识。你所需要对量子化学所作的准备，就是设想在三维世界中波会像什么，因为那正好就是电子呈现出来的模样。

想象一个完全平静的水池，平静得可以像镜子一样映出影像。你每只手都握一块鹅卵石，然后将它们同时投入水池中。涟漪在二维的平面上，以完美的圆形扩散，穿过你在水面上的倒影。当两个水波相遇时，它们就会起冲突。一个水波可能抹平另外一个，或者它们可能叠加成一个更大的水波。如果有事物相遇是能够形成这样有规律的、相互干扰的图样，那么这种事物就是波。水的表面、光和电子都可以形成波。

三维波不是很容易看到的。不同于海面上受岸滩束缚的环形波，在质子正电荷的拉力作用下，电子围绕质子形成的三维波在空间中呈现球形并扩散。一个古老的理论猜想认为，就像行星围绕太阳沿着一定的轨道运转那样，电子围绕原子核沿着一定的轨道运转。但是，电子并非行星，它具有波的特性，没有什么能阻止它落向质子。低能电子大部分时间都在原子核附近，但是因为诡异的量子力学的规则，它们从来不会被原子核完全束缚。它们在一个球形的范围内飞来飞去，不时被质子的正电荷拉回来。电子就像是被锚定的漫游者。

氢原子是最简单的原子。每个氢原子只有一个质子和一个电子。它的电子在一个简单的球形空间中运动。当增加一个质子和一个电子后，它就成了氦。两个电子在一个更大的球形空间中配对。有关电子的一个奇特的事情是，如果它们按照物理学家的说法是自旋相反的，它们就可以在一起，而且电子个数不超过两个比较合适，三个电子就比较拥挤了。如果有更多的电子，就必须被安排到更高的能级上去。由于历史的原因，电子运动所在的球形空间被称为s轨道[s指的是尖端(sharp)，但我总是把它和球形(sphere)联系在一起]。对于第一能级来说，它是1s，它已经被氦的两个电子填满了。

随着电子移动到第二能级,我们也可将视线移动到元素周期表的第二周期,再添加一个质子和一个电子就得到了原子序数为3的锂。我们现在处于第二层的能级,出现在这层的首先是另一个球形,第二个s轨道,被称为2s。锂在这层有一个电子,而铍有另外一个自旋相反的电子,这样2s轨道就被填满了。

到目前为止还比较顺利,但是我们去第三层之前,必须先要把第二层填满。更高能级的第二层允许电子波绕着自己发生唯一一次扭转。如果说s轨道是膨胀的圆形气球,那么这些新的轨道就如同将气球从中间扭转了一次,就像制作气球玩具那样操作,结果成为一个拉长的哑铃形(参考图0.1的折叠元素周期表中碳、氮、氧元素上方的那个图形)。

这种新的形状被称为p轨道(若按字母顺序命名就太随意了),其中的电子依然是两两配对。但此时,3个拉长的2p轨道可以匹配在一起了,第一个轨道沿着上下方向,第二个沿着左右方向,第三个则沿着里外方向(即与前两个轨道都垂直的方向),就像三个哑铃状的气球被捆在一起,成为一个星号形状。

3个方向的3个轨道意味着3对电子,这样2p轨道就可以容纳6个电子。可以依次填满这些空间的是4号元素铍之后的6个元素:5号元素硼有1个p电子,6号元素碳有2个p电子,7号元素氮有3个p电子,8号元素氧有4个p电子,9号元素氟有5个p电子,10号元素氖有6个p电子。现在第二层填满了,接着我们就要去更高的第三能级,也就是沿着元素周期表往下走。

在第三层,我们再次累积电子,首先添加两个3s电子和6个3p电子。11号元素钠获得1个3s电子,12号元素镁获得2个3s电子,这些电子都位于球形轨道中。然后,从13号元素铝到18号元素氩,分别获得1—6个3p电子;就像之前的2p轨道一样,3p轨道也是按上下、左右、里外的方向排列。

第三能级中也有第三种可能的轨道,这就是d轨道,看上去像一个有着扭曲四瓣的更复杂的气球玩具(见图0.1),这是任何气球都无法达到的迷人形状。d轨道有5种可能的排列方向,这比p轨道多了2种,p轨道又比s轨道多了2种。5个d轨道乘以每个轨道上的2个电子,等于充满d轨道区所需的10个电子。

(注意一点:由于复杂的原因,4s能级比3d能级稍稍稳定些,因此4s能级会被先填满。在我们探索元素周期表的旅途中,19号元素钾和20号元素钙是首先填充4s能级,然后21号元素钪到30号元素锌才会出现3d轨道,这也是为什么d轨道会出现在第四周期中。化学课中一个更复杂但是具有可预测性的"对角线"模式,可以说明这些轨道的稳定性。)

我们继续沿着周期表前行:从31号元素镓到36号元素氪,我们不断添加4p电子。直到这个能级被6个电子填满,就到了一个新的节点,那里可能出现**第四种**扭转轨道,那就是4f轨道[f可能指的是第四种(fourth)]。s轨道有1个,p轨道有3个,d轨道有5个,那么这里就没有什么悬念了,f轨道有7个,乘以每个轨道上的2个电子,这样就有14种可能性,对应f区的14种元素。

根据数学预测,我们可以获得有18个元素的5g区的样子,甚至可以获得有22个元素的6h区,以此类推,这是因为电子遵从的波形规则和我们在水池中看到的波形一样。按照上述步骤进行下去所获得更多扭转轨道的形状,可以在一个名为The Orbitron的网站上查到,尽管他们最后还是没有展示h轨道。这些形状是很奇怪的,但是轨道自身可以遵循具有预测性的规则,即每升级一次,在原有轨道的基础上增加两条新的轨道。

在耗尽自己的想象或计算之前,我们其实已经没有更多的元素可用了。在26号元素铁之后区域的各个元素中,质子是如此之多,以至于原子开始"嘎吱作响"并不停"抱怨",随着原子序数不断增大而稳定性越来越差。你按照同样的规则不断地添加质子和电子,但是自然界没有足够的能量支持天然的重元素,科学家不得不自行用质子堆积出人造重元素。

对于原子序数超过100的重元素,你就别指望能在化学实验室中找到了,更别说存在于生命中。幸运的是,前100号元素(甚至可能仅仅是碳、氢、氧、氮这几种元素)就可以有很多很多不同的组合方式,这就足够化学家去研究了。

宇宙从元素周期表的第一个方格开始展开

这些和小朋友游戏一样简单的规则,构建了元素周期表,其中第一个方格是氢。它是最容易形成的元素,只有一个质子和一个携带相反电荷的电子。一旦温度降到足够低,大爆炸产生的质子和电子就可以凝聚成氢原子。宇宙中大约90%的原子都是氢原子。

起初,形成所有星系的物质,都被困在一个密度无限大的奇点中,这个点比电子还小得多。所有的能量也被困在这个点中,它是如此之热,以至于电子不能在质子上安顿下来,以至于光无法逃脱物质的引力,以至于四大基本力都彼此融合在一起。当时的宇宙就像是波洛克(Jackson Pollock)*的画作被缩小了数十亿倍一样。

只有当宇宙膨胀到开始降温之后,氢原子才开始压缩,两个质子才会碰撞而形成氦。但是膨胀继续进行,宇宙不断降温,这样越来越多的元素在适当的位置上被冻结。因此,宇宙可以说是氢和氦的领地,而不是其他事物的领地,甚至也不是恒星的领地。

---

* 抽象派画家,其作品以点、线为主要元素。——译者

　　我们可以追踪到元素周期表的发展轨迹：从氢和氦开始逐渐扩展到铁，然后在恒星的动力作用下扩展到铀。当有一种力起聚合作用的时候，必然有另外一种力起分离作用。引力是微弱的，但是它可以耐心地将氢和氦聚集在一起。随着物质越积越多，这个聚集的过程开始加速。由此，一个新的恒星核心密度越来越大，引力能随之转化为微弱的光能。恒星核心的压力会升高到一个难以忍受的水平：首先，电子因受挤压而离开质子；然后，质子和中子因为受挤压而聚集在一起，形成一种新的结构。

　　这就是核聚变，它是由海量物质产生的巨大引力和压力引发的。来自两个氢原子的两个质子聚合在一起形成氦，然后再加一个氢原子可形成3号元素锂，或再加一个含两个质子的氦原子可形成4号元素铍。将质子一个一个地或者两个两个地不断地加上去，就形成了周期表中的其他元素，就像在攀爬元素组成的阶梯一样。

　　宇宙元素相对丰度图（图3.3）显示，从含量很高的氢和氦开始，随着原子变大而含量减少。这就是137亿年来，氢原子和氦原子在恒星核心中不断撞击的结果。

　　生命只利用那些它预计能找到足够食用量的元素。在宇宙元素相对丰度图（图3.3）中，我划了一个分界线（数据源于威廉斯），以显示哪些元素因丰度足够而让生命加以利用。在这条线之下，生命要利用某个元素，这个元素就必须囤积到一定的浓度。钼是唯一低于那条线而在被生命广泛利用的元素，我们将在第七章中看到它是确实值得被生命保存的。其他低于这条线的元素，比如硒和碘，被生命零星使用，但它们对生命来说不过是装饰性的，而不能进入生命的基本组成中。

　　对于钛、钪和过渡金属区左边的其他元素不被生命利用的原因，一个是因为它们的黏性太弱；另外一个则是因为它们没有足够的丰度，因为钪低于那条分界线，钛接近那条分界线。宇宙中有相对更多的铁和

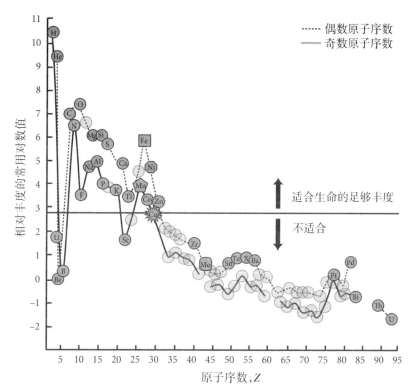

图3.3 宇宙中元素的相对丰度,按照元素周期表中的原子序数排序。只有当元素的相对丰度的对数值大于3时,它才能因丰度足够而被生命所利用。

数据源自:R. J. P. Williams and Frausto da Silva, *The Chemistry of Evolution*, p. 3。

镍,所以生命选择它们作为催化剂(尽管它们在生命中的含量只是以毫克为计量单位)。

虽然越小的元素丰度越大,但是也有例外,如图3.3中谷底的三种元素(锂、铍、硼)。它们之所以稀少,是因为物理定律决定了这些原子不稳定。由此可引出一些有趣的规律。例如,质子和中子装配的物理定律决定了具有偶数个质子的元素比具有奇数个的更稳定,这样生命之舟的甲板上就不断堆积原子序数为偶数的元素。

尽管3号元素锂、4号元素铍和5号元素硼比碳、氮、氧小一些,但是它们并不常见,这是因为它们在恒星核心的极端高温高压条件下容易分解。它们通常不是由恒星核聚变产生的,而是由大原子裂解产生的。这就如同我们希望攀爬元素"梯子"达到6—8级,就是元素周期表中相对较重的几个元素(碳、氮、氧),但是中间第三、第四、第五个梯级比较薄弱甚至是缺失的。这些缺失的梯级会给宇宙的化学丰富性带来严重的问题。

因此,更重而更稳定的元素则必须由更复杂的动力机制来生成。3个2号元素氦可以合成一个特别稳定的6号元素碳,7号元素氮和8号元素氧也可以用这些"种子"来合成。但是,三物同时相碰的概率要比两物相碰小得多。就好比在碰碰车游戏中,和另外一辆车相碰比较容易,但是如果要同时和另外两辆相碰,则需要特别的驾驶技巧。3个原子的同时碰撞是如此稀少,以至于我们可能根本不能用这种方法来制造碳。元素"梯子"看起来似乎仍然是坏的。

尽管有数十亿年的演化历程,但是我们能攀爬元素"梯子"的唯一方式是,如果碳的梯级能降下来一些,我们就可能跳得高一些去抓住它。值得注意的是,这恰恰是我们看到的结果。通过一种特殊的"共振"能级来稳定碳原子核中的6个质子,碳原子用降低能量的方式降下了它的"阶梯"。同时碰撞在一起的3个氦原子,正好"用指尖"够到了碳的梯级。

之前没有人想到这样怪异的能级,直到霍伊尔(Fred Hoyle)发现元素的缺陷梯级引发的问题。霍伊尔预言,碳原子核必定有一个共振能级。他甚至计算出这个能级的能量是7.6兆电子伏。其他科学家在实验室中寻找这个能级,最终确定了这个能级的存在。如果没有碳的共振能级,宇宙在化学上将是枯燥的,而且不可能演化出生命。生命的生存必须符合物理定律,碳的能级被迫适应这套"价值观"。换句话说,它**是受约束的**。

在原子的质量和能量的安排上,还必须遵守其他的限制条件,这样才使得宇宙中有足够丰度的碳、氮、氧(CHON组合中三个较大的原子),让生命得以存活。绝大多数这样的研究源于物理学家而不是化学家,但是,由于这些成果是如此流行,物理学家就不得不需要做出复杂的说明,以解释为何我们的宇宙恰恰可以合成具有CHON组合的化合物,并由此演化出生命。这就如同宇宙的无穷一样复杂。有趣的是,无穷的宇宙**可能**起源于大爆炸。

作为一个化学家来看这些物理方程,我惊讶于两个不同的方面。首先,所需的基本物理常数的数量惊人地小。举例来说,夜空中仍然充斥着源于宇宙大爆炸的光。这种光的形状用仅仅6个参数就可以描述。2015年,来自普朗克卫星4年的观测数据经过处理后被公之于众,为了解释这些数据,仅仅需要对6个参数做一些十分微小的调整,结果这6个参数依然非常有效。

不过,这些物理常数对变化异常敏感。就好比宇宙的控制面板上只有6个旋钮,如果其中一个旋钮被转动了一点点,宇宙就不再有效运转了。

这些物理常数也同样可以导致化学粒子受到约束。其中一个约束隐藏在比较常见而特别的事实中:质子和电子尽管质量不同,但电荷匹配得很好。电荷的平衡和质量的不平衡赋予整个元素周期表以形状和功能。

如果你改变了质子的质量仅仅几个百分点,那么宇宙也不再有效运转:恒星不会出现,或者不会被"点燃",或者不会爆发。所有这些都是从氢和氦开始发展为整个元素周期表的关键步骤。

其他的计算表明,如果轻夸克的质量有2%以上的差异,那么化学梯级就会变得乱七八糟,恒星中的碳原子和氧原子将不再稳定,这样它们的数量就难以达到生命所需的量级。一个拥有稳定的碳和氧、而不是铍和硼的宇宙,在数学和物理学上都是特别的。

在图米(David Toomey)所著的《怪异生命》(*Weird Life*)中,他讨论了我们的宇宙在数学上的最佳选择,那是一个缺失了四种基本力之一(物理学家称之为"弱相互作用")的宇宙。在这个宇宙中,大爆炸可给予氢一个额外的中子,超新星的爆发方式也不一样,任何大于铁的元素含量都十分微小。在本书的后面,我们将看到重元素是多么重要,因此我怀疑图米的这个改变是否能产生如我们现今所拥有的一样丰富多彩的宇宙。如今的这个宇宙其实才是最好的选择。

让我们回到自己所居住的星球,为地球化学制造一副我们必须玩的扑克牌(元素周期表)。图3.3中另一个明显的谷底是9号元素氟。这个结果看起来对生命也有好处。对于倒数第二族元素来说,它们很容易接受一个电子而迅速地形成单键,氟是这族元素最上面一个。它的位置在东北角的最顶端,这意味着它很小,可产生获取电子的强烈化学反应。但是,在图3.3中,氯比氟多一些,氯在生命过程中可起重要作用,而氟却不能。氧仍然是周期表东北角上毫无争议的首要化学物质。

元素相对丰度图右侧最引人注目的是峰形中包含了铁、镍和锰。尽管有26个质子,铁依然是含量最丰富的10种元素之一,因为铁的原子核可能是最稳定的原子核。我们之所以可以得到比铁更大的原子,是因为中子可以轻快地飞行,在恒星核心中随机碰撞,而合成出铁到锆之间的元素。

此时,所有的元素仍被包裹在恒星的核心中。为了让它们出来,恒星的另外一种演化进程开始发挥作用。这个进程不是出现在恒星诞生之日,而是出现在其死亡之时。最终,恒星因能量耗尽而死亡。目前,太阳核聚变释放质量和能量而产生的向外的膨胀力和引力产生的向内的压缩力达成平衡,因此明天的太阳和今天的太阳具有相同的尺寸。但是,当足够多的铁出现于太阳核心之后,核聚变就完全结束了,再也没有更多的能量释放出来。太阳的核聚变燃料消耗殆尽。

　　然后,这颗恒星开始坍缩,压缩力将物质和能量聚集在一起。如果这颗恒星质量足够大,坍缩会聚集很多的能量,结果恒星爆发而成为超新星,将其外层物质喷发到星系各处。这对恒星来说是坏事情,对我们来说却是好事情。一颗没有爆发的恒星会把所有物质都保存在自己身上,然而爆发的恒星却可以把那些物质传播开来,供未来的恒星和行星使用。这个爆发的过程也会产生很多重元素。

　　关于元素相对丰度图,仍然有一些涉及更加怪异过程的峰值需要解释一下。比如,79号元素金比预测的要更丰富一些。有一种理论是,两颗死亡的中子星(超新星爆发之后遗留下来的、重的恒星核心)携带一定的能量相互碰撞之后,更小的原子核会在碰撞产生的熊熊烈火中,合成金原子。这样的一次碰撞可以产生10倍于月球质量的金,这些金四处扩散,从一片星云扩散到另外一片星云,最后被吸积到像地球一样的岩石行星周围,就如同成为你手指上的金戒指。

　　恒星的核聚变、爆发和碰撞等收缩与扩张的复杂演化过程,需要耗费很长的时间。大爆炸之后数十亿年内形成的第一代恒星,并没有为填充元素周期表作出太多的贡献。经历了数代恒星的演化,实际上经历了大约137亿年,才出现了我们脚下蕴藏的金和铀。从由氢开始形成宇宙的角度来看,137亿年看起来似乎并不漫长。[2015年,贝鲁齐(Peter Behroozi)和皮普尔斯(Molly S. Peeples)估计宇宙有潜力形成比现有的行星数量多10倍的行星。因此,从宇宙的角度来看,我们所处的阶段不过是游戏的第一关而已。]

　　元素周期表不仅仅像是一张被**折叠**的路线图,而且实际上**是**元素被合成出来的大致先后顺序图。这张图展示了宇宙发展的全部路径,即从氢开始到最后合成金的过程。这张图也展示了某个元素**何时**会出现:原子序数小的轻元素(如碳、氮、氧)出现于早期,而重元素(如金和铀)出现于晚期(如果它们能出现的话)。元素周期表说明了为什么铁比金常见,第一个大致的解释是,铁有26个质子,而金有79个。

一旦元素被合成出来,它们可根据化学规则相互结合。再展开一些来说,我们可看到**为什么**某些原子可以配对,以及它们**何时**会配对。所有这些都说明,化学规则决定了威廉斯的化学序列,元素周期表可作为地球发展史的地图。

元素两两(或更多)配对

我们的星球是根据一套物理规则和化学规则形成的。首先,重力让太阳和地球形成于一片无定形的物质盘。在银河系的一个旋臂中,一团尘云自旋形成中等大小的恒星,数亿年之后,八大行星和数不清的小行星形成了。碰撞和吸积对83种稳定元素的混合物进行加热和搅拌,它们彼此之间还开始相互作用。

在恒星形成的90亿年后,足够多的重元素在银河系中扩散,使得上述混合物具有了化学多样性。元素之间共享电子,化学键形成,化学演化的历程开始了。元素之间相互结合,遵循类似洗牌的统计学原理。含量更多的元素之间配对结合得越频繁,强力的配对持续的时间更长。这些配对产生的物质形成了行星。

就如同生物学家按照尺寸和颜色对鸟儿进行分类一样,化学家按照强度对化学键进行分类。几乎在每本物理化学书的最后,都会用长长的表格列出元素配对结合的相关参数。这些参数源于多个世纪以来化学家将不同物质混合在一起所进行的研究(这些研究通常只是涉及温度的变化、产物的数量等,但是也会偶尔出现灼烧眉毛、爆炸等意外事件)。利用这些普适性的参数,你可以计算出化学物质混合或加热后所得产物的最稳定的化学构型。换句话说,你可以预测化学反应的未来结果,或者推断一颗新诞生的行星冷却的过程中会发生什么化学现象。

这些参数验证了我们手头的证据,或者更确切地说,是我们脚下的证据。元素最佳配对的证据,可以在任何自然历史博物馆的成排玻璃柜里的矿物展品中找到。我个人最喜欢的是有些老派却很经典的雷德帕斯博物馆,它位于加拿大魁北克省蒙特利尔的麦吉尔大学内。

雷德帕斯博物馆是加拿大最古老的博物馆,它是一幢有着若干圆柱的庄严的方形建筑,位于麦吉尔大学中央草坪的后面。就像蒙特利尔被人称为"北美小欧洲"一样,这幢博物馆也颇具欧洲特色。就像弗雷西克城堡一样,它看上去高度大于宽度。博物馆不大,但是它对空间的利用绝对是最大化的。进入其中,首先看到的是一个较暗的、木板装潢的前厅。上楼之后的右边是一个明亮的、通风很好的大厅,这里空间很大,足以陈列恐龙和大型树懒的骨架。大厅四周分布着椭圆形的陈列室,从大厅往上看是天蓝色的屋顶。在楼梯和大厅之间,数百件矿石被密集地陈列在一些低矮的玻璃柜中。

雷德帕斯博物馆没有最大或最贵重的展品,但是从化学家的视角来看,它是展品陈列得最好、标签写得最好的博物馆。在很多博物馆中,矿物的标签上只有名称和发现地(如果你幸运的话,还能看到捐献者的信息,虽然这并不能传达有用的科学信息)。除了历史上的事件和抽象的名称以外,这样的标签不会告诉你更多的其他知识。

这种只有名称和发现地的安排给人的印象是,地质学像是生物学,一长串物种按照相似性和可用性进行分类。这些名字就如同人类意识强加给自然界的随机模板。观众看这样的展品,看了十几个之后头脑就会变得麻木,如同看随机出现的物品一样。

但是在雷德帕斯博物馆,标签会被腾出空间来多写一行。乍一看似乎有点混乱,但稍等一下,你会发现多出来的这行实际上是一个**密码**。[与美国作家丹·布朗(Dan Brown)小说中虚构的博物馆密码不一样的是,这里的密码是真实有效的。]这个密码就是所看到的那块岩石的化学式,描述了那块岩石中有多少种元素,以及每种元素的比例。

每一个玻璃柜中所陈列的岩石分属于不同的化学类别。如果你探索这些重复的模式,你可能发现有些方形玻璃柜可以和元素周期表中的小方块相对应。秩序从这些化学密码中产生,由此我们能看到一些有趣的模式。这些模式被写入岩石的元素中,并和元素周期表相关联。

首先,当你扫视这些玻璃柜,你可以看到6种多次重复出现的元素:前面提到的氧、铁、钙和镁,以及尚未提到的铝和硅。地质学家黑曾(Robert Hazen)称之为地质学六大元素。在生命中发现3组元素[6种元素(CHON组合、磷、硫)用于建造、7种元素用于平衡,还有8种微量金属元素]之后,黑曾的六大元素发现于绝大多数岩石中。这4组元素有着明显的重合,这是因为生命源自岩石,也会(在死亡后)回归于岩石中。

上述元素或许可以预测未来的事件。在某些类型的地震发生前的几个月内,上述元素中的三个元素(钠、钙、硅)在地下水中的含量会增加。当岩石受压并裂开时,溶解在水中的这些元素会成为更大崩裂的先兆。硅也会释放到水中,因为一般岩石的大部分质量源于硅和氧。氧占据了几乎一半的地球质量;硅紧随其后,占了超过1/4的质量。铝则远远地排在第三,占了不到1/10的质量。

氧和硅可形成一种名为硅酸根的常见化学组合。雷德帕斯博物馆中的玻璃柜就富含硅酸盐。查阅物理化学教材的附录,在地质学六大元素相互结合形成的化学键中,硅氧键是键能最大者之一。根据物理化学的数值推测,硅酸根是重要的。

在各种复杂的晶体形状中,硅酸根中的原子相互连接各异:有的紧密堆积在一起,有的更加松散;有的组成有许多规则的小孔的网格,有的组成环状,有的组成片状,有的组成链状。碳构建了生物,而硅建造了多样而美丽的**矿物**——从纯白的石英到彩色矿石,例如托帕石、石榴石和绿柱石。

六大元素中的其他 4 个元素也可在雷德帕斯博物馆内的硅酸盐玻璃柜中找到。硅酸根和磷酸根一样拥有大量的负电荷,需要正电荷来平衡。每种自然产出的金属都可以提供这样的平衡电荷,每一种金属的形状略有不同,适合于不同的含硅负离子。铝、铁、镁和钙更经常地提供这种平衡电荷,这样六大元素就齐了。

有时候负电荷并不来源于酸根离子。比如,氧或硫可提供负电荷,这样形成的岩石是氧化物或硫化物;元素周期表里卤族中氟以下的元素可提供负电荷,这样形成的岩石是卤化物。所有这些元素都来自元素周期表的东北角(这个角上的元素更容易吸引带负电荷的电子)。

这样似乎形成了各种不同的岩石,而事实也确是如此。我们的星球是太阳系中岩石种类最多的星球。如果在月球、火星或其他任何邻近的行星上建一个雷德帕斯博物馆分馆,那么那里可陈列的岩石种类只有地球的1/3。黑曾提出了一种名为矿物演化的地质理论——地球经历了50亿年的变化之后,矿物的种类从最初的数百个物种(是的,地质学家也使用这个名词)演化成如今的4000多个物种。其他行星则处于停滞的发展状态,如今只有大约1000种矿物。矿物演化与生物演化并不完全相同,但是它们都包含了随着时间推移而发生的变化——要么发生在岩石中,要么发生在生物中,如果幸运的话,两种演化会同时发生。

当陨石、水星和月球停止演化

很久以前,地球在地质复杂性方面开始演化,而太阳系的其他星球就没有这样的现象。像黑曾这样的科学家不得不在没有时间机器的情况下进行研究,但是到目前为止他们找到了除时间机器之外的最好研究手段:研究陨石。陨石是原行星盘的残骸,在"休眠"数亿年后被地球引力捕获。外层空间是很好的"防腐剂",因此可用陨石来追溯太阳系的起源,因为它从那时起就没有变化过。

雷德帕斯博物馆有一些陨石,不过你很容易错过它们。它们只是一些小小的黑石头,有一些有斑点,有一些是球状金属,不过没有一件是彩色的。50亿年前的地质要简单得多。在黑曾描述矿石演化的论文中,他说最早的陨石中只有60种不同的矿物,其中还有大约20种是那种小得看不见的粒状矿物。行星盘和强烈的太阳辐射就像高速搅拌器一样运转,均匀地将这些元素混合成坚硬的黑色岩石块,富含黑曾所说的六大元素。其他77种元素作为偶然的杂质均匀地分散在岩石中。

稍冷一些的陨石依然在岩石组成的弹球机中,通过反复碰撞来实现化学融合。碳可以形成金刚石和石墨,因为它的四键可以将它锁在一个坚固的晶体中。镁可和铁、硅酸根结合在一起,铁可和硫结合在一起,氮可和硅、钛结合在一起(从化学上来看,氮和钛可以令人吃惊地结合在一起,可作为钻头上超硬的金色涂层)。

两种主要的过程破坏了陨石光滑的纹理。首先,钙和铝相互黏合,溶解在陨石内残存的水中,形成白色的玻璃状液滴。其次,在较大的陨石中,沉重的铁和镍会沉积下来,形成一个致密的、含有微量铜和锌的内核。通过这些方法,在新的积土区域,矿物的数量增加到250种。

正当我们认为所有的陨石都是一样的时候,一种含有紫色盐分的陨石出现了。1998年,七个正在打篮球的男孩看到一块陨石掉落到得克萨斯州莫纳汉斯附近。这块岩石被带到约翰逊航天中心,然后在48小时(一个特别快的时限)内被割开了。结果发现里面有紫色的石盐晶体(基本上和你厨房盐瓶中的氯化钠差不多),其中含有一些结晶水。紫色或许是宇宙射线照射钾的原子核产生的。这些晶体证明了水已经改变了正在冷却中的岩石的化学特性。

早期的陨石中含有更多的碳和水,凸显了其中含有容易形成挥发性气体的轻元素。这些元素从高温、熔融状态的早期地球中不断挥发出来。黑曾认为,地球最初拥有的挥发性气体元素是现在的100多倍。就像嘶嘶漏气的气球一样,氢气、氦气、含碳气体和水蒸气,不断摆脱地球的引力,消失在茫茫太空中。然后,一次令人吃惊的撞击夺走了更多的轻元素。

在太阳系中,引力将一些小的岩石聚集成大的自转行星。在这个过程中相对晚些的时候,也就是45亿年前,随着"岩石雨"的减少,一颗火星大小的小行星不知道从哪儿冒出来,撞上了原始地球,就像图3.4中所描绘的那样(根据这个假说,那颗小行星还在你脚下的某个地方)。这次撞击让地球沸腾起来,将气体喷射到真空的太空中。新生的地球被劈成两块,稍小的一块成为了旋转着飞离地球的月球。如今,月球还在缓缓地远离地球,远离速度为每年1.5英寸*。

月球是从地球外层脱离出来的,地球深处的铁镍质核心仍然完好无损。月球的核心很轻,而地球的核心相对要重得多。(我们将在第四章中了解到,地球上多余的铁将为生命形成一个无形的护盾。)月球伤痕累累的表面说明它为我们"挡了不少子弹",因为它吸引了不少迷途的小行星和可导致生物灭绝的流星。

在撞击之后,月球旋转着分离出来,地球的自转变得相对缓慢而稳定。撞击释放出如此多的热能,以至于蒸干了地球并使地球脱气。如果撞击没有从地球表面移走这么多气体,地球的大气层可能就像金星的一样浓厚而不透明。任何新生的海洋都会在那样的撞击下沸腾起来,海水最终被蒸发,因此撞击假说也有助于解释为何月球是完全干燥的。至于地球的海洋从哪里来的,科学家尚在探索之中,但是它很可能来自地下:大量的水汽从地球内部更大、更重的熔融层中释放出来。

---

*1英寸约为2.5厘米。——译者

图3.4　撞击假说的图示。这是关于月球形成的最受欢迎的理论。有关撞击的细节,比如撞击的角度、撞击体的尺寸等,还存在不少争议。

　　当我们讨论生命形成的可能性时,我们通常会去关注脚下的地球环境,以及地球和太阳之间适当的距离。但是,我们也应该抬头看看天空中宁静的月亮。我们很幸运在天空中有这样"一盏大灯",或许比我们想象的还要幸运。随着我们在银河系中发现越来越多的行星及其卫星,时间会验证我的上述观点。

　　形成月球的这次碰撞,让地球剩余的部分重新熔化并混合在一起。然后,地球和月球开始从外向内慢慢冷却。和外层寒冷空间接触的固态外壳,富含镁和铁,并用负电荷的硅酸根来平衡它们的正电荷。特别是镁可以形成强的化学键,正好适合和硅酸根网络黏合,不会有丝毫空间浪费(类似于在第一章中所讲的镁和磷酸根的黏合情况)。就这样,六大元素中的四种元素(镁、硅、氧、铁)在地球的"地基"上形成第一块岩石。

　　六大元素中剩下两种元素:铝和钙。根据它们在元素周期表中的

位置,它们此时还保持着熔融状态。你可以设想所有含量丰富的元素
聚集在体育馆的两端,就像初中舞会开始时那样,正电荷在一边,而负
电荷在另外一边。带正电荷的铝、硅、钙、铁和镁站在一边,紧张地看着
体育馆的另一边,因为带负电荷的氧和硫就在那里。

这些元素在化学反应上的"紧张"是显而易见的。"最勇敢的元素"
需要走出去,并开始舞蹈。在一个更小的空间里,三价铝和四价硅有比
二价铁和二价镁更多的电荷。它们抢走了所有的氧,没有给"其他人"
留下更多空间,因为氧比硫负电性更强。

一价钾、一价钠和二价钙没有机会对抗密集的电荷。它们就如同
舞会中的壁花*。钙是二价的,但是它在元素周期表中的位置比镁低,

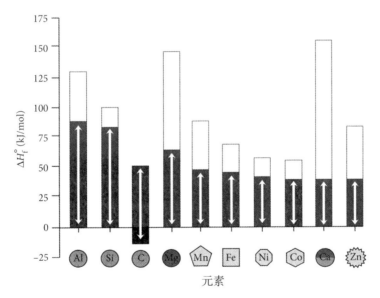

图3.5 根据生成热来比较元素与氧或硫相结合的偏好。与硫结合的生成热减去
与氧结合的生成热的计算结果见上图中用箭头标示出来的灰柱部分。左边的元素
更倾向于和氧结合。柱的总高度对应于与氧结合的生成热的绝对值。

数据来自:R. J. P. Williams and Frausto da Silva, *The Chemistry of Evolution*,
p. 11, Table 1.4。

———————————————

* 即没有舞伴的人。——译者

这使得它的电荷更分散,因而比镁的电荷弱。因此,当早期地球和月球的外壳硬化时,位于元素周期表右边的元素形成的化合物(含硅酸盐、铁和镁)固化了,而位于左边或下方的元素(铝、钙、钾、钠)形成的化合物保持着液态。

图3.5说明了这一点。注意要关注的重点不是与氧结合的化学键强度(白柱所示),而是它相对于与硫结合的化学键强度的关系(用箭头标示出来的灰柱部分)。因为铝和硅有最长的箭头,它们最擅长和氧结合,于是我们发现它们常常以富氧的酸根形式存在,而铁和镁常常以单质或以与硫结合的形式存在。铝酸根和硅酸根像磷酸根一样具有正四面体结构:大量氧原子(携带负电荷的小球)围绕在铝或硅周围。

(这些数据来源于物理化学教材的附录中的总览表,也说明了这些通用的表格是如何涵盖了物质的化学性质,而这些性质可以解释地球早期的现象。)

硅酸根、铁和镁按照不同的比例固化在一起。这一最早的比例造就了可能是纯橄榄岩的第一批岩石,那是富含铁和镁的绿色岩石,它们很快就沉下去了。(这些富含镁的岩石密度大但易碎,它们无法支撑后来出现的大陆。)在沉入行星的灼热深处后,纯橄榄岩可能再次熔化,再熔和冷却的不断循环形成了一种搅动液态地幔的对流。这会带来原子的新结合,并形成新的矿物,比如由更轻的元素和铁、镁混合而形成的玄武岩。玄武岩受到足够大的浮力,然后升到行星地壳的外层,而且它具有纯橄榄岩所缺乏的隐藏力量。当玄武岩形成时,地球表面就干涸了。

像玄武岩和纯橄榄岩(含有过量的镁和铁)一样的岩石被称为"镁铁岩"(英文为mafic,这是一个合成的词汇,是由镁的英文magnesium和铁的拉丁文ferric合成的)。比起一般岩石,由于含有更多的镁和铁,镁铁岩更重、更暗且更古老。含有较少镁和铁的岩石,则倾向于有更多的硅酸根和铝酸根,它们更轻一些,颜色更亮一些。这些岩石被称为"硅长石"(felsic),因为它们很像长石,不过其硅含量比长石多一些。随着时间的推移,熔岩中硅酸根的含量不断增加——沉在最下面的纯橄榄岩中硅酸根含量不到一半,漂浮在中间的镁铁岩中硅酸根含量有一半,而漂浮在上面的硅长石中硅酸根含量为2/3。

硅长石像是白色的石英,而镁铁岩像是黑色的玄武岩,暗示着两者之间的阴阳关系。我的第四个儿子本杰明(Benjamin),晚于他的表弟詹姆斯(James)一个月出生,因此他们年岁相仿,有1/4的基因相同,但是将他们并排放在一起后,反差就出现了。詹姆斯像镁铁岩一样,结实且强壮,拥有黑眼珠和黑头发,年龄稍大些;而本杰明年岁稍小些,身材瘦小,长有近乎发白的金发和蓝眼睛——他就像是硅长石。[《冰雪奇缘》(Frozen)中也有类似对比,因为安娜(Anna)像镁铁岩,而埃尔莎(Elsa)像硅长石,但若要用这一比喻,她俩的年龄就需要对调一下。]

太空的冷却给予了地球和月球一个薄而脆的玄武岩外壳,但这和内部翻滚的力量并不匹配。组成水和挥发性气体的轻元素渗透到地球的化学物质中,使得岩浆像气泡水,而非平整的石头。当被困在地球内部的水不断沸腾且其他挥发性气体不断蒸发,它们会不断膨胀并令地壳爆裂,最终导致火山爆发并形成熔岩流。这种蒸汽驱动的运动为早期地球增加了约250种矿物,使矿物总数达到500种。

这样的现象也同样发生在月球上。月球上大而暗的"海"是由逃逸的蒸汽带出表面的熔岩流,暗色源于铁。亮色的月球岩石是硅长石,含有更多的钙和铝。

当岩石的形成停止之后,月球的地质发展也停下来了。月球太小了,它没有足够的热量让内部保持液态,它也没有足够的挥发性气体来持续喷发它的熔岩。月球的外壳冻结在一起,火山活动停止了。与此同时,水星和灶神星(小行星4号)也因太小、太干而冻结起来。

如果地球没有比其他星球更大的尺寸和更湿的组成成分,那么它看起来就像是这样：一个灰暗的轻质岩石星球，到处都是陨石坑，没有生命，甚至表面没有物体在运动。水星和月球就像是时间机器，将我们带回到地球另一种可能出现的初始状态，在那个状态中，地球就会缺乏继续进行矿物演化所需的化学物质。

元素周期表上氧所在的角落

幸好那样的假设并没有发生。对于地球和它的太阳系内的兄弟——金星和火星来说，更好的情况已经蓄势待发。地球继续移动、成长和演化，直到形成的所有矿物足够我们在蒙特利尔开一家小型博物馆，包括像那些可以在月球上发现的古老岩石，但是依然还有约3500种可能出现的新岩石此时还没有演化出来。

如果你在雷德帕斯博物馆的主厅里，看向蓝色的穹顶，再转过身来，你会看到你刚刚穿过的入口两侧有两张图，一侧的图是有关化学和物理的，另一侧的图则是关于生物学的（如同前面章节中的那些）。左侧是一张生物年表，物种在"进化树"上扩散，从过去到现在都有不少分支。右侧是同样时间段的物理参数年表，包括热流、阳光、地球自转、陨石撞击和冰川。在那些大气要素中，有一种不可忽视的化学物质：空气中的氧气［由于这是在魁北克省，它更合适的法语名称是"自由的氧"（Oxygène libre）］。在这里，一条天蓝色的线沿着柱子向上延伸，从1/3处的小溪扩散到顶部而成为一条宽广的大河，那代表着如今大气中的氧气含量达到了20％，这是一条养育生命的化学河流。右边氧气的"化学之柱"和左边"生命之树"同步成长。

氧之所以在雷德帕斯博物馆墙上有一个特殊的位置，是因为它在元素周期表上也处于特殊的位置。它是元素周期表东北角的所有元素中最常见的一种元素，而这个角落中的所有元素获取电子的能力都很强。作为一种最精致且最丰富的嗜电子元素,氧是早期宇宙中最活跃的元素。我们可看看它怎样和硅、铝反应,结果会发现氧化导致没有任何自由的硅和铝的单质留下来。

元素周期表也可告诉化学家可能形成何种化学键。靠上一排中的CHON元素组合可以缓慢形成强化学键,因为它们的尺寸相对较小,这允许它们结合时靠得近些。当我们远离氧所在的一角,移向西南角,那里的原子相对较大,它们可以更快速地形成更长和更弱的化学键。

还有一些元素可以中等速度形成中等强度的化学键,它们包括磷、硫和二价金属(从镁和钙到铁和锌)。磷酸根可以和其他基团或离子形成中等强度的化学键,这样有足够的力量和细胞内的一些物质结合起来,也因为它们的化学键不是那么强而可以在完成任务后及时断开。铁可以和氧形成中等强度的化学键,这样可以在肺内及时捕获氧气,而在毛细血管内释放氧气。在这一组的许多元素中,钙、锌也可以和其他元素形成中等强度的化学键,并会在接下来的故事中发挥独特的作用。

在远离氧所在一角的西南方向,我们可以遇到更快地形成更长、更弱化学键的更大元素,尤其是+1价的钠和钾。在生命内部的水环境中,用钠来起到建造功能在化学上是不可能的,因为水会"溶解"钠的所有化学键。因此,在细胞内,钠、钾等元素仅仅起到对总电荷的平衡作用,而且这在第九章中会变得非常有用。

总结起来,可以得到如下两个基本观点:元素周期表东北角的元素可形成最长、强度最大的化学键,而底部是含量较少的较大元素。对于可以合成化学物质的100多种元素来说,元素周期表并非机会均等的调色板。每一类化学键只有几种不同的选择。从这些选项中,生命最终选择了6种建造元素(CHON组合、磷、硫)、7种平衡元素和8种微量元素。生命版本的元素周期表只有约20种元素(在图0.1的折纸元素周期表中用阴影显示出来了)。

雷德帕斯博物馆图表上表示氧气演化的蓝色线条最先暗示了许多随时间推移产生的化学变化都与氧有关。在"生物物种演化树"旁边，应该加一棵"矿物复杂性演化树"。随着时间的推移，矿物复杂性也会像氧气线条的发展趋势一样不断扩展。在本章中，矿物的演化是由与氢结合的氧（即水）来驱动的，后来它将由氧本身来驱动。

然而，故事发展到这里，氧因太活跃而已经发生了不少化学反应。在熔融且充分混合的早期地球上，氧被大量的硅和铝"吞食"。大气中没有氧留下来，生命似乎还没有开始就已经结束了。

不过，**有**足够多的运动、变化和流动来保持地球系统的持续变化和多样性演化。地球并非一潭死水，而是一条最终可承载生命的河流。地球的演化不得不从没有氧气的时候开场，但是我们知道故事的结局，我们知道氧气将被释放出来。

在这个过程中，关键的哲学要素是流动和一致性，生命在一致性的范围内流动。这需要一个特殊的星球，保持流动和一致性数十亿年，并小心翼翼地"行走在演化的钢丝"上。有了这样的基础，地球才能变化和发生化学反应，这样又经历了几十亿年，太阳的能量将最终把"休眠"于岩石中的氧释放出来。

◇ 第四章

三相点上的行星

大相径庭的行星演化路径

让我们移步前往一个较安静的地方：月球表面。它是如此之平静，以至于阿姆斯特朗（Neil Armstrong）的脚印至今仍保留不变。插在那儿的美国国旗看起来似乎在飘扬的唯一原因是，有一根电线支撑着旗帜而不会让它下垂。

月球和水星的地质结构静止不变，而火星、金星和地球在地质演化之路上不断行进下去。月球有一个稳定的环境。"稳定"的英文单词 steady 在中古英语中和"不育"的英文单词 sterile 有相同的词根。月球表面没有任何运动的物体，但是在它的天空中，火星、金星和地球在各自的轨道上运行，就如同它们40亿年前行进在大量紧密关联的星体系统中一样。

在整个太阳系中，从尺寸、位置和组成成分来看，火星和金星是最像地球的行星。火星比地球小一些，而金星从尺寸来看就像是地球的孪生姐妹。如果金星和地球在"出生"后就被分开了，然后出现了可掩盖家庭相似性的特别事物，那就是可以孕育生命的液态水。对化学家来说，液态是物质的三相之一，处于固态和气态之间，它的出现使得所有事情都变得不同起来。

火星呈现出甚至在地球上都肉眼可见的亮红色,而金星覆盖着厚厚的黄色云层。火星是如此之冷,以至于可让二氧化碳变成雪花飘落;而金星是如此之热,可以让锡熔化、让水沸腾。地球有蓝色海洋和绿色大陆,和火星、金星形成鲜明对比。太阳系的这三个姊妹命运大相径庭。

最初它们看上去是一样的,颜色主要来源于黑色的镁铁岩和红色的岩浆。这三颗原始的行星都是如此之热,以至于把气体全部蒸发到太空中。海洋和空气来源于行星内部。在每颗行星的冷却的玄武岩表面上,蒸汽冷凝成海洋。

海洋改变了行星。水分子个头虽小,但它却是一种塑性很强的化学物质。它是极性分子,可以浸入微小的裂缝,溶解它能溶解的一切,然后带着这些物质奔向远方。金星、地球和火星看起来不像月球,因为它们都被水冲刷过。

火星现在是干燥的,但是"好奇号"火星车的发现毫无疑问地指出,火星最初是有水的蓝色星球。火星上有圆形的鹅卵石、砾石状砂岩和河流三角洲中的冲积扇。火星一度有充足的水,表面覆盖着数百米深的海洋。如今,只能看到少量流淌过的海水细流在火星表面留下的印痕。火星的海洋要么已经消失了,要么隐藏在红色的岩石中,或许岩石中的水足够让未来的火星移民维持生存,他们可能通过灼烧岩石来获得水蒸气。

地球上有许多年龄相仿的非常古老的圆形卵石,这说明地球上的海洋形成也很早。黑曾发表的一篇题为《矿物演化》(Mineral Evolution)的文章表示,哪怕有一丝一毫的氧气,都会和含有愚人金(硫化铁)和铀的圆形卵石迅速发生化学反应。由于早期地球上所有的氧都被封闭在岩石里,这些卵石面对水流的冲刷可以坚持足够长的时间,它们可以被水塑形,而不会被水腐蚀。

没有人确切地知道是什么让金星在同时期远离了生命演化路径。近来一个理论认为,金星像小行星伊卡鲁斯,离太阳比较近,太阳过多地蒸发了它的海洋,其地壳需要很长的时间才能冷却。对于金星来说,吸收的热量超过了散发的热量。潮湿的大气层形成一个温室,保存了过多的热量,继而会产生更多的蒸汽,这样又会保存更多的热量,如此形成恶性循环。很快,金星的海洋就变成了天空中厚厚的云层。

蒸汽中的水比海洋中的水更脆弱。太阳辐射会破坏它的化学键,将水(H_2O)分解为氢气(H_2)和氧气(O_2)。氢气分子是如此之小,以至于它很容易就摆脱了行星的束缚。引力会将重的气体分子拉向星球表面,但是它抓不住氢气,因为氢分子是已知最轻的分子。如果说氧气是家用轿车,那么氢气就是摩托车。氢气"摩托车"是如此之轻,以至于太阳辐射可将其提升到火箭速度,这样它就可以飞往外太空,而留下来的氧气很快与其他物质发生化学反应。就这样,行星永远失去了水。

我们继续用交通工具进行类比,二氧化碳就像是满载的拖车,它几乎拥有气体分子所能获得的最大重量。与氢气和氧气相比,二氧化碳比较稳定,不太会和其他物质发生反应,通常在空气中不会发生什么变化,因为它的结构处于完美的平衡状态。要破坏二氧化碳的双键,仅仅有阳光还不够。因此,二氧化碳是一种"特别宅"的分子,它不会离开自己所在的星球。现在金星的大气中有大约95%都是二氧化碳,它能产生强烈的温室效应,使得金星表面成为一片令人窒息的有毒荒漠。

金星的情况表明,行星表面过多的气体会让行星难以演化出类似地球的环境,也不利于行星表面储存液态水。四颗大型气态行星,从木星到海王星,是主要由氢气和氦气组成的庞大星球。这些巨大的气态行星拥有过多的氢元素和氦元素(元素周期表中前两种元素),结果这些行星失去了其他近百种元素参与的有趣的化学过程。从化学的角度来看,气态巨行星是十分贫乏的,因为它们缺乏构成简单生命的大部分元素,那就更不可能演化出复杂生命了。(这些行星的冰质卫星上会上演另外一些故事,在稍后的章节中会讲到。)

不过,对于这些行星来说还是有一些希望,因为它们所处的境地迥异于我们日常所经历的。比如,木星的核心深处有处于高压环境中的氢的超临界流体。如果那里能出现生命,它们将和我们地球上的生命大不相同,它们也不会利用太阳能。但是,碳基化学和水基化学所需的一系列复杂的化学反应,会在那里发生吗?在气态巨行星上寻找生命就像你试图在高风险、高回报的棒球生涯中夺得世界职业棒球大赛冠军一样,通常是行不通的。

消失的火星海洋

火星没有面临和金星一样的问题——它有自己的问题。我们对火星的了解比金星多,因为送到火星上的探测器不会被压碎为电子尘埃,火星的大气对我们的探测器和望远镜来说是非常透明的。一系列火星车(最近的一辆是"好奇号"),给我们一个近观火星地质的机会,并给"所有水去哪儿了"的问题提供了线索。

现代科学探测的结果与古罗马神话的某些传说是一致的:女神维纳斯(Venus,即金星)的美丽色彩是由表及里的,而战神玛尔斯(Mars,即火星)那引人注目的红色是表面的。"好奇号"掘开火星表面,只有头几铲是红色的,再往下是暗灰色的土壤。但是,对于那些希望在外星上找到生命的人来说,沉闷的暗灰色却是令人兴奋的。

颜色的差异揭示了化学成分的差异,其中可能存储着生命所需的能量。红色的物质是氧化铁,就像是佐治亚州的红色黏土,薄薄地覆盖在表面上,如同仓库表面的油漆。这样一层物质在化学上是稳定的,因为其中的铁紧紧地黏附着氧。"好奇号"利用它的电子鼻闻下面那些灰色土壤中不同的分子,结果那闻起来像黏土,带有六大元素的特征,既包括第三章中提到的地质学六大元素(氧、铁、钙、镁、铝、硅),也包括生命的六大元素(碳、氢、氧、氮、磷、硫)。形成硅酸盐岩石需要适宜的温度和pH条件,这些条件对生命也很友好。

"好奇号"还发现了火星土壤中的硫有两种形态:一种是含氢的硫化物,一种是含氧的硫酸盐。地球上的细菌通过将硫从一种形态转化为另一种形态来获取能量。如果氧和氢分别与硫黏附或脱离,这样的化学过程可以产生能量。我们可以挖掘一些灰色的火星黏土,然后隔绝氧气和阳光,在火星黏土中培育细菌。然而,其中还缺失了关键一环。要想成功培育细菌,还需要液体。

火星缺乏液态物质。如果这颗行星是一位旅客,它完全可以通过机场的安全检查,因为它很难凑够超过安全标准量的液体。这颗红色的星球会下雪,而不会下雨。冬天,二氧化碳以雪的形式飘落到火星表面并堆积起来;夏季到来后,阳光会将这些雪直接变成气体。用化学的术语来说,火星上的雪不会融解,只会升华。

就像在金星上一样,火星上的水会沸腾变成蒸汽,然后被阳光分解。留下来的氧气会和火星岩石中的铁发生化学反应,而形成红色的铁锈,其过程就如同自由女神雕像生成绿色的铜锈那样。

火星上的大气也几乎消失了。火星的问题出在它所处的位置:附近就是小行星带。火星离那些高速运转的小行星实在太近了,而且没有一个可以保护它的大卫星。曾经有持续不断的流星雨袭击火星表面,就像用一杆宇宙猎枪对其进行持续轰击,结果轰走了火星的大气。科学家正在努力解释为什么火星只保持了几十万年的湿润气候,而地球却能在比它数倍长的时间内保持湿润气候。

同样的问题发生在太阳系的其他星球上。体积庞大的木星吸引并加速了流星的到来,因此围绕木星公转的岩石卫星上的大气也被流星轰跑了。这些卫星上的大气是如此稀薄,火星与之相比都算是浓密的了。

在金星上,海洋也被蒸干了。而在火星上,源于海洋的蒸汽索性被完全吹跑了。两颗不同的行星,两种不同的演化模式,最终导致了一个相同的结果:没有了海洋。由于表面没有流动的液体,这两颗姊妹行星看起来就不宜居了。

但是在更远的地方,还有新近发现的可能存在生命的星球。特别要提及的是,在我们太阳系中有一颗巨大的岩石星球,它的表面保持着浓厚的大气层和液态海洋,尽管似乎所有的物理力量都"密谋"要移除其大气和海洋。如果之前提到的三颗姊妹行星代表着三原色:红色(火星)、黄色(金星)和蓝色(地球),那么这颗星球就代表另外一种颜色。它就是神秘的橙色星球——土星的卫星土卫六。

土卫六上有生命吗

由于土卫六围绕远离太阳的土星运转,因此在土卫六的天空上,太阳比十美分硬币还小。而且,你也不可能在土卫六表面看到太阳,因为空中深橙色的霾遮盖了一切。土卫六仅仅比火星小一点点,但是在土星的卫星家族中显得异常大。它的尺寸是土星其他卫星加起来的20倍大,和木星的4个大卫星的尺寸差不多。和它们不同的是,土卫六上有大气层,在其表面下还隐藏着一个奇异的海洋,这个海洋如同我们地球上的海洋一样是液态的。

在我看来,土卫六是太阳系中可能存在地外生命的最佳候选者,因为它拥有能正常进行三相互变的物质。事实上,我们**可能**已经掌握了那里存在生命的证据(但相距这么远,也很难说它真实与否)。

土卫六有些像地球,但也不是很像。最惊人的相似之处可以从2005年"惠更斯号"探测器拍摄的照片中看到。"惠更斯号"探测器是作为探测土星的"卡西尼"计划的一部分被带到土卫六的。实际上,它是被投放到土卫六上,而不是被发射上去的。它穿越了土卫六的大气层,在脱离云层后拍摄了土卫六表面的第一张照片。题为"惠更斯:着陆土卫六影像"(Huygens:Titan Descent Movie)的在线视频展示了"惠更斯号"探测器"看到"的景象。

科学家在《科学美国人》(Scientific American)杂志上这样写道:"这些图片引发的兴奋和困惑相当。没有人料到土卫六的地貌与地球如此类似。当'惠更斯号'开始降落后,它的航拍图片显示了土卫六表面的分汊河道,有不少溪流汇入其中。'惠更斯号'着陆在一片潮湿的区域,那里遍布鹅卵石,近期发过一次洪水。土卫六的怪异之处就在于,它有一种令人毛骨悚然的熟悉感。"

土卫六的陆地是令人熟悉的,因为它具有被流动液体冲刷的固体表面。在地球上,水冲刷着土壤;而在土卫六上,液态甲烷冲刷着固态冰。土卫六拥有由甲烷主导的天气现象,而地球有雨和雪。地球上有水循环,而土卫六上有甲烷循环。

在土卫六上,沙状的颗粒堆积成类似零度以下的撒哈拉沙漠中的沙丘(没有人知道它究竟是什么)。某种熔岩流让土卫六表面变暗(也没有人知道那是什么)。很难直接看到,但可能最令人吃惊的是,流动的液态甲烷在土卫六表面汇聚成湖泊和河流。这些照片很像是你最近在某个湖滨度假时所拍摄的,只需在整个拍摄过程中安装橙色的滤镜并只拍摄岩石的照片即可。

但土卫六和地球的不同之处也是很显著的。首先,土卫六很冷,它的温度更接近绝对零度($-273.15℃$),而非水的冰点($0℃$)。这颗行星的外壳是厚达数千米的冰层,下面有一片液态海洋。那些甲烷湖泊平静如镜,没有一丝波纹。土卫六上的甲烷雨下起来要比地球上的任何降雨都要强得多,下完后会经历长达十年的干旱期,直到下次大洪水的到来。如果那里会有生物生存的话,它们一定特别微小,而且特别顽强。

土卫六的橙色霾源于甲烷。阳光会把甲烷中的氢分离出来,如同它把水蒸气中的氢分离出来一样。"破碎的甲烷"会彼此黏合,形成长长的碳链甚至碳环。(当浓厚的烟雾呈橙色时,我便怀疑它是否来自碳氢化合物。)在土卫六上,大气承载不了这么大的碳链,它们最终沉降到土卫六表面。

这些碳链化合物可以像汽油一样发生化学反应并释放能量。汽油是一种碳链化合物,我们将它和氧气发生化学反应,但是土卫六上没有氧气,只有氢气和惰性的氮气。氢气可以将碳链化合物还原为单碳的甲烷,并释放能量。通过这种方式,小分子的碳氢化合物携带太阳的能量穿透霾,将其缓缓扩散到土卫六表面,足够一两个细菌所需。这个过程和乙炔火炬燃烧的原理一样,只不过用氢气代替了氧气,其亮度也只有后者的1/4(见图4.1)。

因此,土卫六上的生命可能生存于甲烷湖中,以乙炔和其他碳氢化合物为食。土卫六距离我们如此之远,我们当然无法看到它那里的细菌,但是我们可以在土卫六大气中看到它们的食物。科学家特别想在土卫六上找到小分子碳氢化合物——乙炔和乙烯,也在寻找燃烧它们所需的氢气。但是,他们没有找到其中任何一种,因为模拟计算的结果是一片空白。生命所需的美味分子是显著缺乏的。

这也只是怀疑,但并非确证。其他我们并不了解的物理过程可能移除了那些分子。(举例来说,氰化物暴风雨冲刷地表,或许会耗光所有的氢气。)如果这些分子依然下落不明,未来也许会将其视为地外生命存在的第一个确凿证据。

基于甲烷的生物如何扩散信息、生长、运动和竞争?它的基本构造

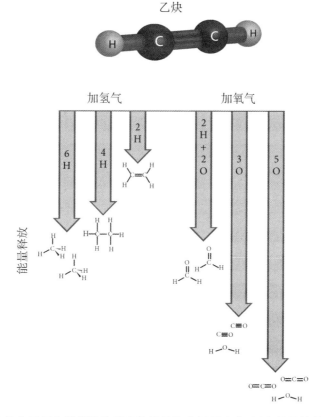

图 4.1 乙炔在氢气中燃烧释放出来的能量比在氧气中少,以上显示的是用标准条件下的生成热计算出来的能量。

将是什么样? 它会含有氧或氮吗? 它能结合和利用金属元素吗?

　　自动探测器不能回答所有这些问题,只有土卫六表面的生化学家才能回答这些问题,这还得假设未来人类有本事在这样寒冷、昏暗的环境中长期生存。最大的问题是如何让这位生化学家从土卫六返回地球,因为目前没有支持返程的可行性依据。是否有生化学家愿意为这样一个世纪大发现来一次"自杀之旅"? 如果你问我,我会盯着地板,避免和你眼神接触。我虽然热爱生物化学,但是我更喜欢其他事物和其他人。

如果对我们来说,土卫六是太阳系中的最好研究对象,那么毫无疑问我们的选择将会很有限。如果土卫六上有生命,那也必定十分简单,且行动缓慢,因为利用氢气的化学反应释放出来的能量相对较少,而且土卫六实在太冷了。极端的气候将袭击所有比单个细胞大的生命,将它们击倒在这个星球的坚硬冰壳上。简单的生命具有适应这个星球严酷环境的能力,因此我认为土卫六值得探索,但是对其期望值并不大。

在土星和海王星之间,还有一些天体上有液体流动,所有这些都是可能存在简单生命的候选天体。但是,其中没有一个天体像土卫六那样具有广泛的气态、液态和固态三相的转化,也没有明显的充足能量来源以支撑复杂的生命。换句话说,那些天体也没有微弱的能量以支撑简单的生命。

木星的卫星大家族拥有诱人的流动液体。在木卫二和木卫三上,数千米厚的冰层下的黑暗深处,隐藏着液态海洋。土星的卫星土卫二也是如此,土卫二的海洋还被水下热泉温暖着。在地球上,深海热泉疑似生命起源之地。木星内部有超临界的氦和氢。在地球附近的那些令人失望的干燥岩石行星之外,那些气态巨行星的卫星倒是有可能具有真正的海洋。

但是,从化学上来看,我怀疑那里的生命是否会超过我们实验室的冷冻室里那些黑霉的水平。那些冰下海洋只有两相物质的转换:固态和液态,很难发现气态。那里也很难发现能量。没有充足的能量和化学物质的多样性,我对在那里能发现生物的多样性表示怀疑。(不过,我还是愿意为地外霉菌做测试!)

在地球上,与木卫二上的海洋最接近的水域是南极洲的沃斯托克湖。数百万年以前,这片湖就被封冻在冰层下,从那以后,它的液态深度就没有变化了。一个俄罗斯科学研究小组钻取了湖中的液体,并仔细读取了其中的基因。好消息是,冰下海洋中有很丰富的生命;坏消息是,它的生态系统缺乏多样性而显得特别**简单**:他们在那里所发现的基因中,有94%的基因都来自同一种最简单的生命形态。少量的多细胞生物可能潜伏在湖的深处,以地热能为食,就像深海热泉旁的管状蠕虫一样,但是这些多细胞生物依然小到肉眼难辨。对其他星球(比如土卫六)上的海洋来说,情况也是如此。对我而言,在土卫六上顶多能发现细菌。

如果有简单生命或复杂生命(但愿如此)能由元素周期表中另一部分元素(与地球生命元素不同的那一部分)来构建,我愿意另写一本书来介绍它们的生理机制。但是,首要的事情是先找到它们。由于目前尚未有不同于地球生命的生化反应,我所能看到的是基于地球水环境的生命系统,它已经填满了我的想象和本书的内容。

或许有另外的方式来安排一个新的"太阳系",以获得阳光和液态水。一个有趣的选择是,如果一个类似土卫六那样的行星围绕一个比太阳更大、更冷的恒星(被称为红矮星)运转。由于红矮星更冷,行星不得不靠近恒星以便为液态水获取充足的热量。这种靠近也是有缺陷的,因为引力会把行星锁定在特定区域,这使得行星上的天气会比土卫六更加极端。但是,这同样可使得星球温暖,并使其拥有液态海洋。不过,我们还不能确保这样的现象会发生。

地球的隐形铁护盾

金星、火星和土卫六的情况显示了什么是"错误的走向",而地球的成功也正是基于"**正确的走向**"。在地球上,物质三态的存在得益于五个护盾:两个物理性的和三个化学性的。

两个物理性的护盾通过引力起作用:月球是阻止流星撞击地球的银色护盾,而木星将小行星限制在远离地球的小行星带中。所有这些都是看得见的,还有三种看不见的护盾,那些是物质三态中的三种元素在直接起作用:固态地核中的铁,气态大气层中的氧,液态海洋中的钙。

铁护盾的证据可在极地附近找到,那里冬季的夜空中会出现奇异的红色、绿色和蓝色极光。尽管我在西雅图居住的时间超过15年,但是我还没有亲眼看到过北极光(很可能是因为我在佛罗里达州长大,所以很怕冷的缘故)。对于像我一样的人来说,可以观看从国际空间站这一有利位置拍摄的北极光视频。在这些视频中,光穿过大气层顶部,就如同一场冰冷的实况焰火。

当太阳风撞击氧和氮原子后,会激发一些电子,并形成光幕。这会减弱太阳风的力量,而分子被撞碎后释放的能量,可温和地转化为彩色的光线。这些能量通过电磁场输送到极地区域。

地球的磁场源于隐藏在地心中的铁、镍金属球。在天体碰撞形成月球之后,所有额外的、密度大的铁和镍沉到地球中心并固化。地球的固态外壳保持着内部的热量,这使得地球的内部可保持液态。夹在固态内核和固态外壳之间的流动液体,使得地核可以旋转并产生磁场。这是流体为生命创造条件的另外一种方式。地球特别大的自旋核心形成了特别强的磁场,这个磁场向外延伸到太空,收集并转移带电粒子(见图4.2)。

元素周期表确立了铁的密度、丰度和坚固度,铁的这些性质为地球创造了护盾。现在没有发现火星、金星和土卫六磁场,这使得太阳风很容易破坏包括水蒸气在内的气体分子。(火星曾经有磁场,后来失去了。)气态巨行星因气体的流动而形成了一定的磁场。不过,只有地球有充足的内部流体,这使得地球几十亿年来既有岩石外壳,又有足够的磁场。

其他种类的辐射可能抑制宇宙其他角落里的生命。γ射线暴有足够的能量,可穿越绝大多数星系,破坏组成生命的化学键。这种现象是

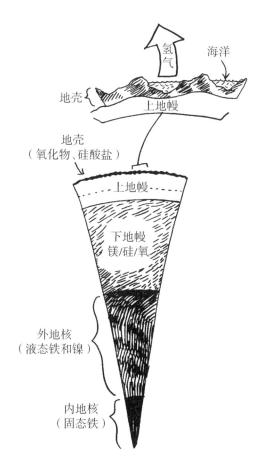

图 4.2　地球内部和表面的不同化学相。在地球内部,固态-液态-固态模式使得铁质内核可以自旋,形成对抗辐射的隐形护盾。在地球表面,固体、液体和气体共存,而氢气一直在向太空逃逸。

如此普遍,以至于一些科学家计算出只有 10% 的星系有希望将生物足够长时间地聚在一起,并保持住它们的状态,进而演化——这只是在较晚的时间里出现在离恒星相对较近的区域(事实上,就如同我们地球的情况一样)。在不可见力量的控制下,宇宙大部分区域都是不毛之地。如果地球没有那些隐形护盾,我们就不会出现在世上。

空气和水中的护盾

化学领域的另外两个护盾源于气态大气层和液态海洋。空气中的护盾是臭氧层,这源于氧气,因此它不是一开始就存在的。约25亿年前,随着光合作用开始把氧气释放到大气层中,臭氧层逐渐形成。

臭氧层是氧原子通过$1 + 2 = 3$的方式形成的:O(氧原子)$+ O_2$(氧分子)$= O_3$(臭氧分子)。来自阳光中的高能光子能破坏正常氧分子的化学键,生成的氧原子可以和另外一个氧分子结合,生成臭氧分子。臭氧分子是一种奇特的分子,可以吸收阳光中含量特别丰富的高能紫外线。臭氧分子吸收危险紫外线的能量后会分解,并将生成的氧原子在大气中扩散开来。这一生气勃勃的过程将会破坏生物化学键的危险紫外线转化为无害的原子"舞曲"。通过转化为臭氧,氧气为地球提供了分子防晒霜。

我们可将臭氧循环和其他星球上主要的大气循环进行对比:金星有源于内部二氧化硫火山的硫酸循环;而火星有源于太阳辐射从二氧化碳中剥离出来的氧原子而形成的过氧化物循环。火星大气中有少量水蒸气,甚至有由氧原子合成的痕量臭氧。但是,火星上的化学反应是不可控且不平衡的,最终形成危险的过氧化物分子(H_2O_2)。火星和金星的大气化学循环对生命来说具有破坏性,而地球上的大气化学循环具有保护性。

臭氧循环与海洋也有关系,因为阳光可以把水蒸气分解为氢气和氧气,氢气逃逸到太空中,而氧气留下来了。在短暂的时间里,这个过程可形成臭氧。液态水和阳光下的空气接触,可以形成短暂的臭氧保护伞。

水也与最后一个护盾有关。H_2O(水)和CO_2(二氧化碳)混合,可形

成 H_2O-CO_2(碳酸)。我曾试着在一次讲座时演示这个化学反应。我将可在酸中变蓝的化学物质加入到蒸馏水中。当我往水里吹气时,我呼出的二氧化碳在水中生成碳酸,溶液变成深蓝色。至少我在课前练习时,这个反应顺利完成了。然而,到了课堂上,尽管我吹了好几分钟,还是没能完成这个实验。演示总是在没有人观看的时候表现得很好。

或许也是因为没有人在一旁观看,这样的反应在空气和海洋的接触面上完成得很好。随着时间的推移,空气中的二氧化碳将海洋变酸。这种酸有助于化学混合,它将岩石分解,并在古老的海洋中产生新的黏土。但是,这种酸只有和其他元素结合后,才变得真正有用。

早期地球上大量的 CO_2(二氧化碳)令这颗年轻的行星被灼热、不透明的大气层包裹着,有可能将海洋的pH变得和柠檬汁的一样。但是海洋并没有变得那么酸,包裹地球的 CO_2 "毯子"发生了改变,因为化学的多米诺骨牌的链条尚未完成。钙和镁是地质学六大元素的一部分,因此雨水将大量的钙离子和镁离子冲入海洋。碳酸中的负电荷吸引了钙和镁的正电荷。铁、钙、镁与碳酸根紧紧结合,形成化学键之网。晶格形成,固态岩石由此诞生。根据周围环境中存在的不同金属元素,碳酸可分别形成石灰石、白云石或方解石。

类似的化学反应形成了莫诺湖中的石灰华。包括磷酸盐在内的盐和其他绝大多数矿物留在了水中,而碳酸钙从溶液中分离出来,以固体石灰石的形式沉淀下来,逐渐结晶为石灰华柱。像意大利的多洛米蒂山脉这样全是由碳酸盐矿物构成的山脉,可能源于远古时代从液态海洋来到陆地上的二氧化碳。通过这些化学反应,海洋起到了液态护盾的作用。很久以前,富含钙的海洋通过将多余二氧化碳转化为岩石的方式来保护地球。地球的二氧化碳在数百万年内降至合理的水平。金星大气中的二氧化碳没有被移走,可能是因为金星离太阳太近,对液态海洋来说太热了。一些令人感兴趣的、富含碳酸盐的火星陨石说明,火星可能也有类似地球的二氧化碳演化之路,可惜最终未能完成。结果,那些二氧化碳一直停留在火星大气中。直到今天,火星和金星都保持着化学组成和汽车尾气类似的大气。

穿越天空之箭

不同分子之间的化学反应,随着时间的推移改变了大气。处于气态时,CHON组合的每一个元素有它自己的历史:

H:H_2(氢气)含量**下降**,飘向太空;

C:CO_2(二氧化碳)含量**下降**,向下沉入水中,并被水－钙护盾转化;

N:N_2(氮气)从地幔中逐渐释放出来,含量**增加**;

O:O_2(氧气)含量**增加**。

在元素周期表中,上述气态形式分别对应着一个特定的元素,并按照从左到右的顺序排列。随着时间的推移,左边的元素在大气中的含量减少,而右边的元素含量增加。在周期表上可以画出一根从左到右的箭头,代表着大气是如何从H_2(氢气)向CO_2(二氧化碳)、再向O_2(氧气)演化。它的流动就像是条河流,并非由重力牵引,而是由具有液态水海洋的行星上的化学规则所引导,将氢气逸散到太空中,将碳沉积到岩石中,而将氧气释放到大气中。

在40亿年之后,地球大气的组成倾向于周期表右边的元素。这种有序的变化可概括为大气**氧化**的增多。许多过程共同推动大气朝着这个方向演化,包括生物的光合作用的影响,这会在第七章中讲述。一旦形成了可以循环流动的大气,物理过程就推动着大气朝这个方向演化。

推动大气沿着周期表从左到右演化的动力是宇宙中热量(即"热")的移动(即"力学"),或者可用一个令人生畏的术语来表述,那就是"热力学"。这都取决于这样一个事实:热会自发扩散。

爆炸物爆炸,水珠飞溅,都是因为物质和能量可在特定的条件下进行扩散。宇宙中的每一块物质、每一道辐射,都必须遵循同样的规律,并最终扩散开来。研究化学和物理的科学家用"**熵增**"这个热力学术语来量化宇宙的这种倾向。

逸散到外层空间中的氢气是扩散出去的,蒸发的水是从紧凑的液态扩散为气态的。这些都是靠直觉就能理解的。扩散甚至可以解释为什么气态二氧化碳可以浓缩到碳酸盐山脉中,因为这不仅仅是物质的扩散,也是能量的扩散。如果足够多的能量和物质扩散到某处,那么该处就能**凝聚**出一个互联系统。

扩散物质和能量的最好媒介是液体。水–钙护盾需要液体流动,这样元素才能相互吸引,能量才能扩散出去。化学家在烧瓶内进行大多数化学实验,因为烧瓶可以储存流动的液体,并使得化学反应在液体流动的状态下完成。熵的驱动力需要液态在合理的时间尺度上进行有序的变化。生命的化学反应也不例外地遵循相同的规则。所有的生命都渴望用水来润滑生化"齿轮"。如果没有水,生命最好的情况是休眠,最坏的情况就是死亡。

"变化需要扩散一些东西",这条定律甚至在行星尺度上依然有效。通常,除了氢向上逸散和陨石向下掉落之外,地球也是与**物质**有关的封闭系统,它不会和宇宙其他部分交换原子。但是,地球会和宇宙其他部分交换**能量**,它会吸收阳光,并向太空辐射**热量**。地球比太阳的温度低得多,因此能量随着"高能"的阳光进入地球,而随着"低能"的热量离开。十分关键的是,离开的辐射得以**更广泛地扩散**。(一篇论文提出,可设计一种特别的天线来捕获地球发射的红外线热能,然后更进一步地将其作为一种可再生能源进行扩散!)

这种能量扩散现象,可通过晴天的密闭汽车来获得直观的感受。"高能"的阳光通过窗户进入汽车,推动周围的气体分子,让它们的温度升高。这个过程中原子没有扩散,能量却得以扩散。如果从外面打开车门,你会感到车内的热浪向自己袭来,因此你感受到了能量的扩散。从某种意义上来讲,生命正坐在一辆获取阳光和释放热量的"汽车"里,吸收能量,最终将其以热量的方式进行扩散。有所不同的是,生命能为了特定的目的,仔细地引导能量流动到特定的地方。

这个小窍门让我们聚集在一起,宇宙的其他部分却分散开来。尽管地球上的物质总量几乎是恒定的,但是那些物质可以呈现出不同的形态,还可以利用源自太阳的能量(少量能量源自地壳裂缝泄漏的地球内部热能)。通过化学键的形成和断裂,物质从一种形态转化为另一种形态。像碳和氮这样的元素可以在生物之间看似无限的链条中循环,复杂的循环由此形成。

地球上的物质循环看起来像是一个永动机,但它其实并非永恒存在,它的持续时间和太阳的寿命一样长。好消息是,我们的恒星(太阳)还有几十亿年的寿命。

土卫六的树状结构同样存在于人体内

对于处于变化中的宇宙内的每一个看似稳定的结构,无论是巨大的恒星还是渺小的人,都有能量在其中流动,就如同一条河流一样。这种流动不断扩散(并遵循热力学定律),而结构保持不变。如果是能量的随机运动,我们称之为热流。如果液体或气体中的物质在流动,我们称之为流体。无论哪种方式,流动都遵循效率最大化的原则。随着能量和物质的流动,它们在宇宙中建造出很多看起来像树的相似结构。

当"惠更斯号"探测器降落到土卫六表面后,它探测到那里有树枝状结构,这立即被识别为一片河流流域(见图4.3)。强大的流动可为生命提供足够的动力,但是也要足够温和,才能让生命的复杂结构持续存在。土卫六上的阳光太苍白而风太猛烈,因而不能支撑生命;但是,即使在没有生命的情况下,树枝状的河流流域还是形成了。

树状的河流结构,可让河流选择一条具有最小阻力通向河口的路径。上游的小溪不断地汇合在一起,形成下游的更大河流。工程师贝詹(Adrian Bejan)提出了一种理论,说明事物如何由最小的部分逐渐形成树状流动。这种高效率的复杂形态是自发发生的,如同来自山上的水流一样。

贝詹的数学模型显示,这种树枝状的模式,可让从任何区域(或空间)向一个点的流动所遭遇的阻力最小。举例来说,如果你需要一种和根部相连的流动,这种流动将向阳光照耀的空间延伸出很多分叉,那么最简单的解决办法就是建造一个有许多小枝的大枝,那其实就是一棵树。

如果你需要一种流动来连接气管和许多肺泡,以便为生物体交换进出的气体,那么最简单的解决方案是在肺中建造一个树状结构。从动脉开始分支为许多毛细血管的第一棵"树",和第二棵将血液收回来的叠加的静脉血液"树"连接在一起。如果将这两棵"树"以特别的方式叠加在一起,那么它们可为生物更好地保存热量。不同的动物都拥有这样的"双树"几何模式的血管排列(根据它们是温血动物还是冷血动物而有所变化)。贝詹甚至将这个理论用于解释沸水中的意大利面条如何打转,以及蒸饭时米饭中的喷气孔会呈现什么样子。(我怀疑他的更多资助来自其他领域。)

贝詹的"树"看起来像是分形,不过他坚持认为那些树状结构是"构造出来的"。分形图案是从上往下构建,可经历无限的过程;但是贝詹的复杂构造图案是在限定的空间里,从有限的区块开始,从下往上构建。贝詹是一位工程师,他提出了像艺术家画树那样绘制分支结构,他的"艺术"作品已经用在多种媒介中。

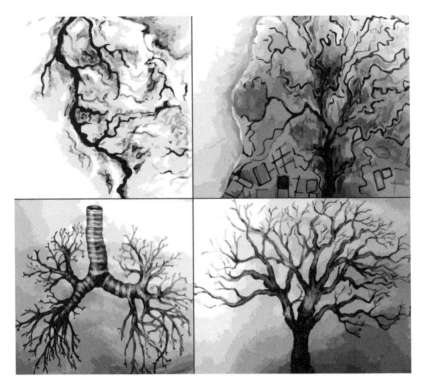

图4.3　在不同的情况下形成的类似的树状分支结构:土卫六上的液态甲烷河流形成的树状结构(左上),地球上的液态水河流(右上),传输水分和营养物质的树枝(右下),交换空气的肺中血管网络(左下)。尽管上面的地球河流看起来是向图片下方流动,然而它是根据近距离俯瞰河流三角洲而画出来的,河流其实是流向图片上方的海洋,这就强调了盆地和三角洲的河流分支模式是一样的。

　　贝詹的构造理论更多的是涉及路径,而非结果。也就是说,它关注的是如何优化流动系统,而非说明流动系统是否处于绝对最佳状态。它是研究如何尽可能地让不完美最小化,而不是让完美最大化。这种理论和流动的、不完美的生命系统也有关联,尽管这些生命系统似乎已经因某些目标而被优化过。

　　分形的复杂性是具有描述性和关联性的,而贝詹的构造理论是一种为了达到特定目标的预测机制——某个系统最快地进行最有效的热力学扩散。分支图案是流动达到扩散平衡的最高效路径。这就是为什么在许多地方都可以看到这种图案,从计算机的冷却系统到街道的交通分流地图。

我们在生物进化的每一个阶段都会看到高效率的树状分支流动。生物学里复杂的树和地质学里自然分支的河流,都具有共同的热力学效率。

能量流动与比功率

不仅可以根据贝詹的树状理论画出能量流动的形状,而且也可以根据天体物理学家蔡森(Eric Chaisson)的理论预测能量流动的密度。如果物理化学家的研究是正确的,且热力学定律是普遍适用的,如果可用熵和流动速率来量化能量扩散,如果我们生活的宇宙总体上是合乎常理的,那么就可以得出结论:一个简单的、具有普遍意义的数值,或许可以对在任何时间和空间内穿过所有稳定结构的能量流动进行量化。蔡森认为他已经推导出了这个数值,他称其为**比功率**。

比功率(ERD)是功率(瓦)和质量(千克)的比值。因此,一个系统的ERD可以度量能量流动穿过这个系统时的扩散情况。如果能量流动得更快,更多的能量被处理,那么ERD也会随之增大。

蔡森的假说表明,ERD会随着处理能量的结构复杂性的增加而增加。随着事物变得越复杂,它们的ERD也会增加。随着宇宙年龄的增加,具有更高ERD的物体会聚集起来。这些物体将会比以前的物体变得更复杂,且更耗能。在蔡森看来,热力学定律一直在增加ERD和复杂性。

对于蔡森的专业——恒星来说,ERD明显增加了。新生的恒星的ERD是0.0001瓦/千克;我们50亿岁的太阳在明亮中成长,已经失去了一些质量,其ERD是0.0002瓦/千克;一颗具有两倍太阳年岁的次巨星的ERD是0.0004瓦/千克。(这些数值之所以这么小,是因为恒星特别巨大。)一旦一颗次巨星演化成红巨星,其ERD会升至0.012瓦/千克。然后,恒星演化到最后一个阶段,其ERD变为0.2瓦/千克。

ERD向前的步伐伴随着恒星上更多的结构,也伴随着恒星中更复杂元素的更多洋葱状分层。结构复杂性和能量吞吐量密切相关。随着系统产生的熵越来越多,物质和能量从系统中扩散开来,但是系统本身在产生熵时变得更有效率,因此也变得更加复杂。

蔡森认为,ERD在所有尺度上都会增加。从星系到恒星,到细菌,到人类,再到社会,都是如此。以星系为例,银河系虽比太阳古老,但它有更低的ERD(如果你好奇的话,这个数值是0.000 05瓦/千克),因为银河系的大部分质量永远不会转变成一颗可以发射能量的恒星。新生的星系会比老星系每单位质量释放更少的能量,也拥有更多的星云结构。

蔡森还将他的ERD应用到地球岩石圈。在40亿年前生命开始出现之前,物理和化学系统将太阳能转化为红外光谱中的热能,结果产生0.0075瓦/千克的ERD。太阳的能量之河滋养了地球的能量释放和流动过程,创造了地球的局部构造,导致了宇宙别处的更多混乱。

随着时间推移而逐渐增加ERD的模式,也会出现在生物过程中。能进行光合作用的细菌和植物吸收太阳能并将其扩散,其ERD为0.1—1.0瓦/千克。动物吸收来自地球的能量并释放一部分,其ERD约为4瓦/千克。人类社会可利用动物、植物和太阳能,其ERD约为50瓦/千克。蔡森从这种趋势中看到的,不仅是一种有趣的过渡,而且是可随着时间推移增加能量效率和复杂结构的驱动力。

有几点需要注意的是:蔡森的数值在10的倍数范围内才是准确的;需要考虑的只是平均的、典型的情况,而非极端的情况;ERD只是在大尺度上才有效。本书关注的正好是大尺度的事物。在以后的几个关键节点,我们将把蔡森的概念应用到细菌、植物、动物甚至社会。我认为它惊人地有效。

蔡森的假说是和热力学定律一致的。一些系统发生了变化,因此它们能扩散更多的能量。随着系统自身物质、复杂性和结构的**聚集**,能量扩散可不断将结构的复杂性提升到无止境的最美形态。这个系统也会将不断增多的大量能量**扩散**到宇宙其他地方。

聚集和分散这两种明显相反的力量,导致了世界上的所有变化。每条液体河流聚集了大量能移动和分散的原子。水可以溶蚀山脉,也可以蒸发到空气中。水是地球上最普遍且最有代表性的液相。因此,水是地球演化的漫长周期中所必需的。

演化的第一支箭,即"穿越天空的箭",是遵从聚散的热力学定律的。氢气向上飘往太空,二氧化碳向下沉入岩石,两种气体都逐渐流失,而氧气则十分缓慢地增加。当宇宙膨胀之时,"一支箭"从元素周期表的上端穿过,从氢"射向"氧。当阳光照耀河流和海洋时,氧气势必会增加,而氢气必然会减少。

拥有海洋的"安全岛"区域

由于海洋是液态的,而液态被定义为化学物质的中间状态,所以液态也被定义为具有特殊的化学性质。液态是物质最具化学用途的物态,但是也是最难获得的。在实验室里,你可以利用低温和高压,将任何物质(甚至包括氦)变成固体;你也可以利用高温和低压,将任何物质(甚至包括金)变成气体。但是要获得液体,你就必须把握好合适的中间温度和压强,这样才能保持分子相互靠近但仍然能流动。

化学家用相图来表示固态、液态和气态之间的分界线。相图就像是一张地图,压强从西到东逐渐增大,而温度从南到北逐渐升高(反之亦然)。固体总是出现在西南角,气体在东北角,而液体在两者之间。从这些图可以看出,当物质充分混合并在一定温度和压强下处于平衡时,究竟会发生什么现象。图4.4显示了太阳系的相图,每颗行星或卫星的表面条件都标记出来了。

每种物质的相图就像一个横放的Y字,其中的分叉点是个独特的地方,被称为三相点。在该点指示的温度和压强条件下,物质的所有三相共存。为了体验一个完整的气象循环:冰冻、下雨和蒸发,你得处于三相点或其东边。这正好是地球在相图上所处的位置,它坐落在液态区域,但也能通过温度的微小变化就抵达固态区域和气态区域。

在图中,火星因太靠西边而不能拥有液态海洋,金星又太靠北边了。(注意火星离液态区很近,它的表面随时可能存在盐水,这与近年来

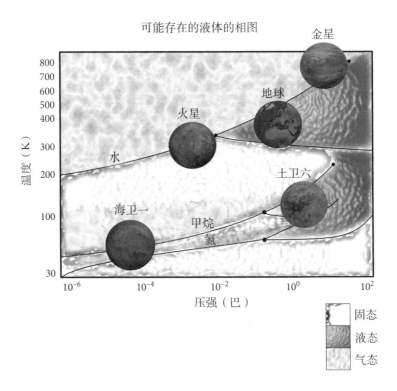

图4.4 太阳系不同位置的表面条件显示在温度和压强组成的相图上。请注意,地球坐落于液态水区域;土卫六坐落于液态甲烷区域;其他星球则处于液态区域之外,因而其表面没有海洋。

的观察相吻合。)土卫六和海卫一(海王星最大的卫星)都是处于远离液态水的区域,它们表面的水都会冻结成冰。在土卫六的厚厚冰壳下,随着压强升高,可将土卫六的条件推至图上靠北的区域,这样它就有可能存在幽深的冰下液态海洋。

甲烷形成比水更松散一些的化学键,因此液态甲烷的Y形图更靠南一些。对甲烷来说,土卫六位于靠东的叉状区域(就如同公路上划着斜线的安全岛)内,这就意味着土卫六上有液态甲烷海洋和天气周期。金星、地球和火星都在甲烷冻结线路的北边,因此,它们因离太阳较近,是不可能出现甲烷海洋的。

最后,液态氮的Y形路线图最靠南,因为氮分子之间的相互作用力最弱。氮在非常冷的时候才会成为固体或液体。海卫一就在液态氮的路线附近,但是它离三相点太远了。海卫一可能下"氮雪",但是其表面不太可能出现液态氮海洋。在这张图上,冥王星处于和海卫一相同的位置,有证据显示其表面有移动的氮冰川,但是这种令人惊讶的运动与连续流动的化学反应器——暴露的海洋有天壤之别。

我们的太阳系内,只有两个天体中的气体可和阳光照耀的液体相遇,一个是有水的地球,一个是有甲烷的土卫六。暴露的海洋是很稀有的,因为它的形成需要比较苛刻的化学条件。

保持了数十亿年的液态海洋

在三相点以东的液态"安全岛"内,地球目前处于一种平衡状态,但是要保持这种平衡具有一定的难度。在太空的真空环境中,任何一颗星球都会随着时间的推移而改变温度和压强。随着氢气离开地球和二氧化碳变成石灰岩,地球上的气压会逐渐降低。重力和阳光可以弥补一些损失,但是稳定性很难达成,参考金星和火星的演化历程就知道这有多难。

当我们利用地质学证据进行回顾时,我们会惊奇地发现地球的温度和压强在过去很长时间内变化很小。地球起初因遭遇不计其数的撞击而升温,分裂出月球的那次撞击只是最晚和最猛烈的一次。当时的压强也可能更高。因形成月球的那次碰撞,地球大气层被部分剥离;之后,来自地球内部的热能迅速提供了一个厚厚的大气层,多出来的气体源于沸腾的岩浆挥发出的二氧化碳、水蒸气和其他挥发性气体分子。

早期的地球大气层有多厚?为了展示我们已知的最佳答案,我将向你介绍在这章里没有看到的图。我打算绘制一张图表,那是关于45亿年前撞击产生月球以来地球的温度和压强随时间变化的情况。那条曲线将随着地球的冷却和气体向太空逸散而逐渐向下倾斜。

然而,我最终没有绘制这张图表,因为在45亿年的时间尺度上,它会成为一条枯燥的直线。几十亿年以来,地球的温度没有太大的变化。我们所有人所经历的季节温度变化,都要比过去几十亿年来的平均温度变化**大**得多。发生在百万年时间尺度的气温波动,曾经形成了冰期,并对生命造成了极大的威胁。然而,以十亿年为时间尺度来观察,地球的温度是相对恒定的。35亿年前,海洋表面的平均温度是35℃,而现在是20℃。无可否认这些是平均温度,但是海洋从来没有沸腾或者完全冰冻。虽然地球只有宇宙1/3的年岁,但是它已经拥有了可以游泳的温暖海洋。

按照图4.4的尺度来看,40亿年前的地球在相图上的位置,是在现在地球位置往北几毫米的地方。这是一件值得庆幸的事情,因为再往北或向南移动一厘米,海洋就会被冻结。数十亿年来,地球从未跌破这条线,尽管它受到寒冷太空和灼热阳光的双重影响。金星和火星很可能一度像地球一样位于安全岛内,但是金星移向了东北,而火星向西移动,它们都失去了海洋。

地球曾数次遭遇冰期,至少有两次成了完全被冰覆盖的雪球,但是它两次都恢复了,重新暖和起来。几十亿年来,地球一直没有离开相图上的液态"安全岛"。

上述现象的大部分地质学证据是抽象的同位素比例和岩石组成。与日常经验比较接近的方法是,你可以从雨滴化石中发现证据,正如报纸标题所写的那样:"雨滴化石证据表明,27亿年前的大气密度不到现在的两倍"。那时雨滴的尺寸和溅射度和今天差不多,说明它们当时穿越的大气的密度和你现在所呼吸的差不多,只是那时的大气有更多的甲烷和二氧化碳,而氧气很少。

地球的压强和温度是如此之稳定,以至于它创造了自己的科学之谜:黯淡太阳悖论。萨根(Carl Sagan)和他的同事指出,恒星演化方程表明,我们的太阳正在随着时间的推移而逐渐变热(就像由蔡森的比功率理论计算出的结果一样)。40亿年前,太阳散发光和热的功率仅是如今的2/3。在那样黯淡太阳照耀下,海洋本应完全冻结,但是那时的海洋仍然是液态的。是什么在加热海洋?

大气中不同气体的相互作用,可能更高效地捕获了热量。有几条有希望解决这个谜团的线索,其中涉及不少在遥远的过去含量更丰富的气体:H_2(氢气)、CH_4(甲烷),甚至N_2(氮气)。氢气和甲烷是生物的食物,随着生物数量的增加和太阳变热,地球的"气体毯子"也自然因被吃掉一部分而变薄了。

气温稳定性对生物很重要。生物很容易就会过热一点,或过冷一点。因为地球的表面温度是稳定的,在那些温度最稳定的时间和区域内,出现了最繁荣的生态。

温度的不稳定性则和灭绝相一致。二叠纪大灭绝是曾经最惨烈的一次,几乎消灭了地球一半的生物科属。这次灭绝之所以如此严重,是因为它伴随着大规模的海水升温,还有一些其他因素。但是,即使在这样的事件中,海洋如此之热,复杂生物危在旦夕,但是海洋表面仍然保持在40℃以下。对生命来说,这是一种生存威胁。但是在化学尺度上,温度波动在10%以内。幸好温度如此稳定。

对澳大利亚某些种类植物的研究表明,气温超常的稳定可让生物繁盛起来,那是一些长有硬叶的灌木,名为硬叶灌木(sclerophylls),可以形成清晰的化石。这种植物在澳大利亚的地理分布上出现了一个很好的对比:西南地区有很繁盛的各种硬叶灌木,东南地区则少得多。2013年,科学家对东南地区和西南地区的数千块硬叶灌木化石进行了广泛的研究,找到了这类植物为何会在一个区域而不是另外一个区域繁荣的原因。西南地区有利于硬叶灌木生长不是因为它特别干燥或特别热,而是因为它的温度特别**稳定**。

生物对哪怕很小的温度波动都很敏感。事实上,温度决定了哪种类型的土壤细菌占主导地位,因此一个小的气温变化都以很大的百分比改变土壤微生物生态系统,并产生未知的影响。我们应该注意保持地球温度的稳定性,毕竟它**是**过去40亿年来地球最关键的物理特征。

这种稳定性可能扩展到温度以外的因素。目前被天文学家所定义的"宜居区",是一颗恒星周围可出现液态水的区域。一些人建议扩展这一概念,以增加一个地热宜居区。处于这类宜居区的天体,会受到来自周围天体的适当引力,足够让液态地幔充分混合,但是又不会太强。处于地热宜居区之外的天体,最终会像遍地火山的木卫一一样,木星的强大引力导致木卫一出现巨大的岩浆潮汐并将其喷发出来,这会破坏稳定生命所需的化学键。

当望远镜在天空搜索其他天体时,我们已经开发出一个相当大的样本。我们猜想约10%的类太阳恒星周围有一个类地行星。我们发现,通常其他行星只有达到地球质量1.6倍,才能出现岩石和类地情况,所以气态巨行星在宇宙中更为普遍。

和其他"太阳系"(恒星系)比较,我们的太阳系的天体排列有些不同寻常。绝大多数恒星系至少有一颗木星大小的巨行星靠近恒星,甚至比水星距离太阳还近。我们的太阳系在那样的区域内是空的,这正是大部分形成行星的尘埃盘中的物质理所应当的位置。引用一篇论文的说法:太阳系与其他恒星系"几乎没有相似之处"。太阳系内那些潜在的行星去哪儿了?

形如甜甜圈的太阳系可能源于两个气态巨行星的"舞蹈"。太阳系的形成模式可以用计算机来重建:木星的轨道靠近地球现在的轨道,在接近太阳的新形成的小行星间穿行;木星会用引力共振将其所经过的区域清理得干干净净,使得大部分物质掉入太阳内;然后,土星的引力将把木星拉回到它现在所处的位置,方便地帮助地球围住小行星带,并拦截偶然出现的彗星。

根据这个"故事",木星给予地球一个干净的环境以诞生生命,免于受到行星间的干扰和持续的"末日撞击"。更重要的是,如果没有木星的清扫,我们的星球将会有太多的大气,就会像金星那样拥有厚厚一层令人窒息的炽热气体。

总的来说,地球当前环境的清洁度和安全防卫看起来是十分稀少的。好消息是,宇宙中有如此多的恒星(比地球海滩上的沙粒总数还要多数千倍),所以类地行星虽然"稀少",但是绝对数量也是"很多"的。稀有性和丰富性之间的悖论,有调和的余地。但是现在这个宇宙在本质上是孤独的。如果别处也存在复杂的生命,它们一定十分遥远而难以联络,甚至以光速前进也难以去那里旅行。

英国科幻小说家克拉克(Arthur C. Clarke)曾说:"有两种可能性:要么我们在宇宙中是孤独的,要么不是。两种情况都同样可怕。"[被美籍日裔理论物理学家加来道雄(Michio Kaku)援引。]不可否认的刺激存在于这个问题中,就如同过山车的特性就是让人恐惧和眩晕。同样,刺激和恐怖也存在于艰难寻找外星人的科学旅程中。

我们的存在是非常特殊的,但这也需要一些普遍的中位性参数来支撑。地球看起来至少处于许多参数排名的前10%,这些参数包括γ射线、行星的位置、太阳行星间的距离、太阳的大小和亮度等,但是我们究竟需要多少参数,而且地球在这些参数排名中的位置有多高,这些还有待观察。

或许我们不是处于一个特殊的点上,而是处于一条特殊的**线**上——位于秩序井然和混乱不堪之间的"海岸线",也是处于靠近三相点的液体"安全岛"中。生命必须存在于不会让所有物质都被冻住的区域,这样需要有重复循环和流动提供能量,也不需要太多的能量,否则所有事物都会分裂。沙夫(Caleb Scharf)称这种均衡为"宇宙混沌定律"。对我来说,最值得关注的是我们在这条"海岸线"上坐了**多久**,尽管有太多的力量想把我们从那条线上拉下来。由于抑制了对渴望丰富的太空的化学挑战,我们的生物复杂性才得以建立在数亿年相对恒定的温度、压强和流动上。

陆地败退,山脉沉入海洋中

海水为地球表面提供了能量和物质的流动。地下还有更多的液态海洋,因为看不见的岩浆海洋正将各种元素混合在一起。水海洋和岩浆海洋通过地壳的裂缝和断层连在一起,它们会随着大陆的聚合或分裂而相互交融。

要了解这种深层次的联系,我们得先从另外一个科学谜团开始。为什么海洋不像莫诺湖或死海?莫诺湖有许多流入的河流,但是没有流出的,因此它累积了一切不能蒸发或逃逸的物质。同样,有许多河流汇入海洋,却没有流出的。几十亿年之后,海洋的矿物离子浓度本应比莫诺湖还高,海水本应是最硬的硬水。

地球的钙制护盾已经减少了海洋中部分钙和镁,但是这还是不能解释其中的巨大差异。海洋中那些并没有和碳酸根结合的金属离子也正在消失。更准确地说,这些金属离子和水一起进入了地球内部,就像有人在海底开了排水沟一样,"那个人"就是板块构造过程。

板块构造始于一个假说:地球大陆曾经像一个巨型拼图一样结合在一起,然后分开了,把非洲从南美洲分裂出来,并在两者之间创造了一个大西洋。喷涌的岩浆从巨大的断层中被挤压出来,并四处扩散,形成新的岩石。来自断层的压力挤压出一个巨大的岩石板块。洋壳不足10千米厚,我们就像在漂浮船屋上一样漂浮于岩浆海洋上。

板块相遇之处,一块向下俯冲,一块则被推压向上。在南北两个美洲的西海岸,大量的山脉出现了。从喀斯喀特山脉到安第斯山脉,都是因太平洋洋壳俯冲而抬升形成的。

要了解地球各种地质学特征的交互地图,我推荐史密森学会的网站:This Dynamic Planet(这个动态的星球)。它显示了两个大洋中间俯冲-抬升板块的接缝,并用代表渗出岩浆的红线来表示。从这个角度来看,绘制了红色接缝的地球就像一只沉在深水中的棒球。

这个交互地图也用白色箭头指示了板块运动,你可以沿着白色箭头的指示看到黄线,那里是板块向下俯冲的地方(被称为汇聚断层)。数以吨计的岩石沿着汇聚断层俯冲和熔化,成为多发火山和地震的热点区域。板块构造可以解释地质的演化,就像进化论可以解释生物的演化一样。

许多地质学家认为板块构造从40亿—30亿年前开始,当新生的海洋将板块向下压时,裂痕从中间延伸到岩浆之中。(也有一种理论认为,巨大小行星的撞击导致大陆漂移。)在汇聚断层处,水和岩浆混合在一起。随着部分地壳被熔化并俯冲到地幔中,海水也随着下沉,数百万年后再重新出现在洋中裂谷中。曾经消失在美洲西海岸山脉下的海水，后来重新出现在太平洋中部，就如同游戏中的"吃豆人"从屏幕一端潜入隧道，然后出现在屏幕另外一端。

这种混合的过程使得地球内部的物质冒出来，改变了地球的化学特性。一种理论认为，我们大气中之所以有这么多的氮气，是因为氮气通过板块构造的运动从地幔中释放出来了。火星和金星没有板块构造，也就没有氮气。其他气体(如二氧化碳和硫化氢)和地下矿物质一起，使得地壳裂缝中的水成为饱和溶液，这为生命提供了源源不断的热量和化学物质。

水在地幔内花费了那么多的时间，其实是一件好事情。在地幔内，水会免受阳光辐射导致的分解，否则它就会被分解成氢气和氧气。水还和岩石一起形成了一种复杂的熔融态物质，可对大陆的运动起到润滑作用，从而使各种元素进一步混合。

板块构造之所以能起作用，是因为在地球历史上后来形成的各种岩石比最初的岩石密度更小而更容易浮起来。回忆一下我们之前讲到的玄武岩属于镁铁岩，它们因含有过量的铁元素和镁元素而很沉且发暗；而硅长石就因含有更多的硅元素和氧元素而密度小、颜色亮。玄武岩就像岩浆中的重型船，虽然也漂浮着，但是"船体"大部分都是沉在岩浆中的。地壳需要变得更轻，并在岩浆上漂浮得更高一些，这样可以更好地进行板块构造，因此地壳需要更多的硅长石和更少的镁铁岩。

具有复杂结构的镁铁岩熔化之后，铝、硅、钠、钾等较轻的元素率先被释放出来。这些元素平均起来也都较轻、密度较小，因此它们倾向于从熔化的地幔中浮上来。它们在表面汇聚之后，就形成了较轻的灰色花岗岩。

如果你靠近观察花岗岩，你会发现4种颜色：黑色、暗灰、亮灰、白色。白色的颗粒是由硅和氧组成的石英状结核。石英是一种很纯的化学物质,可紧密地结合在一起,形成坚硬的粒状物;即使花岗岩中的其他物质都被侵蚀掉,石英颗粒还能保留下来。这些小颗粒最终被抛撒到沙滩上,就像其他许多沙子一样,事实上它们就**是**一种沙子。这些岩石相对较轻且柔软,它们漂浮在地球表面,就像漂浮在奶桶中的奶油一样。

地幔深处的岩浆制造花岗石的速度太慢,难以制造出大陆。当水进入岩浆之后,它会在这一过程中起到协助作用。水与较轻的、富氧的硅酸盐和铝酸盐相互作用(疑问是,其中的氧是否会吸引更多的氧呢),帮助它们在更低的温度下熔化,然后将它们聚在一起而形成大块的矿石。由于水对花岗岩的形成是必不可少的,因此在其他星球上发现的花岗岩不多。

水将潮湿的沉积物和玄武岩转化为花岗岩,花岗岩上升形成巨大的山脊,并带出附着在上面的其他岩石。它们不断上升,汇聚更多的花岗岩,迫使密度大的板块进入海洋中。

地球附近的月球来回拉扯海洋而形成巨大的潮汐。无论是地球表面的水循环,还是地下岩浆和海水的混合,都像是洗衣机的运转过程:不断用水冲刷地球,让污垢和化学物质悬浮在液态海洋中;稳定的化学组合(如钙和碳酸根),会形成固体并沉入海底。整个地球的混合过程,有助于产生更多这样的组合。许多矿石是"水热性"的,这意味着它们是由穿过岩石上升的过热盐水形成的。这些热盐水携带了金属、硫和其他元素,否则这些元素不可能组合在一起。

地质学家在水化学的指引下,探索远古以来水的演化路径。那就如同一张藏宝图,因为其路径中富含铜、锌、铅等金属的硫化物。水热作用也形成了金和铀的矿床。标记这些矿藏热点的不是藏宝图中的"×",而是水。

在《矿物演化》(2008)一文中,黑曾和他的合作者估计,花岗岩的形成、板块构造和碳酸盐沉积(如本章所述),为我们的岩石增加了大约1000个矿物品种。这些矿物绝大多数是在水的作用下形成的,这就意味着液态海洋使得地球上不同矿物的种类从500增至1500。

晶莹剔透的石英,温润碧绿的翡翠,闪闪发亮的愚人金(硫化铁),光芒四射的真金,都是在炽热流动的地球上水的化学作用下产生的。地球大小适中,正好可保持其充足的热量,而其他星球正在不断失去热量。

生命的硫制摇篮

因为岩石和海洋相遇在板块接缝处,当岩石改变了,海洋也随着改变了。海洋中的金属元素浓度达到了基本平衡。潮汐和酸雨将一些金属元素带入海洋,而板块构造这个"传送带"和岩石沉积作用带走了部分金属元素。所有这些金属都带正电荷,因为金属元素位于元素周期表的西南角。海洋需要周期表右边那些可带负电荷的元素来抵消这些正电荷。

第一类平衡源自周期表遥远东侧的卤族元素(氯、氟和溴)。然而,与金属元素携带的两个、三个或更多的正电荷相比,卤化物只有一个负电荷,根本没有足够的卤化物来抵消海洋中的正电荷。

含碳和磷的酸根对中和正电荷也有帮助,但它们也不够。碳分散在物质的三态中,以二氧化碳的形式向上移动到空气中,以固体碳酸盐的形式向下移动到岩石中。与液态海洋相比,磷酸盐和硅酸盐更喜欢待在固态岩石中;而氮非常轻,大部分时间都是以气体的形式存在的。当然,海洋中基本没有带负电荷的氧离子,那里的氧元素基本上和其他元素结合在一起。

如果你刚刚做了笔记,你会发现我们刚刚从元素周期表的东北角划掉了几乎所有可能的负电荷,除了一个:硫元素。硫以各种形式很好地溶解在水中,仅形成少量气体,如硫化氢。最重要的是,它具有三种化学形式(与氢配对时为硫化物,与三个氧基配对时为亚硫酸盐,与四个氧基配对时为硫酸盐)。硫的这三种化合物具有相似的稳定性,在化学上做少量改变就可以来回转化,形成地质和生物上的硫循环。

硫和氢结合形成硫化氢(H_2S),它看起来很像水(H_2O)。硫化氢也可像水一样会失去一个氢离子,形成带负电荷的硫氢根离子(HS^-)。硫氢根离子可很好地溶解在水中,平衡金属元素携带的正电荷。硫的两种含氧化合物也是带负电荷的。

如今,各种化合物中的硫是海洋中第二丰富的带负电荷的元素,仅次于氯(见图4.5)。回到生命起源之时,海洋中硫的含量可能和现在差不多,但是它倾向于分布在富氢硫化物中。

硫和氧具有相似性。硫能够形成双键,并像氧一样吸引电子,但是它的强度不如其在元素周期表中楼上的邻居(氧)强,因为它离东北角更远一些(这使其更大)。硫和氧可以很好地协同工作,也可相互作用,生成的化合物易溶解。

在海洋中,硫化氢就像水,而硫就像氧。如果说海洋是巨量的氧和氢的集合(H_2O),那么根据周期表,你会预测从氧向南一步的格子里的硫和氢组合将会是最好的水的替代物(这种预测可能是对的)。

早期海洋的部分地区富含硫。硫以硫化氢的多种形式(分子、硫氢根离子和硫离子)存在,可提供负电荷,并传递氢和电子。在地球的板块接缝处,内部富电子的岩浆遇到了外部富氧的海洋。两者的化学差异为新的化学反应创造了可能性;两者的地质能量差异可能转化为生化过程的能量差异,从而为生命的诞生提供助力。

硫与不同金属元素按欧文–威廉斯序列设定的顺序配对,六种金属元素从锰到锌按周期表顺序排列。左侧的锰常与岩石中的氧配对,而右侧的四个元素与硫配对并形成硫矿石。(铁位于周期表的中间,能形成氧化物和硫化物。)这种模式可以在第二章中化学在左、生物学在右的图中看到(见图2.3),所以我们可以在这张图里加上地质图,图上会显示左边是氧化锰,接着是氧化铁和硫化铁,右边是四种金属元素的硫化物。这样,元素周期表就可为生物学、化学和地质学排序。

溶解在海水中的"存在巨链"

现在,所有这些信息都可以汇总到一张图中,为生命奠定基础。在含硫量高的地区(包括海底的接缝),欧文–威廉斯序列右侧的金属元素与硫配对并储藏于岩石中。黏性最强的铜元素,就完全被打包储藏于岩石中。铜元素隔壁的锌元素黏性稍差一些,它的分布情况就更复杂一些。左侧的四种元素锰、铁、镍、钴对硫和氧的黏性较弱,因此可出现在早期的海洋中。

化学规则决定了每种金属元素在海洋中的溶解量,如图4.5所示。每种元素在海水中的浓度,决定了该元素在生命中的使用方式。相关原理如下:

1. 图4.5最高一层中的元素具有最高浓度,在水中很好溶解,以至于它们不会做太多其他事情。这些元素就像每个夏天都在游泳池中度过所有时光的孩子一样。这些元素不能用来建造永久性生物分子,因为它们总是要飞奔出去玩水,用这些元素来构建生命就如同用沙子(或食盐)在水中修房子那样不可靠。它们的电荷可以用来平衡细胞内外的电荷,因此它们和磷一起是起**平衡**作用的元素。

2. 第二层元素在水中含量仍很丰富,但溶解性稍差一些。这些是可紧密结合并有利于**构建生命**的碳、氢、氧、氮元素。磷酸根接近这一层的底线,它可以用来构建DNA。钙接近这一层的顶线,它构建的生物分子是有时限的。在第十章中,钙将扮演一个既参与平衡又参与建造的特殊角色,由于它是最接近这个分界线的元素,它也是可以担当此角色的唯一元素。

3. 图4.5的第三层中,是一些与水相处得不太好的元素,但是它们在水中的含量依然足够丰富。如果省着点用,生物可能只需要一两个原子来构建一些小分子。在这可以找到用于生化催化反应的8种微量金属元素中的大多数,它们本身不是生物大分子,而是偶尔可以用来协助制造生物大分子的原子。随着氧气含量的增加,海洋中这些元素的浓度会发生改变,或变大或变小。总之,这层元素主要用于**生物化学**和**催化**。

4. 在图4.5的底层中,这些元素要么不够丰富,要么不能充分溶

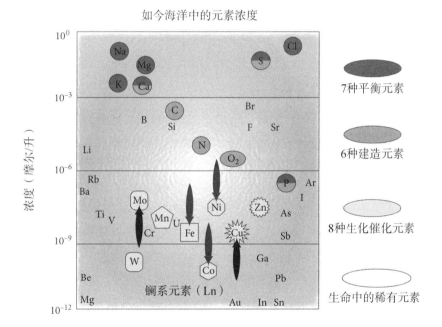

图4.5 如今海洋中的元素浓度。现代海洋中的元素根据其种类被填色,并根据其浓度进行排列。箭头所示的是,自生命开始以来,元素浓度是增加还是减少。注意保持平衡的元素是高浓度的,那些用于建造的元素是中等浓度的,那些用于生化催化的元素是低浓度的(但仍然存在)。

浓度数据源自:R. J. P. Williams and Frausto da Silva, *Bringing Chemistry to Life: From Matter to Man*, 1999, Oxford University Press, p. 274, Figure 9.10。

解。这些元素很难被生命利用,例外的是钴(Co)和钨(W)。人体少数细胞和组织会用到钴,而完全不会用到钨。对我们来说,钨是毒药*。

这张图看起来像起源于古希腊、流行于中世纪的"存在巨链"(the Great Chain of Being)概念。在这个巨链中,所有的东西都被安排在一个逐渐上升的层级结构中(达尔文有时会用到"存在巨链"的另一种说法——"自然阶梯")。图4.5比这个古老的理念涉及的范围要小得多,它只涉及一些元素在水中的溶解量,而不是宇宙中万物的位置。

也就是说,这张图描绘的是有序的体系,其规则不是随意的,而是元素溶解量的化学规则。生命中不存在许多化学物质:生命不能在水中建立钠链,也不能制造铌酶。这个观点不同于古尔德所认为的"生命可以选择任何可能的方向"。无论是过去还是现在,生命的选择都受到水化学的限制,只有一小部分元素可以用于生物体内的平衡、构建和生化过程。由于这些元素很少,掰手指头就数得过来。

在90种天然元素中,生命仅选用了大约20种。这并非是生命随机选用了这些元素,而是因为它们被迫使用了早期海洋中存在的元素。起源于水中的碳基生命按比例使用这些元素。这就是威廉斯的化学预测的结果,也是我们在生物实验里所看到的。

溶解在液体中的元素可以流动、改变、移动并形成生物分子,这些变化不可能发生于固体或气体中。有了这个"演员"阵容,加上一些潜在的"化学角色",地球舞台将不断发生变化,所以下一章从液态海洋开始。

---

*不过,一些微生物会用钨来作催化剂。——译者

第五章

生命起源的7条化学线索

新生的白色钟乳石和古老的绿色巨石

当我在华盛顿州的惠德比岛一个叫凯西堡的地方度假时,我被两块岩石表面的色彩震撼了,它们是地球隐藏的化学结构的实例。

凯西堡是美军建在皮吉特湾口的三个营地之一。每个营地都建在一座小岛上,遥相呼应,形成了横跨在通往西雅图的水路上的"火力三角"。被废弃一个世纪之后,你可以参观"火力三角"的东端,它便是现在的凯西堡州立公园。

孩子在由昏暗房间、混凝土楼梯和瞭望塔组成的工业迷宫中玩耍,父母则担心其中没有栏杆可能会让孩子突然跌落下来。(作为一名父亲,这个公园让我学会了稍微"放手"。)微风拂过的海滩上,开阔的空地是放风筝的好去处。一片营地坐落在海滩上,每隔一小时就有一艘穿越海湾的渡船从旁边离开。这是一个不错的地方。

我对这片区域的兴趣源于我已经在那里花费了大量的时间。我供职的大学拥有营地以北的老阅兵场和兵营,教员们可以住在不远处的原军官宿舍里。上次我去那里的时候,我尝试着不要工作,结果还是忍不住做了些地质学研究。我看到两块截然不同的岩石,它们的化学组分可能在流动和静止(也是生与死)的两个世界间搭建了桥梁。

第一块岩石从营地的混凝土中"生长"出来的。它是一块白色的、水滴状岩石,就像是从天花板上流出来的,然后沿着墙壁滴落下来,形成了泪珠状的钟乳石。它是在水的作用下形成的:水流过混凝土,溶解了其中的钙,并将其带到混凝土表面;水中的钙离子遇到空气中的二氧化碳后,生成了碳酸钙,并凝结成光滑的白色岩石。这和吸收二氧化碳并形成白云石山脉利用了相同的化学原理,不过这里是利用废弃的混凝土迷宫中的钙来作晶种。

第二块与之有反差的岩石位于营地北边的沙滩上。与二氧化碳气体突然转化为碳酸盐固体的过程有些类似,这种岩石或许可把非生命物质转化成生命,不过这个过程更加出乎意料。在灰色沙砾和晒黑浮木的衬托下,一块6英尺宽的岩石十分醒目,具有斑驳的绿色和褐色纹理,半埋在沙子中。它是沙滩上最美的石头,看起来像是正在流动,因为它曾经的确是流动的。这块岩石看起来就像一条蛇。如果我没看错的话,它就是一块蛇纹石。

这块蜿蜒的巨石坐落在海洋和陆地的交界处,高潮时周围波涛汹涌,低潮时干燥而迷人。这里就像是凯尔特人所称的"稀薄之地"*。利用从水中提取燃料的非同寻常的化学反应,像这样的岩石可能孕育出地球上第一个生物。

不寻常的化学反应是化学向生物化学转化的重要线索。这些化学线索来源于元素周期表不同部分的独特性质。元素周期表的结构为元素排序,并排除了某些可能性。如果能解决生命的化学起源问题,那么即使这些最神奇的转变,也能被元素周期表的周期和族所掌控。

本章内容涉及7条化学线索(蛇纹石的化学是其中第3条)。每条

---

*令人心灵放松且感到愉悦的地方。——译者

线索都和实验室进行的一项化学实验相关联。一些线索相互矛盾,另外一些则相互加强。至少,所有这些线索都描述了现在生物生理机制的重要方面。这个领域内的其他科学家花了大量时间来讨论这些线索。还有其他方法来揭开这个谜团吗?

同步的岩石和蛋白质

在讲述那些线索之前,我们首先解决时间轴的问题:生命是从什么时候开始的? 这个问题本身就有些让人吃惊。我曾想过,考虑到那些已经在任何生物中聚在一起的所有不同分子,这样的聚集应该会需要很长的时间。然而,大多数证据表明地球上的生命尽可能快地形成了,或者还可能比这更早一些。

生命过程很难在岩石中得以证实,但是多种证据(包括非正常的中子不平稳)只能用35亿或36亿甚至38亿年前就出现了生命来解释。一个关于35亿—32亿年前岩石中的磷的研究发现,当时的生命已经足够成熟,可以利用广布的、明确的磷循环中的磷。生命出现的证据和海洋出现的证据如影相随,因为生命进行能量转化、成长和复制的化学机制随着液态水的快速出现而出现。

蛋白质可以像岩石一样记录历史。收集数以千计的生物的基因信息之后,科学家可以比较蛋白质的相似性和差异性,以此估计哪一个是最早出现的蛋白质,它的“年岁”有多大。这些科学家中成果最丰硕的是卡埃塔诺-阿诺里斯(Gustavo Caetano-Anollés),他建造了一种“普适性的分子钟”,可以和公认最早的化石结合起来,从而推算出第一批蛋白质出现于38亿年前。这和生命在液态水之后快速出现的结论相吻合。

有关蛋白质的推算甚至可能有助于解决生命的岩石“摇篮”中温度有多高的问题。生物化学家戈谢(Eric Gaucher)和他的同事研究了一种名为**延伸因子**的关键蛋白质,它可以和核糖体一起制造别的蛋白质。通过对延伸因子的大量对比,戈谢推断延伸因子的"远古祖先"是具有热稳定性的,最古老的延伸因子可以适应80℃左右的环境温度。

这些实验表明,生命最古老的局部环境是很热的,但是仍然是液态的。这个星球可以承载生命,尽管它还年轻而且灼热。事实证明,接下来的3条线索需要炎热的环境。

戈谢的研究也揭示了蛋白质的形状如何随着时间推移而改变。他复活了两种古老的酶(硫氧还蛋白和β内酰胺酶),以探索蛋白质促进的化学反应如何随着时间推移而变化。远古蛋白质更具热稳定性,也更抗酸,这就支持了生命起源于炎热、恶劣的局部环境的观点。那些蛋白质和现代的酶几乎一样高效,这表明它们可以快速地优化它们参与的化学反应的速率。β内酰胺酶采用的演化路径可预见地将其从一般用途变窄为特定用途。

那么,究竟发生了什么事情,使得演化首次迈出了一大步,将地质化学快速推进到生物化学?第1条线索不是发现于地球,而是在星际空间。

线索1:来自太空的生物酸

太空不像它以前看上去的那么空。的确,月亮上没有人,火星上也没有运河,但是土卫六上有甲烷海洋,太阳系内还有三个其他卫星有冰下海洋。水可发出强烈的红外线,据此可在太空中很多地方探测到水。红外线特别强烈的天体是彗星,红外线也可出现在星云和暗色的月球陨石坑中,甚至出现在水星背阳的一面。太阳系内大部分水出现的时间甚至早于太阳。

在过去十年里,我们也看到了其他元素的有趣一面,这些元素保持着与生命固有元素呈诡异相似的排列和结合方式。人们常常说,我们都是恒星尘埃,因为组成我们身体的元素源于恒星核聚变和超新星爆发。新的发现表明,我们也源于恒星之间的尘埃。星云和其他太空云裹挟着物质,使其沐浴在会扰乱电子和化学键的紫外线中。这个化学过程使得浩瀚的太空中分布着复杂排列的元素,它们可形成化学键和小分子。这些小分子就像拼图碎片一样,可以在年轻的地球表面组装起来。

其中一些"碎片"可能组成DNA和RNA所需的核酸。对于科学家来说,核酸始终是一个大难题,因为核酸是一种十分复杂的分子,它们具有三个部分:

1. D[即脱氧核糖(deoxyribose)]或R[即核糖(ribose)];

2. N[即碱基(nucleobase)];

3. A[即磷酸根(phosphate acid)]。

这三个"碎片"已经分别在星际空间中找到了。其中最复杂的是N(碱基)。空间望远镜已经发现了大量的宇宙碳环,它们是多环芳烃(PAHs)。这些六边形的碳环是稳定的,甚至出现于户外烧烤的烟尘中。这些碳环可与氮混合在一起,看上去就像是设计碱基的第一份草稿。

核酸"拼图"中的D/R"碎片"源于太空中的甘油醛,它的尺寸只有DNA中核糖的一半。甘油醛是一种化学活性分子,你的身体将它们聚在一起,经过一些步骤,就可生成其他更大的糖类分子。

核酸"拼图"的第三个碎片是A(磷酸根),似乎是最容易从地球上获得的,因为含有A的磷酸盐可以在岩石中找到。问题不在于磷的存在性,而在于它的化学可用性。就像硅和铝一样,磷酸盐在岩石中**太**稳定了,水只能将其溶解一点点。

这一问题的答案可能是磷酸根来自外层空间。陨石中有一种矿物名为磷铁石,它是由铁、镍和亚磷酸根组成。来自佛罗里达州和华盛顿州的一组科学家,在35亿年前的古老岩石中发现了相关证据。这些陨石可能在恰当的时候将磷传输到地球上。

陨石还可能送来组成蛋白质的氨基酸。如同星云中存在多环芳烃碳环一样,陨石中的氨基酸丰度之大也是很明显的。一颗陨石中曾发现有80多种氨基酸,在其他陨石中氨基酸也是普遍存在的。问题不在于"生命如何获得氨基酸",而在于"它怎样**选择**氨基酸为己所用"。生命只选择了20种氨基酸,而组成功能蛋白仅仅需要五六种氨基酸。(一项研究发现,一套12种氨基酸系统,比我们的20种氨基酸系统能**更好**地组建蛋白质。)

按照一些化学家的观点,早期的地球可以配制出属于自己的氨基酸,而不是从陨石中提取。最有名的实验是米勒(Stanley Miller)和尤里(Harold Urey)在20世纪50年代完成的,他们将简单的气体混合在一个烧瓶里,用电火花模拟闪电。现在看来这些实验有些过时,不过近年来经历了一次复兴。米勒和尤里在他们的烧瓶里发现了氨基酸混合物,但是在最初几年之后,实验进展似乎变慢了。人们付出了大量的努力,许多研究生用烧瓶和电火花进行了补充实验,由此产生了大量实验残渣。

尽管如此,最近的几项研究看上去更接近真相了,也发现了这些实验可能比我们想象的更有效。用21世纪的化学仪器来检测1958年米勒和尤里所做实验的含硫混合物,结果发现了24种氨基酸,其中包括你身体内现有两种含硫氨基酸中的一种。这相当于从旧的储藏室里发现了新的宝物。

另一组研究人员注意到,通常的分析方案包括使用会破坏弱分子的强硝酸。但是,远古海洋有钙制护盾(碳酸钙)可以吸收质子,以此弱化强酸的冲击。这些研究人员在实验中加入碳酸盐,使得他们所得的混合物更具历史意义上的准确性,结果发现了更多的氨基酸。他们还添加了硫化铁——有名的早期地球中就有的化学成分,结果发现它能保护实验中的分子。

　　一般的规律是,只要复杂性使得实验看起来更像早期的地球,那么实验越复杂,效果越好。当核酸、糖、磷酸盐和氨基酸都撒播到早期地球上时,所有这些"碎片"就呈现在"游戏板"上,但是会被分散和粉碎。它们需要某种东西将其结合到一起。接下来两条线索表明,至少有两种方法,其中不同的化学物质可以自动完成那样的任务。

线索2:微泡促进化学反应

　　某些陨石做了一些令人惊讶的事情——当它们溶入水中时会吹泡泡。迪默(David Deamer)和阿拉曼多拉(Louis Allamandola)领导的研究小组观察到这种现象。当他们在水中混合来自陨石的萃取物时,所有富碳的油性分子都会聚在一起,就像油在水中的表现一样。这是些特别的、中空的液滴,名为囊泡,就如同在水中吹出的泡泡,泡泡中间包裹的是水。

　　他们还发现,在如星际空间的低温环境下,化学物质的混合物(模拟彗星中的物质)在受到紫外线照射后,也会出现类似的行为。小分子会结合在一起,形成线索1中的相同的碳环。彗星中有多达1%的物质是可以形成泡泡的碳环。

　　我们分析更多的陨石,就可发现更多有趣的化学物质。在萨特的磨坊附近发现的一块陨石,含有丰富的碳链,包括被生命所利用的脂肪酸和被称为聚醚的线型碳氧聚合物。

　　被称为囊泡的泡泡是具有特殊用途的,因为它们里面有水,这就意味着它们可以提供一个边界,让化学反应固定在一个区域内进行。任何困在这种泡泡内的化学反应都将受到保护,不会被外界环境所干扰,而且能保存自己的反应产物。贝詹的树状理论在有边界的限定空间内也有效。一旦泡泡设定了一个边界,贝詹的理论可以预测热量和物质将在边界以内和周围以复杂的树状模式流动。分枝的复杂性将随着流动而进一步增长。

　　自然界中泡泡的形成有多种不同的方式。如果一个分子有亲水端和疏水端,它就可能形成泡泡。比如,海洋中的泡沫大多是由海洋生物的蛋白质和糖类形成的,海洋中的细菌可通过吹出含水囊泡的方式来沟通和传递物质。

　　更为有益的是,微泡为"自然实验"提供了肥沃的土壤(见图5.1)。几种在大烧瓶中不能发生的化学反应,可被分解成许多部分进入小囊泡中,反应则可能顺利进行。即使大多数反应会失败,但是只要有一个实验成功,它就会被保护在碳形成的"围墙"内。"中奖"的化学反应得以保留它们的"奖品"。

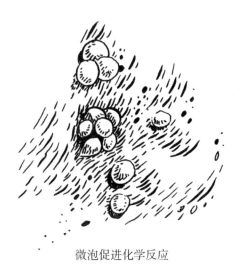

微泡促进化学反应

图5.1　像囊泡这样的微泡,可以提供保护和增强化学反应的小隔间。

　　利用囊泡进行选择的过程比简单的随机"抽奖"更为**有效**。一组研究人员获取由RNA制造蛋白质的所有装置(大约有80个组分),然后用囊泡将它们混在一起。如果这些囊泡分子随机结合在一起,没有哪个囊泡有机会包裹所有80个组分。如果是随机的话,这个实验几乎不可能完成,就如同想用一张彩票赢得大奖一样。我认为,研究人员并不期待像彩票中大奖一样的结果。

然而,实验成功了,只不过不是随机的功劳。一些囊泡聚在一起,形成了像萤火虫一样发绿光的功能蛋白。在一些泡泡中,80个组分间的微弱相互作用必定可以强大到聚集成完整的一套装置,就如同一个孩子收集《宝可梦》*游戏中的卡牌一样。这就意味着,从某种意义上来说,囊泡分子会事先做好安排,这样具有80个组分的系统才能被包裹在一个单独的随机形成的泡泡中。

这也意味着,以完全随机性为基础,对生命多么不可能出现的概率进行计算的结果是一个巨大的而令人印象深刻的数字,但那对生命演化来说简直毫无意义。所有计算在本质上是相同的:花很多时间去描述生物系统中的许多组分,假定它们可以随机组合,然后将小分数乘起来,获得的结果可推断以化学的方式形成生命的概率是一个天文数字。

无论是蛋白质序列,还是元素,或是据称不可还原的复杂组合,对所有这些事物的研究都不能忽略这样一个事实:**我们不是在处理孤立的数据**,而是利用化学规律来处理相互吸引的化学物质。化学物质的自组装不需要进行概率计算,你应该放下计算器,立即进行实验。

因此,如果你在实验室遇到麻烦,尝试将化学反应放到泡泡中进行。一组科学家尝试在实验室中复制RNA,但是许多寄生的RNA链干扰了科学家想要的化学反应,破坏了反应结果。科学家制造了小液滴来保护RNA的复制过程免受干扰,这样反应效果好得多。如果有自己独立的空间,复杂的化学反应效果会更好。

油性泡泡甚至可以自我复制。绍斯塔克(Jack Szostak)领导的研究

---

* Pokémon,也称《口袋妖怪》。——译者

小组制得了名为原细胞的简单细胞模型,在化学上更接近陨石提取物形成的泡泡。他们还发现,这些囊泡提供了一种对生命像模像样的模仿。举例来说,水的剪切力可将囊泡撕裂成一串新的小囊泡,这种现象被称为串珠化。基于硫夺取电子的特性和发光现象的更温和的化学过程,也会导致串珠化。

一些细菌利用被称为"起泡"的类似机制进行自我繁殖。这些细菌制造了自己用不完的膜,水中油滴相互吸引而产生的化学力可自动将多出来的膜聚集成下一代的细胞。

通过这些化学反应,碳链形成了原细胞壁,如同肥皂形成泡泡的方式一样。也有可能生命中的碳在演化之路上得到了本土岩石中化学成分的帮助。一种黏土矿物质有助于形成绍斯塔克制得的"泡泡",也有助于形成长链RNA。那些泡泡甚至可以占用少量的矿物质,以使得催化作用继续下去。

如果岩石有泡泡状的孔洞并暴露在能量流中,上述化学过程甚至可以不需要泡泡。在适当的条件下,穿过开放小孔的热流可将RNA链串成十几个单位那么长。

如果恰当的岩石处于合适的位置,并有充足的能量流动,能量可否被捕捉并在重复的反应循环中传播?另外3条线索是在3处不同地方发现的3种不同岩石,它们或许可以用这样的方式来获取"能量之河",并催化生命的形成过程。

线索3:来自绿色岩石的氢

凯西堡海滩上有块绿色巨石,它的颜色首先令我感到好奇,它的质地则进一步吸引了我。它质地光滑,形状弯曲,就像是一片扭曲而光滑的蛇皮。暗绿色的岩石上有亮绿的条纹和褐色的斑点。后来一位朋友告诉我它很可能是岛绿岩(不过我也可能是自己编造了这个名字)。

大多数符合上述描述的岩石都是镁铁岩:致密而色暗,含有较重的镁元素和铁元素。如果这块绿色巨石的确是镁铁岩,我希望它是一种橄榄石,甚至是蛇纹石。如果是这样的话,那么也许在几十亿年前,这块岩石为早期生命的演化提供了动力。

这种岩石催化的关键反应被称为蛇纹石化,由此生成的矿物被称为蛇纹岩矿。这类岩石是稀有的,可能发现于金门大桥的阴影下和华盛顿州的特定海滩上(如果我这个业余的地质学家没猜错的话)。当深海高压将热液压入橄榄石后,蛇纹石形成了。

当这样一块绿色巨石位于深海热泉之上时,水压如此之大,将橄榄石中的铁元素推了出来,留下水合镁硅酸盐。蛇纹石之所以摸起来光滑、看起来扭曲,是因为它经受了如此巨大的压力。被驱逐出来的铁"无奈地耸耸肩",快速地和氧结合。在这一过程中,它会失去几个电子。(铁特别擅长移动周围的电子,这是完成上述过程的必备技能。)

镁和铁可夺取水(H_2O)中的氧,留下两个氢质子。氢离子缺少电子,因此它们会收集铁失去的电子,因此 H_2 分子(氢气)从岩石中产生了。

氢气是"生化炮弹"。H—H键具有可让新分子成键的电子,也可为生命的能源消耗过程提供能量。氢为生命和未来的汽车提供燃料。一些科学家认为,我们可以在实验室里模拟蛇纹石化的过程,以便从水中和廉价的岩石中获取氢燃料。

拉塞尔(Mike Russell)、马丁(Bill Martin)和莱恩(Nicholas Lane)在一起研究,以便解释这个线索如何在水下深处某个特定的地方发挥最好的作用。蛇纹石化产生的热量可以让反应正向进行,岩石还帮助平衡水的pH。这些岩石形成一种自然的化学流动或梯度,因为它们产生的高pH温热碱水会不断进入低pH的酸性冷水中。两股水流温和地混合在一起,缓缓地交换热量,就如同一个被设置成适中温度的电热板,不太冷,也不太热。在适宜温度下能顺利发生的生化反应,在较冷的地方需要数千年才能完成,这是因为升温可以加速进化。

从地球内部冒出来的二氧化碳会在喷口外面立即遇到钙或镁,形成如同莫诺湖中的碳酸钙石柱或是凯西堡的白色钟乳石——在不同的地方发生不同化学过程,生成的产物却一样。

和莫诺湖石柱一样,这些石柱中也有不少孔洞和缝隙,并且发育出像科学玩具商店中"魔法花园"套装一样的图案(见图5.2)。热泉喷口旁的岩石中有许多和细胞尺寸和形状类似的小孔,因此它们能给化学反应一个独立的小隔间,就像线索2中的油滴一样。新形成的石柱像柔软的凝胶,允许小分子以接近无限排列的方式进行迁移和反应。这

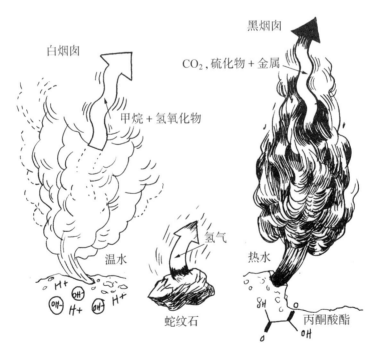

图5.2 岩石是如何将流动的能量和物质转化为生命所需的物质的。图左的水下白烟囱热泉包括有酸碱梯度的小孔;图片中间的绿色蛇纹石可以制造氢气泡泡;图右的水下黑烟囱热泉可能会制造生化燃料丙酮酸酯。

些小隔间是否像早期生命的孵化器造就了不少化学反应,并将它们彼此分开,就像1个培养皿能同时处理24 000个实验那样?

嵌在岩石中的氢离子(H^+)和氢氧根离子(OH^-)的化学梯度,或许与所有细胞制造ATP所用的梯度类似。碳链自然地覆盖在隔间的内壁上,化学反应可利用储存的能量以提升复杂性。然后的事情,谁知道呢?或许在某个好日子里,一个自我维持的碳泡泡冒险离开岩石中的培育室,开始在广阔的海洋中"谋生"。莱恩和马丁的设想甚至适用于不太理想且会渗漏的有机薄膜,它们会随着时间的推移而收紧。

岩石在其粗糙不平的表面提供了多样化的化学物质和几何结构。当分子黏附到岩石表面后,它们以在水中是不可能的新方式聚集在一起。岩石将分子组合的三维问题简化为更加容易解决的二维问题。科学家瓦赫特绍泽(Gunter Wächtershäuser)展示了硫化物岩石在这类反应中的威力,比如,硫化铁岩石如何在100℃时,和CO(一氧化碳)、H_2S(硫化氢)一起,将氨基酸串在一起,生成类蛋白长链。

最终,生命起源的研究使化学家进入一些令人愉快却十分混乱的化学可能性状态。在过去一个世纪里,我们一直在研究将实验尽可能标准化的纯粹解决方案。这类解决方案对生命起源的研究并不有效。生命需要复杂分子的连续接触,所以温度或能量的巨大差异,就有将刚刚聚合的生命物质立即拆散的风险。这也是米勒和尤里的电火花实验的巨大缺陷:闪电所分解的和它所聚合的生命物质一样多。

碱性喷泉附近的石柱所面临的问题可能是混乱度不够,一些生化反应正在从莱恩和马丁的梯度列表中消失。这些缺失的生化反应名为氧化还原反应,它包括"还原"(reduction)和"氧化"(oxidation)。当电子从一个原子移向另一个原子时,这类反应发生了。氧化还原反应是让一个原子还原(即增加一个电子),并让另外一个原子氧化(即减少一个电子)。这个术语来源于电子携带负电荷这个事实,因此给某个物质添加电子就相当于增加了它们的负电荷,因此它们的总电荷减少了,它们就被还原了。*

如果有一类反应是生命特别喜欢的,那就是氧化还原化学反应。现在的碱性喷泉没有充足的金属元素,而金属元素擅长在氧化还原化学反应中移动电子。这些元素是过渡金属元素,特别是可以和硫配对的铁和镍。

人体和硫化铁岩石的关系

生命喜欢氧化还原化学反应,是因为它比较温和且可控。如果说酸碱化学反应是一场激烈的"破嘴"橄榄球赛,那么氧化还原反应就是足球赛中一粒精准的进球。氧化还原反应从碳那里夺走电子,将电子精确地递给氧,建立持续的能量流动,没有爆炸性的能量浪费。

氧化还原蛋白也为金属化学对早期生命的重要性提供了线索。人体内最古老的移动电子的蛋白质不全是由CHON组成,而是在CHON结构上点缀着许多看似从地球上撕裂下来的微小矿物。出现在生化教科书里的蛋白质图片中,特别的原子被涂抹了特殊的颜色:橙色是铁,黄色是硫;这些原子排列在特殊的立方体上,这些立方体看上去就像边缘锋利的岩石,其背景是柔韧的CHON蛋白质结构。在细胞中,微小的矿物可对重要的氧化还原反应起到催化作用。

这方面一个很好的例子是蛋白质组装的配合物,被称为配合物Ⅲ(见图5.3)。它是4种蛋白质配合物之一。这些配合物可将电子传递给氧,它们都拥有由铁、硫和碳环(末端有少量铜)组成的电子传输路径。配合物Ⅲ有12个可以容纳电子的基团:2个铁硫簇,6个由血红素环绕铁原子形成的环(就像在血红蛋白中一样),4个碳环。(这可真是有不少铁。)它们被安排为2条路线,每条路线上有6个基团,这样电子就可

---

* "减少"和"还原"在英语中对应的单词都是reduction。——译者

以按照确定的顺序从一个基团跳到另外一个基团上,就像沿着指定路线行驶的公交车一样。

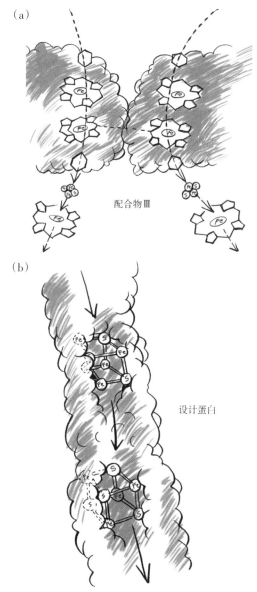

图5.3　铁硫配合物和其他电子导线的图片。上图是配合物Ⅲ,是将电子传输给氧的生命机制的关键物质,其中展示了由近似方形的血红素分子和铁硫簇形成的两条电子传递路径。下图是含有两个铁硫簇的设计蛋白,可以起到电子导线的作用。下一页展示了黄铁矿的特写,那是一种由硫化铁(FeS)立方体组成的矿物,所有铁-硫组合的排列都是相似的。

(c)

黄铁矿
（愚人金）

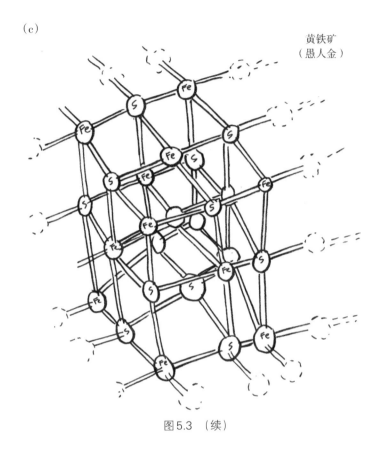

图5.3 （续）

我们知道很容易建造一个新的铁硫蛋白线路，因为我们已经在实验室中建造了一个。一组科学家将2个铁硫簇分别放置到细长蛋白质的两端，这些蛋白质是用黏性大的含硫氨基酸制备的。这就将蛋白质变成一根小导线。如果将这些蛋白质首尾不断相连，它们就可以为电子铺出一条较长的线路。它们捕获和传递电子的能力源于蛋白质上的硫。铁硫簇可以四处穿行，也可以插入，就像电视游戏机盒式磁盘。

生物电子路径和电子导线可以结合在一起，因为它们都是由金属制成的。一组科学家将极化的金属电极放入有机肥堆中，后来发现细菌在电极上面生长，不断将电子从电极上拉下来。研究人员正在从垃圾中寻找喜食电子的细菌。这些细菌知道如何通过金属来催化氧化还原反应,从而将它们的生化物质转化为我们所需的电能。

一些细菌喜欢愚人金(地质学家所称的黄铁矿)。在化学层面上,愚人金的结构是铁和硫结合在立方体晶胞中,就像许多电子路径中的结构一样。这些立方体在化学上是"软性"的,这样细菌就可以从中夺取电子以获取能量。(这是采矿还是进食?或两者兼而有之?)这些细菌所用导线和我们所用的一样:由大量碳环、铁和硫组成。如果细菌现在可以和金属结合,那么以前的原细胞也能和金属结合,这可以给予它们金属化学的力量和生命的火花。

铁:生命中可左右开弓的全明星元素

我们已经看到铁可以通过血液运输氧气,并可将电子移动一定的距离,但这只是它能力的表面部分。关于铁所能做的事情,可以另外写一本书。铁实际上在生命中处于核心地位:在代谢路径的生化图上,你甚至从远处就可以看到错综复杂的反应中有一个中心圈,就像巴黎的凯旋门那么醒目。这个生化循环是三羧酸循环*,它在生命的代谢过程中具有中心地位(也是第二季度生物化学课测验的内容)。无论是这种处于核心地位的生化循环,还是把电子传输给氧的路径,都是围绕着铁和铁硫蛋白建造的。

铁也位于元素周期表的中心。如果标准的周期表是一个飞镖盘,那么它的靶心将是铁。铁位于过渡元素板块的第六格,因此它的最高能级中有6个电子。这个最高能级是第三级,因此我们按照第三章中所描述的1、3、5的顺序数下来,可发现它有5个电子对轨道。

6个电子不能整齐地分布在5个轨道中,因为如果每个轨道分配一

---

* 又称柠檬酸循环。——译者

个电子,那么还多余一个电子,它就必须挤进某个轨道中。这就意味着这个电子很容易被推出来。这就是为什么铁容易形成 + 2 价或 + 3 价的原因。铁为 + 2 价时,它失去了 2 个 s 电子,最高能级中有 6 个电子;铁为 + 3 价时,它失去了 2 个 s 电子和 1 个 d 电子,最高能级中有 5 个电子。铁是生命中最普遍的原子,也是迄今为止宇宙中能进行如此转化的最常见的原子。

你可以从古希腊瓮上的颜色中发现铁的两种形态。希腊陶器中特有的红色和黑色颜料都是由氧化铁制成的。红颜料像铁锈,其中含有更多的 + 3 价铁。在有充足氧气或存在其他夺电子分子*的情况下烧制陶器,红色的铁颜料即可生成;若是在氧气不足或者存在其他给电子分子**的情况下进行烧制,黑色的铁颜料即可生成,其中含有更多的 + 2 价铁。(+ 2 价铁也可让铸铁盘变黑。)铁可以表现为两种不同的化学物质,红色或黑色,这取决于周围的环境和电子分布情况。

因为铁具有两种可能的形式,所以它就像是可以左右开弓的全明星击球手——既能吸收又能发射电子。这种特性帮助铁催化各种化学反应。铁在欧文-威廉斯序列中的中心地位,使得它对氧、氮和硫具有中等程度的黏性。在化学中,具有中等程度黏性的原子是最好的催化剂:可以和其他物质黏合在一起,并改变它们,然后放它们离开。

铁具有如此的化学活性,以致它实际上会导致蛋白质储存出问题。美国安进公司(Amgen)的一组科学家注意到,他们生产的昂贵蛋白质制剂随着时间的推移会出现一些奇怪的小分子化学副产物。他们发现导致这种情况的罪魁祸首是铁,它会在光照的情况下将另外一种分子切成活跃的小分子。一点点铁和光就会导致大问题。铁的靶向分

---

* 即氧化剂。——译者

** 即还原剂。——译者

子是柠檬酸,它是三羧酸循环中的关键分子。铁和柠檬酸之间的这种天然反应,是否有助于生命起源?

另外一种衡量铁的重要性的方法是看有多少生物在争夺它。日常生活中,小朋友通常将最值钱的玩具抓得最紧。对细胞来说,铁就是需要抓得最紧的物质。细菌有整套"铁载体"(结合铁的蛋白质),作为自己储存和窃取铁的工具和武器。甚至漂浮在海洋中的糖类也具有内在的结合铁的活性(糖类利用它们的氧原子来结合铁),细菌利用这些糖类来获取铁,这样就可以摄取一份被铁充分强化的餐食。摄铁基因位于 DNA 中进化较慢的区域,这就意味着它们不太会变化,而且对生命可能更重要。

可以在你体内寄居的细菌首先需要大量的铁,因此这些细菌可采用多种复杂的方法来窃取你体内的铁。金黄色葡萄球菌(*Staphylococcus aureus*)对铁是如此之饥渴,以至于它会侧身到你的血红蛋白上,像扒手一样掏出其中含铁的血红素方块,然后将其撕碎,窃取其中的铁。

这些窃贼只有一线希望。若是细菌对铁的需求太大,科学家就会用药物阻断这一过程,切断细菌"军队"的给养。一组科学家在多孔二氧化硅材料上固定了一种可以吸收铁的蛋白质。这种制剂可以吸收所有的铁,附近的细菌会因此而饿死。铁是如此之重要,如果你将其移走,整个细菌群落都将崩溃。

这种理念也可能被用过头了。2012 年,一位加利福尼亚州的商人进行了一个大规模的实验,他将 100 吨铁粉倒入西雅图西北方的太平洋中。他的假设是,铁可导致微生物繁育,而微生物吸收大气中的二氧化碳作为它们生长的原料。(这有点像细菌从电极中夺取电子。)结果似乎什么也没有发生。这名商人想拯救世界,但是世界吞食了他的铁后,依然若无其事地向前发展。

我认为这个实验不会奏效,是因为自然系统有着不同的激励机制,其动力远大于我们所能做的。在这种情况下,细菌并不会摄入它们所需要的物质之后就马上离开。比如,金黄色葡萄球菌在夺取血红蛋白中的血红素时,它们并不会适时撤离,而是贪婪地窃取尽可能多的铁。野生的海洋微生物也从来不会进化到可以自我控制地说:"不用了,谢谢! 我饱了。"因此,藻类可能会将铁吞得干干净净,直到它们"断粮"为止,然后死去,沉入洋底。(如果它们能产生后悔的感觉,我想它们一定会后悔的。)

如果铁被倾倒在华盛顿州和俄勒冈州海岸以南几百英里*处,一些食铁过量的死海藻将漂落至海底,导致另一种惊人的铁形成过程。这里有冒泡的海底热泉和石柱,这些石柱和白烟囱口的石柱相似,但是这些石柱像铸铁一样黑,上面还沾满了黄色的硫。

这就是我们下一条线索,那是第二种热泉,也是第二处化学可能演化成生物化学的地方。深海似乎是一个不可能存在生命的地方,但是那种直觉是明显错误的。你可以亲眼看到那里有蓬勃发展的生命,其形式与我们在海洋中层和表层看到的其他生物都不一样。

线索4:黑色岩石上的新陈代谢

目前,寻找新生命形式的最佳工具不是星际飞船,而是潜艇。太平洋西北部胡安·德富卡海岭是一种不同于线索3中的深海热泉系统。这里的海底扩张速度更快,石柱形成的时间更近一些;热泉中含有更多的硫,酸性更强,温度也更高。这种高温可迅速形成和破坏化学键。

这里的岩石颜色较深,含有更多的过渡金属,如铁和镍,因此这里的热泉被称为"黑烟囱",与线索3中较冷的碱性的"白烟囱"形成对

---

*1英里约为1.6千米。——译者

比。"黑烟囱"的化学反应无论好坏,都比"白烟囱"的更强烈。富含铜、锌、金和铁的矿脉沉积在这里,大部分与硫原子形成硫化物(一些公司正在寻找可开采的矿藏)。大量黄铁矿的纳米颗粒漂浮在黑烟囱周围,其中的硫化铁与蛋白质电子导线中发现的硫化铁排列方式一样。

尽管压力和温度都很高,但在黑烟囱附近,一些生物依然能够存活,甚至繁荣生长;这些生物巨大而怪异,或亮红或苍白。像成人一样高的弯管状蠕虫形成的水下"草甸"覆盖着海底。在黑烟附近,其他长满刚毛的红色和白色蠕虫像朋友一样聚在一起,在具有热量梯度的热泉附近活动,这些微生物尾巴处的液体几乎沸腾,头部却位于室温环境下。它们用一层黏液来隔热,这些黏液为共生细菌群落提供食物。白色的鱼、蟹、龙虾甚至章鱼都在黑色岩石间捕食。与科幻小说中描述的外星人(通常由佩戴前额假体的演员来扮演)相比:这些生物要奇怪得多。我们生活的地球也是这些物种的家园。

犹如点睛之笔的是,白色的"雪花"在水里漂浮。这让上述场景像美国电影导演伯顿(Tim Burton)设计的雪花玻璃球。这些"雪花"其实是一堆"心宽体胖"的细菌,虽然不那么浪漫,但也不那么奇怪。

如果这里存在生命,那么这里会是生命的起源地吗?如果那么多复杂的生命现在能在太阳的照耀下得以维持,那么简单的化学反应循环是否可能已经在大海深处的热泉处发展起来了?生命在那里获取能量,并被来自地球深处的热量和硫所环绕。一项研究得出结论,只有大约125种化学反应对所有环境中的所有生物是绝对必要的,这是对于完全独立的生物来说。对生物起源过程中出现的"伪生物"而言,可能只需要几十个连锁反应。

关于黑烟囱是否是生命起源地的问题,考虑到黑烟囱的化学性质,相关的化学家会不置可否地回答:"也许是吧。"组建蛋白质所需的元素那里都有:CHON元素和溶解的铁、硫,就像在那些古老而重要的蛋白质中所发现的元素一样。岩石为生命提供了铁和镍,而热泉为生命提供了能量和流体。

尽管在实验室里很难再现深海热泉环境中的高温和高压,但是一些研究人员已经找到了一些技术方法,使得实验条件越来越接近黑烟囱环境,以便进行实验测试。科普利(Shelley Copley)领导的一个小组完善了一套可制造接近深海热泉条件的充气压缩机阀门系统,并将简单的化学物质充入其中,以观察会发生什么。他们的初步成果令人鼓舞。在实验室里制造的环境越接近真实的热泉,所获得的结果看起来就越像生命。

科普利从一个在生物化学中极其重要的三羧酸循环中的前端分子开始研究,这个分子是名为丙酮酸盐的三碳链分子。如今,几乎所有的生命都使用丙酮酸盐作为三羧酸循环的入口。以前的一些实验表明,在热泉条件下,泡泡中的简单气体*可与高温的金属硫化物反应,很容易制备丙酮酸盐。因此,科普利从丙酮酸盐开始,将其置于不同的温度、压力和金属硫化物矿物中。

她在这一过程中发现了一些有趣的分子。在金属硫化物存在的情况下,丙酮酸通过结合硫、氮,甚至其他丙酮酸盐,形成一系列复杂分子,从而使体系变得复杂起来。一些矿物质将丙酮酸转化为代谢的一种产物——乳酸;有的甚至可以将其转化为一种氨基酸——丙氨酸(由丙酮酸加氮获得)。如今,蛋白质也可将丙酮酸转化为这两种分子。

科普利指出,热泉旁的岩石可生成任何生物化学家都熟悉的分子。将糖类分子和类似远古海洋成分的化学物质混合,特别是与大量还原铁混合,可制得更多的分子。做这项研究的科学家希望铁能把糖类分子转化成一些新的生物分子。当他们进行了29种化学反应后,他

---

*即二氧化碳。——译者

们得到的分子比他们预期的要多,其中大多数都与你身体中的分子相同。

在代谢连接点的"游戏"中,岩石本可以提供几十个点和连接线,但是这些点的连接线还不完整。我们需要一些可以形成闭环的化学反应,也就是说,一个化学反应的产物可以作为另外一个化学反应的原料并继续反应,这样相互补充,最终还可以回到起点。奥罗波若蛇*是个古老的炼金术符号,它展示了一条吃自己尾巴的蛇。我们也需要这样一类反应,形成一个头尾相连的循环。

利用不同的分子和反应类型,可产生不同的化学循环。臭氧循环使用简单的分子。有些化学循环会利用复杂的分子,如九肽或RNA。对于热泉系统中的小分子来说,类似的循环将成为真正的突破口。

随机释放的能量以熵的形式消散。但是,在特定**方向**释放出能量,可以推动事物向那个方向发展,这意味着能量可以对事物的发展起作用。如果一个可"自我传递"的反应循环能重新定向且传输能量,并被一个小隔间(无论是岩石空隙还是油滴,或两者皆有)所限制,那么它就可能演化出可繁衍的生命。考夫曼(Stuart Kauffman)表示,用化学术语来说明这种情况是多么难懂:"虽然知道所有这些都是真的,但我们似乎没有一种语言来解释它。我能想到的最简单的类比是河流和河床,河流雕刻出河床,而河床又成了河流的限制。"

蔡森的比功率,通过聚焦能量流动的功率(瓦)和系统的质量(千克),可以对能量流动进行测量。如果一个系统能够保持并增加其单位质量功率(瓦/千克),它可能会在自然的演化中更受青睐。问题是,这个系统如何才能发展出合理的化学结构,以保持和改善自身,并抵御周围的随机冲击和热量侵扰。

---

* 也称衔尾蛇。——译者

线索5:细胞内具有类似温泉的化学环境

白烟囱和黑烟囱都有一个明显的缺点:它们在大洋深处,远离太阳能。地球表面有一个特殊的地方,那是另一个可能的生化孵化器。在那里,来自地下的热能和来自天上的太阳能相遇在一起。这个地方位于俄罗斯堪察加半岛,也在亚洲大陆最东北端。

沿着阿留申群岛到大陆,再向南到达穆特诺夫斯基火山。这里的地热形成了冒着气泡的温泉,并在冰川上雕刻出洞穴。摄影师巴德科(Denis Bud'ko)拍到了这些冰洞,它们具有深邃的扇形通道,在阳光的照射下发出混合着绿色、蓝色和棕色的光芒,就像蒂芙尼彩色玻璃面板一样。被相同的热量雕刻出的地热田有点难看,是一个个橘灰色泥浆坑,就像炖锅一样不断沸腾和冒泡。网上流传的是冰洞照片,但地热田暗含地质学与生物学之间的对称美。

每个坑都是一个独立的滚烫空间,就像一个被加热的实验室烧瓶。问题是这些坑洞酸性太强,无法维持生命。然而,2012年库宁(Eugene Koonin)领导的一个研究小组发表了一篇论文,认为这些坑洞中的酸性来自大气中的氧气。在早期的地球上,氧被封锁在地壳中,pH会更平衡一些,一些富含金属的孔洞会形成于岩石上,就像深海黑烟囱的情况一样,只不过那些地热坑是在地面上。这又让我想起了莫诺湖。

蒸汽会在地热田形成的网络中冒出来,在空中稍冷的地方凝结,然后再次滴落下来,就像有机化学实验室里的曲形玻璃冷凝管。这个物理循环可以为化学循环提供条件。在实验室里,我们有时将化学物质滴入由砂质二氧化硅材料制成的多孔柱中,让化学物质在重力的作用下从多孔柱中流下来,从而对化学物质起到净化作用。用这种方法可以分离化学物质,因为有些化学物质附着在二氧化硅上,而另一些则直接流过。库宁研究的温泉和上述过程掉了个头：在这里，**蒸发作用**推动溶液向上通过多孔二氧化硅岩石组成的网络，从而分离和净化溶液。

与深海热泉相比，在地球表面完成这样的化学过程有一个额外好处，那就是化学物质会暴露在阳光下。紫外线有足够的能量来激发电子，并让化学键变形。例如，你的眼睛接收到的每一个光子，都会击中视网膜分子并使其变形。一些复杂的化学合成是让反应物流经一个反应室，用光照使其化学键发生翻转。无论是反应物流动，还是翻转反应，都可以在温泉里完成。

关于紫外线能量的一个更日常的例子，来自我妻子处理尿片的家务技巧。当棉质尿布开始闻起来像是"恶臭的牧场"散发的气味时，无论怎么洗这气味也散不掉，此时她会尝试将其晾在阳光下晒干，结果很有效——阳光祛除了恶臭味。这也表明紫外线是把双刃剑，因为紫外线既可以合成分子，也可以破坏分子。在恶臭尿片的例子中，它破坏的是臭味分子。紫外线既可以形成化学键，也可以破坏化学键，将许多分子分解成无用的碎片。

有趣的是，库宁研究的温泉有内置的"防晒霜"，可以防止紫外线带来的破坏。那里的岩石网络有一层薄薄的硫化锌，它非常善于吸收紫外线。仅仅5毫米厚的硫化锌薄层对紫外线的抵御作用就相当于100米深的水。当来源于温泉气泡和蒸汽的液体开始流动时，在紫外线的作用下形成了新的分子；部分液体渗入岩石中，那些新分子不会再受到紫外线的破坏，因为它们在硫化锌的保护下扩散下来，用于进一步的化学反应。

硫化锌甚至可以将吸收的部分光能转移到催化反应中。另一种化学物质，碳酸铁，能像蛇纹石那样产生氢气，但只有暴露在阳光中、在紫外线照射下才能产生。这可能为库宁研究的温泉化学反应提供燃料。

库宁假说最好的证据是在每个细胞中：这些温泉的化学特征与生

物化学的普遍特征相匹配。每一个细胞都有五种平衡,令其可在内部
细胞质和外部环境之间保持平衡。其中影响最大的是钠钾平衡。因为
海洋是如此之咸,要维持这种平衡需要付出的代价很大。而细胞内有
一系列的离子泵,可使钠和钾的水平保持恒定,不受外界波动的影响。
如果钠和钾的水平失去平衡,细胞就无法承受化学压力,要么爆炸,要
么向内坍塌。钠钾平衡必定是很重要的,因为它具有普遍性和贵重
性。(另一种解释是,钠钾平衡可协助许多物质和能量在细胞外**扩散**,以
便在细胞内外**收集**特定的化学物质。)

其他四种平衡之前已经提到过,所有五种平衡都显示在图5.4中。
每一种平衡背后都有其化学原理,这表明它不是偶然的,也不是任意
的,而是"水基"生命的普遍特征。五种平衡如下:

1. 电子和氢被带入细胞**内部**以制造大分子;氧和氧化物被泵到细
胞**外**,以阻止它们吸引电子和破坏大分子。

2. 磷酸根被带入细胞**中**,用于制造DNA,或传递能量和信号;硫酸
根被带到细胞**外**,以平衡磷酸根的负电荷。(根据规则1,含有氢而不是
氧的富电子硫化物保留在细胞内部。)

3. +2价镁离子被泵入细胞**内**,以平衡磷酸根的电荷;+2价钙离
子被泵出细胞**外**,以防止它们与磷酸根形成固态磷酸钙。

4. 微量金属元素(铁、锌、镍等)被不断泵**入**和泵**出**,以让其在细
胞内的浓度和其黏性特征保持一致,正如欧文–威廉斯序列所预测
的那样。

5. 钾被泵入细胞内;钠和氯化物被泵出细胞**外**。

上述第五种平衡的存在原因是,一个新的细胞用ATP构建大分子,
并在DNA中保存记录,必须在细胞内保存各种磷酸根。这会导致细胞
内出现很多负电荷,如果仅用镁离子来平衡会出问题,因为过多的镁离
子会产生磷酸镁沉淀,甚至可能令RNA断裂。因此,细胞需要泵入或

泵出其他一些离子以协助镁离子平衡细胞内的负电荷,这是一类较小的带电离子,它们不会黏附在细胞内的其他物质上而干扰其工作。

生命选择的是钠离子和钾离子。钠和钾在岩石和海洋中都含量丰富。(它们不在地质学六大元素中,但它们在生命的八大元素中。)每个钠离子和钾离子只有一个正电荷,因此不太黏。因为钠在海洋中的含量比钾要丰富得多,所以细胞获得正确平衡的最简单方法是拒绝含量更多的钠,而保留含量较少的钾,同时也拒绝氯化物。如果细胞像需要低盐饮食的患者一样拒绝食盐(钠和氯化物),细胞就可以保持整体电中性。

但是,生命对钠的厌恶和对钾的偏爱是如何开始的? 这是一个巨大的谜团。海水中的钠含量大约是钾的40倍,因此一个新的细胞必须排出大量的钠,才能达到整体电荷平衡。这对一个年轻的细胞来说实在太难了。但是,如果细胞生长在低钠环境中,结果会如何呢?

将这五种平衡与不同地热热点的元素分布相结合进行分析,可以发现温泉中的化学物质与生命内部的化学物质的匹配度比海水与生命的此类匹配度更高。特别的是,温泉富含钾、磷酸根和锌,而钠含量相对较低。这四种化学物质的每一种在温泉中的分布情况都比较接近细胞内部的情况,海水则不同。

库宁和他的同事发现,温泉中钾和钠的含量相同,而在温泉蒸汽凝结的水中,钾的含量更高。他们推测钾在蒸汽中的上升速度比钠快。因此,钠通过温泉的喷发被排出,而钾会随着冷凝液穿过温泉附近的土壤,再次渗回到岩石中。如果生存环境中没有过多的钠,那么细胞可以学会更容易地排出钠。

其他在温泉中特别富集的化学物质是磷酸根和锌。锌存在于许多古老的酶中,但在早期地球上的大多数水环境中,锌本身就很缺乏,因为它与硫的结合能力很强。像温泉这样富含锌的环境可以给细胞提供

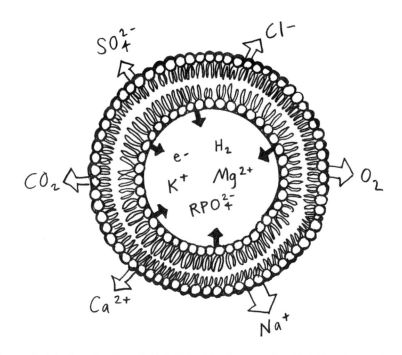

图 5.4　每个细胞中泵入和泵出的化学物质组成五种平衡。其中微量金属元素的浓度与第二章图 2.3 中的欧文–威廉斯序列相对应。

足够多的锌,协助核糖体合成蛋白质。钾、磷酸根和锌是在库宁研究的温泉中所发现的三种化学物质,可以用来解决三个化学问题。

线索 6:用磷酸根合成 RNA

人们往往把生命起源比喻为先有蛋还是先有鸡的问题。前面讲述的线索 3—5 的相关理念,源于一个生命起源学派,这个学派名为"代谢优先"。这个学派把蛋白质这个"鸡"放在 DNA/RNA 这个"蛋"之前。另一个学派名为"复制优先",把 DNA/RNA"蛋"放在蛋白质"鸡"之前。不提"复制优先"的假说,就好比讲述亚里士多德(Aristotle)时不提其老师柏拉图。"复制优先"学派有一个强有力的化学论据,认为最初的催化剂可能根本不是蛋白质,而是磷酸根合成的核酸链。

在生命中,RNA位于DNA和蛋白质之间,如第二章图2.2所示。DNA储存信息并为新细胞进行自我复制,DNA制造RNA,RNA制造蛋白质,蛋白质制造其他化学物质。铁位于元素周期表的中心,而液体位于固态和气态之间的中心,每一种都对生命起源很重要。同样,RNA出现在生命起源的过程中也有其重要意义。

因为RNA可以形成双螺旋,它可以像DNA一样自我复制。因为RNA可以形成稳定的三维结构,所以它可以像蛋白质一样对化学反应起催化作用。RNA在化学上的作用介于DNA和蛋白质之间,与两边都有一些交集。

最大的问题首先是如何制造RNA。线索1指出,核苷酸是包含三部分*的复杂分子。RNA链是由核苷酸按照特定顺序(这属于超前内容)组成的。

核苷酸是复杂的,任何使用它们的理论,都必须提供如何装配这个三元复合体的线索。到了2009年,这条线索不仅出现了,还有一个实验表明它是有效的。几十年来,这方面的研究一直陷入僵局,因为科学家试图先制造一部分(糖),然后制造另一部分(碱基),然后以正确的方式将它们粘在一起。回顾过去,我们发现他们做得太多了。有效的方法不是分三步走,而是把这些化学物质一起放在一个大罐子里,让**它们**自发反应。

由萨瑟兰(John Sutherland)领导的一个研究小组已经证明,看起来像氰化物和乙醇的小分子前体可以自组装成三元核苷酸分子,其中包括糖、磷酸根和碱基。糖和碱基同时形成,并以正确的方式相互连接。

---

* 即磷酸根、核糖和碱基。——译者

作为第三部分的磷酸根,是一种多用途的化学物质,在混合物中起三重作用。它不仅是一种反应物,**而且是**一种将分子聚集在一起的催化剂**和**一种保持pH不变的缓冲液。在此过程中,湿润和干燥的物理循环被用来浓缩和净化自然化学循环中的相关反应,就像库宁研究的温泉旁岩石中渗滤孔洞里所发生的情况一样。

在合成的最后阶段,萨瑟兰的团队获得了很多核苷酸。RNA使用的四种天然核苷酸中,有两种是由许多其他核苷酸合成的。他们还尝试了另一种方法,用明亮的紫外线模拟阳光,将其照射在核苷酸上。这种方法是有效的,因为光净化了核苷酸的混合物。非天然核苷酸被光破坏,但两种天然核苷酸保持稳定,因为它们更抗紫外线。自那之后,一些其他核苷酸也显示了相同的结果。由此产生的化学物质不是完美的核苷酸,但在化学上已经非常接近了。

最近,萨瑟兰和他的同事发表了一篇论文,报道了这项化学研究的最新进展:他们发现了有关核苷酸合成路径的更多有趣的化学分支。这些路径可以将氰化物和硫化氢转化为几种氨基酸和碳链。紫外线、陨石撞击和铜催化剂有助于推动分子沿着这些化学路径前进。这些研究是非常有前景的,因为生命所需的所有三类大分子*都可以由早期地球上发生的事件中所产生的普通、简单的材料一次制造出来。

因为这些合成过程使用了紫外线、干湿循环和大量磷酸盐,所以比较线索3或线索4的深海热泉和线索5的温泉中的地质化学反应,它们更适合后者。库宁列举了其他一些化学线索,说明温泉的条件可能也有助于形成核酸链。

(从我的化学视角来看,线索5很强。现在,我认为温泉可能是生命起源之地,但果真如此的话,这让地球具有了孤独的一面。如果需要

---

*即蛋白质、核酸和多糖。——译者

紫外线和干湿循环来形成生命分子,那么太阳系中的其他液态区域,如土卫六和木卫二,因没有被紫外线照射的水而成为不毛之地,它们将像月球一样荒凉。)

萨瑟兰的研究的另一个优势是,解决了"先有鸡还是先有蛋"的悖论。他指出,如果化学反应同时促进了复制分子(RNA)和代谢分子(氨基酸)的出现,那么"鸡"和"蛋"就是同时出现的。

"复制优先"和"代谢优先"阵营在科学文献中都有体现。特别是,如果RNA先出现,那么协助RNA起作用的蛋白质应该是最古老的蛋白质,而独立的蛋白质应该是相对年轻的。但是,重建古蛋白质的实验室一直认为独立的蛋白质也非常古老。与RNA一起工作的蛋白质显示出的一种进化模式表明,蛋白质和RNA协同编写原始的遗传密码,这说明RNA并不能独自完成这一基本任务。这些发现有利于"代谢优先"阵营,但"复制优先"阵营尚未放弃战斗。毕竟,利用萨瑟兰的方法可以很好地合成复制版的核苷酸。

尽管萨瑟兰的核苷酸合成令人惊叹,但毫无疑问,这些实验中到处都有人为因素。化学物质的混合、湿润和干燥的循环以及在特定阶段紫外线的应用,都是通过人工干预来完成的。一些科学家指出,如果不严格遵守这一顺序,那么富含碳的物质往往会不加选择地反应生成黏稠的焦油状物质(这被称为"沥青问题")。这就好比萨瑟兰在密林中找到了一条路,但有些人不相信这条路足够宽或足够自动化。

如果不管上述质疑,"复制优先"阵营的道路就变得易行得多。一旦核苷酸大量存在,磷酸根就会使这些链以正确的方向自行组装。即使它们不是完全定向的,这些链仍然可以配对以复制信息。一些实验室已经制造出了具有竞争性甚至能进化的核苷酸链,尽管其中最小的一个(由大约100个核苷酸组成)仍然需要很长的时间才能自行合成。

有时反应的复杂性导致焦油的产生,但有时会导致核苷酸的形成。同样,这个领域中最有效的实验有多种成分,它们模拟了早期地球的化学复杂性。这些实验预示着最后一个线索,它是一个概括其他线索的统领性线索。

线索7:系统复杂性源于组分的复杂性

对生命起源的化学假说一个常见批评是,生物学是复杂的,而化学是简单的,所以很难从化学角度想象简单的事物是如何变得复杂的。这是一个公平的批评,也是"沥青问题"的一部分,但化学不限于大玻璃瓶中的简单反应。化学无处不在,包括复杂的环境,比如新生的行星。化学家们往往从纯净、简单的化学物质开始,这样我们就可以更容易地缩小关于生命起源的猜想范围,但是随着这一领域的发展,易懂的简单实验可以被建立起来,并混合成复杂的实验,令人惊讶的新结果出现了。

以炼金术为例,复杂性可以使炼金术发挥作用。别误会我会相信炼金术。古代炼金术士所描述的大多数实验,都是净化心灵的寓言,而不是对化学物质的提炼。我们应该怀疑这些描述,但也要怀疑那些怀疑论者。也就是说,不要事先假定**每一个**炼金术实验都是**完全**没有根据的,一些实验可以在今天重现,而原始化学家,如帕拉塞尔苏斯(Paracelsus),进行了一些零散的化学实验,不过这些成果被其骗术所掩盖。

普林西比(Lawrence Principe)在他的优秀著作《炼金术的秘密》(*The Secrets of Alchemy*)中描述了自己遵循炼金术指导的实验。他能够在其他人实验失败的情况下,使一些古老的实验获得成功,其秘诀在于将复杂性以杂质的形式引入到那些化学反应中。有一个重复实验,其他人之所以失败,是因为炼金术的说明上说要用铁棒,但先前的科学家用了不锈钢搅拌。当普林西比用铁棒搅拌时,混合物中的化学物质**与铁发生反应**,炼金术所描述的化学反应成功了。另一种化学反应只在普林西比使用从欧洲地区开采的金属后才获得成功,而欧洲正是炼金术的发源地,因为这种金属中含有杂质,使反应得以进行。先前的科学家无法重现这些反应,因为他们采用的材料太**纯**了。天然材料的复杂性促成了那些化学反应。

既然非生物的化学反应演化出生命的过程看起来十分魔幻,足以成为炼金术的一个分支,那么或许我们可以从普林西比的笔记中获取经验,增加我们研究的复杂性,而不是去减少它。三种不同类型的分子显示了复杂性是如何协同作用的:

1.油性膜脂与核苷酸共同作用:有特殊"端基"(磷酸根胆碱)的碳链,可自组织成多层。核苷酸腺嘌呤将沿着这些碳链进行自组织,排列在碳链层之间,就像夹层蛋糕中的糖霜一样,看上去已经准备好连接成一条RNA链。

2.金属与RNA协同作用:第一章描述了RNA链中,镁是如何在磷酸根之间起作用的,但最近科学家发现,曾在氧出现之前的日子里普遍存在的+2价铁离子也可以出现在磷酸根之间。与只有镁相比,铁的存在使核酶的效果更好。含铁的RNA链可以利用铁的电荷转换能力来传递单个电子,这是RNA自己无法做到的,但这对代谢至关重要。铁的固有反应活性可受制于RNA的形状,就像它可以受制于蛋白质的形状一样。

3.柠檬酸与上述金属协同作用:绍斯塔克的实验室处理由简单膜制成的原细胞,发现原细胞中的镁实际上会开始切割RNA链。当将柠檬酸加入混合物后,这个麻烦消失了,因为柠檬酸有助于缓和不良的镁化学反应。请记住,柠檬酸是三羧酸循环的中心,与铁的作用很好,因此它对早期的生化循环非常有用。在这里,加入更多的早期地球化学物质有助于更成功的反应。

多种分子的更复杂系统可以相互加强。凯勒(Sarah Keller)和她的研究小组将油性氧标记的碳链与碱基、糖混合在一起。这三种分子的结合可以互相促进其稳定性:碱基和糖紧紧地粘在脂质上,帮助脂质在球形囊泡膜中更好地聚集在一起,即使是通常会将脂质分开的盐水此时也对脂质无效。并不是所有的碱基都可以起作用,但所有的**天然碱基**都能起作用。此外,天然核糖是四种所测试的相似糖类中最好的。RNA保护脂质,脂质也可以保护RNA,两种稳定性互相促进。

接下来要寻找什么

我期待有关生命起源的实验变得越来越复杂,并获得更多令人鼓舞的结果。因为没有公布失败的实验,我们不知道在这个领域内有多少研究生因在实验中获得一团黏糊糊的焦油而失去了热情。但是,化学上的协同作用和复杂性可以产生一些非常具有启发性的分子,这些分子可以粗略地看作和生命比较接近。"代谢优先"和"复制优先"阵营都在继续发表有趣的研究结果,我觉得自己还没有资格宣布这场比赛在哪个方向上取得了胜利(尽管我的"化学之心"倾向于"代谢优先")。

随着时间的推移,这些线索应该会汇合起来。这可能已经发生了。金属硫化物可以在白烟囱旁产生代谢物(线索3),就像发生在黑烟囱旁的情况一样(线索4)。核苷酸合成(线索6)可能在温泉条件下成功(线索5),因为那里的化学特征和生命的生化特征相匹配。岩石中的小隔间(线索2)也出现在后续的线索中。如果这些线索继续重叠,它们最终可能汇聚。如果能在白烟囱、黑烟囱和温泉里都发现制造RNA的条件,那么甚至"代谢优先"和"复制优先"这两大阵营也可以融合。

这让我想起了经典小说《东方快车谋杀案》(*Murder on the Orient Express*)的结局。(小心,我要剧透1934年出版的这本书的谜底。)正如你读到的,这起谋杀案有13名嫌疑犯,你正在试图找出是谁干的。不管你选哪一个,你都是对的——他们都干坏事了,一个接一个地进入房间,完成他们的犯罪部分。如同这本小说中的情节,生命起源的线索1—6或许在某种程度上是部分正确的,而且在某个地方,所有这些化学过程都可以同时发生,以完成线索7。

但是,相关的理论**还没有**统一,所以我们只能等待这个故事的结局。它非常复杂,也是本书的重要观点,正如威廉斯所写的,创造生命的化学反应可能性极小,以至于此处生命的存在或许是独一无二的:"我们不得不放弃这样一种想法,即最初以简单形态存在的生命是宇宙大爆炸演化序列中的必然产物。"威廉斯认为,所有其他演化步骤都是不可避免的且受到化学约束的,但是在这个巨大的、化学有序的宇宙中,这第一步*是一个大大的飞跃,也是一个意外事件。

另一方面,像已故的德迪韦(Christian de Duve)这样的科学家相信,由于生命具有化学意义,而类似的反应是由这种普通的岩石催化的,因此生命应该在整个宇宙中都可以被发现。其他人则走中间路线,如《稀土》(*Rare Earth*,2003)的作者沃德(Peter Ward)和布朗利(Donald Brown-lee)。他们的结论是,宇宙中简单的生物是普遍存在的,但复杂的智能生物是罕见的,甚至是独特的。

你知道什么能帮我得出自己的结论吗?是更多的实验数据,无论是来源于恒星、岩石,还是来源于实验室。期待你们也去做各自的实验,并把实验数据发给我。试着在现实条件下把复杂的物质混合在一起。如果我们沿着正确的轨道前进,所有数据最终会汇聚起来,尽管我们可能需要一个世纪来尝试所有合理的组合。

最重要的是,有关生命起源的研究使我确信,我们在生物化学方面尚未达到"科学的终点"。虽然最近成功的实验层出不穷,但我觉得这个话题在我有生之年以及以后的日子里仍然会很有趣。

---

*即生命起源。——译者

如果我们真的找到了在早期地球上演化出生命的条件，比如说，通过萨瑟兰的光驱动反应，那么这将在分子水平上与古尔德的"生命的磁带"思想实验相抵触。这样的结果意味着，尽管时间遥远，早期的地球化学仍可以在现代的实验室里被演绎和重复。"生命磁带"上的第一首歌将在40亿年后重放和重演。生命最基本的生化过程将由基于元素周期表的化学来解释和预测。

◇ 第六章

错综复杂的反应轮

南极血瀑布

在南极一个叫血瀑布的地方,冰川下隐藏着一些古老而且奇怪的东西。它为探索早期地球提供了线索。

血瀑布难以抵达,却易于发现。从海上的灰色岩石、白色积雪和蓝色冰层看过去,可以发现亮红色的冰冻血瀑布,它从冰层中冲泻而下,有五层楼那么高。这是生物化学的一面红色旗帜,告诉人们即使是地球上最寒冷的环境,也并非死寂一片。在那里能发现液态水,其中的生命以包围它们的水和下面的淤泥维持生存,就如同几十亿年前的生命一样。

血瀑布中的"血"孕育出生命,但它并非真正的血,而是铁的氧化物。在你的血液中,血红蛋白中就含有铁。但是,血瀑布中含有的是纯粹的氧化铁,类似于铁锈。2015 年 8 月,我在西雅图雷尼尔山附近看到过这种化学物质。当我们在山羊湖兜风时,发现冰冻的水有些脏。洁白的冰被亮红色的粉尘污染了,这些粉尘是从附近的富含铁的岩石上吹来的。那里的陆地如血一样红。

那是一种地质现象,而血瀑布是一种生物现象。它表明生物在极端环境下吃一些独特的食物,如同《圣经》中的施洗者约翰(John the Baptist)在荒野中吃蝗虫和蜂蜜一样,然后排泄出血红色的氧化铁。

一些液态水隐藏在血瀑布中,它们被冰密封得如此之紧,以至于外面的气体不能进入其中。就是在这样一个孤立无援的境地,远离了阳光和氧气,液态水也能维系生命。如同我们一样,冰川下的微生物也是依靠碳氧化生成二氧化碳这个过程来获取能量。

冰川下的湖泊因被密封而与空气隔绝,因此其中的氧必定来源于固态或液态物质。这些细菌吞食硫酸盐,夺取其4个氧原子中的1个,并产生含3个氧原子的亚硫酸盐。这些细菌"还原"了硫酸盐,因为这个过程夺走了氧原子;相反的过程叫"氧化"。硫酸盐能够提供氧,但是在很短的时间内它就可能被全部吃光,然后转化为富电子的还原性亚硫酸盐。一定有其他的物质把氧原子还给硫酸盐,那里无氧的水中富含这样的物质。

那种物质就是铁。铁离子能获取一个电子,从三价形态转化为二价形态。因为电子是氧的"对立面",如果铁离子能获取一个电子,那么它就能让亚硫酸盐得到一个氧原子而转化为硫酸盐。硫酸盐"库存"再度充盈,可以让硫酸盐还原菌继续享用大餐!

这是一个多米诺骨牌般的长链,虽然仅仅产生微量的能量,但是这对硫酸盐还原菌来说就够用了。电子在不同价态的硫和铁之间转移,氧则沿着相反的方向移动,最终生成二氧化碳。这个反应过程的副产物是富电子的还原性铁离子,它们存在于被冰川密封的水中。只要有少量这样的水喷射出来和空气作用,还原性铁离子在第一时间就会和其中的氧气接触,立即发生化学反应,生成亮红色的氧化铁。血红色的瀑布由此形成(见图6.1)。

血瀑布显示极端环境中包含极端的生化物质。早期的地球无疑也是一种极端环境。当生命第一次在一个无氧的星球上出现的时候,它

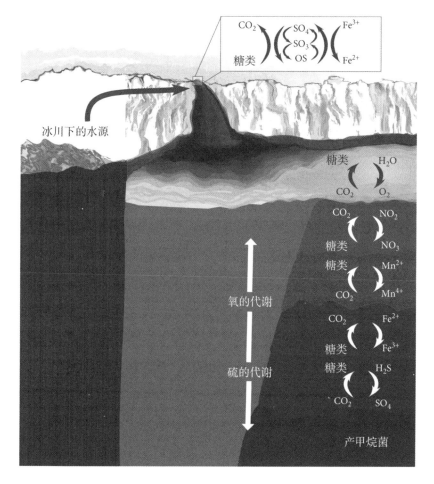

图6.1 极端环境下的微生物化学物质有序循环并分层,血瀑布中的化学物质(顶部)和海洋沉积层中的化学物质(底部)如图所示。

或许更像血瀑布下密封水中的细菌,而不像地面上的其他生物。这显示了生命的化学极限:在隔绝空气和阳光的地方,电子在铁和硫之间的流动,就可以支撑起一个完整的化学生态链。

海洋底部是另外一个贫氧的区域,在那个幽暗的环境中的铁和硫一起为生命储藏并提供能源。因此,当你打捞海底沉船中铸铁制成的炮弹时就应十分小心了*。一些古老的铁弹在打捞出来暴露在空气中后,可能自发地爆炸。海底的微生物化学反应把铁弹变成了炸弹。

原来,铸铁炮弹上有很多小洞,就像海底热泉附近的岩石一样。沉到海底后,铸铁制成的炮弹上的孔洞则成了硫酸盐还原菌(血瀑布中的那种细菌)的新家园。这些细菌像蝗虫一样,能把硫酸盐中的4个氧原子都夺走,只留下硫化氢(H_2S)气体。还有一些细菌会生成氢气,海水也会腐蚀铁而产生更多的气体。最终的结果是,铁弹充满了混合的压缩气体,这些气体便是细菌生化作用的副产品。

在海底,这些气体被海水的高压给控制住了。当铁弹被打捞出水之后,那些气体失去了水压的控制,立即从孔洞中释放出来,并和它们久违的氧气发生化学反应。这种氧化反应和血瀑布中亚铁离子的氧化反应一样,不过产生的能量要大得多,化学反应的速度也快得多。结果,没有炸药的铁弹爆炸了。

这种独特环境中的生物,赖以生存的基础是硫和铁,而非阳光和氧气。在缺氧的情况下,铁和硫共同作用,为细菌群落提供充足的能量。在生存环境里出现氧气之后,这样的供能方式就难以奏效,因为氧气击溃了生命的其他能量来源。在氧气出现之前,铁−硫组合能为简单生命提供能源。

血瀑布表明,没有氧和阳光的生物化学反应,依然能为生命提供能量。它也表明,地球早期的和后来的化学物质存在一条巨大的鸿沟。当两者相遇时,化学物质世界开始碰撞和反应。

---

*这些圆球状的炮弹通常是实心铁弹,由老式的大炮发射。这些铁弹本身没有爆炸的特性,靠冲砸的力量来威慑和杀敌。——译者

死海中活跃的经济结构

另外一个贫氧的极端环境,也可以给予我们古生物的化学演化时间表。令人意想不到的是,这个地方是死海*。如果你能检测那儿所有的水,你会发现"死海不死"。它的湖岸是世界上陆地海拔最低的点,在靠近湖岸的湖底,依然能发现生命,虽然很微小,但是的确甚至令人兴奋地存在着。

就像莫诺湖一样,死海中的水只进不出,于是就逐渐累积了大量不能蒸发的沉重的盐分。死海中可让你带回家作宠物的生物较少,不断生长并可遍布你的鱼缸的生物则到处都是。特别的是,死海有一类进水口是莫诺湖没有的,那里是细菌群落的生存之地,细菌群落中也包括我们近期发现的"朋友"——硫酸盐还原菌。

这些进水口是湖底的一些火山口,可以让淡水进入咸水中。目前尚不明了这些淡水是带来了养分,还是仅仅降低了盐分含量。无论如何,它们为生命繁育提供了条件。在淡水流动的区域,出现了多个微生物物种抱团生长的厚厚的微生物垫。

这些微生物团块能适应恶劣的环境,但是它们都并非坚定的个体主义者。许多种类的微生物合作生存,以便共同应对环境中变化不定的氧气和盐分含量。一些种类的排泄物是另外一些种类的食物,反之亦然。这些微生物加入到坚硬的生物膜中后就能发挥最大能力,团结合作得如同古罗马军团方阵。一些最能抵御抗生素的且最难被消灭的超级微生物,也是这些生物膜中的成员。

通常这些微生物团块会自我组成而形成复杂的层级,一些种类的

---

* 实际上是一片湖泊。——译者

微生物堆砌于另外一些之上,收集底层微生物产生的气体,并将富碳食物返回到底层。这样一个完整的经济结构可发展成彩虹般绚丽的化学复合体。

有序的微生物条纹出现在一些令人惊讶的地方。比较常见的是海岸岩石上的地衣色层。黑色的地衣生长在高潮带*,再往上是橙色的地衣,最上面是灰色的地衣。潮水将这些地衣绘制成一幅壮观的抽象画。

你也可以在家培育属于你自己的微生物群落。你可以收集一小片特定的微生物群落,并将它们密封在一个容器里,它们就可以自行繁育成彩虹般的微生物层块。这个被称为维诺格拉斯基柱法实验。

如何制作维诺格拉斯基柱?从附近的河流或池塘中获取一些淤泥和水,并加入一些含碳食物(它们最擅长吞食报纸,不过含糖的食物效果也不错,蛋壳可以作为碳酸盐的来源),再加一些含硫的物质(臭鸡蛋、奶酪、石膏,或其他硫酸盐矿物)。将上述物质和大量淤泥混合在一起,放入一个透明的塑料瓶中,然后再灌一些水,宽松地盖上透明薄膜,以防水分蒸发。最重要的是,将这个塑料瓶在阳光下放置很长一段时间。只要你耐心等待,瓶中的微生物生态系统就可以展示出图片中那样分层的色柱(图6.2)。

色柱顶部展示的是光合作用的循环,一些微生物将二氧化碳和阳光转化为糖和氧气,其他微生物的代谢过程则与之相反(如人类一样)。色柱底部的淤泥里,发生着其他一些物质循环,这决定于其中的微生物和矿物质的种类。如果你获得橙色的色层,说明你培育了铁氧化细菌,它能夺取铁中的电子,让其生锈,就像血瀑布中发生的现象一样。

再往下,则有可能出现紫色、白色或绿色的色层。在越低的色层里,氧气含量越少,占优势地位的元素则变成了硫(这就是你要往色柱

---

* 潮间带的最上部。——译者

中加入含硫物质的原因）。硫-氢循环移动电子的效率不如顶部的氧循环，产生的能量也相对较少。其中的微生物剥夺硫化氢和其他硫化物中的电子，并生成黄色的硫单质。

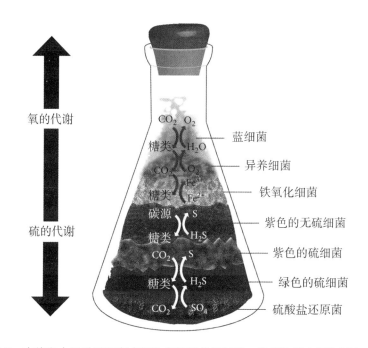

氧的代谢

硫的代谢

CO₂ O₂ —— 蓝细菌
糖类 H₂O
CO₂ O₂ —— 异养细菌
Fe³⁺
糖类 Fe²⁺ —— 铁氧化细菌
碳源 S —— 紫色的无硫细菌
糖类 H₂S
CO₂ S —— 紫色的硫细菌
糖类 H₂S —— 绿色的硫细菌
CO₂ SO₄ —— 硫酸盐还原菌

图6.2 在烧瓶中用淤泥和湖水制作维诺格拉斯基柱。注意比较本图和图6.1中色层的相似性。

这源于2012年假日科学讲座"改变中的星球：过去、现在和未来"的一张海报，见www.hhmi.org/biointeractive。

有些微生物以糖为食，而有些微生物以二氧化碳为食。一些微生物利用铁，如血瀑布中的细菌，而一些微生物产生氢气，如沉船中铁弹里的细菌。一些微生物甚至能从利用铁转化为利用硫。所有这一切都在瓶中的生态系统里协同作用。

在最远离氧气的底部黑暗区域，生活着硫酸盐还原菌。就像血瀑布中的硫酸盐还原菌一样，这些还原菌远离氧气，但是可以从硫酸盐离子中夺取氧原子，并生成可将电子传递到上层的硫化氢。

生物学是复杂的,自然界中的物种也多得难以计数,但是它们的化学模式是可以预测的:从顶部的氧到底部的硫,呈现一种梯度变化。上层的生物从阳光中获取能量,而底部的生物从化学物质中获取能量。所有这一切,在阳光照射下的淤泥中自行发生。

瓶中的化学循环,同样也发生于海洋底部的淤泥中(见图6.1)。生物圈上层代表的是如今依赖氧气繁荣的世界;而向下挖掘,是代表着由铁、硫和甲烷主导的昨日世界,具有和早期地球类似的化学环境。

无处不在的化学动力,促使一些人认为我们应该用一个与以往不同的基本符号来代表生命。生命是环状的,而非螺旋状。优美的DNA双螺旋曲线的确足够漂亮,但是用一个带箭头的闭环,更能代表生命最深层次的本质。我对此也表示赞同。因此,在本书的图示中你可以发现比螺旋形更多的环形和圆形。

在观察你的维诺格拉斯基柱时要注意一点:不要把你的鼻子凑得太近,因为它可能颜色看起来漂亮,气味却不是人类所喜欢的。硫的代谢所产生的硫化氢足够轻,很容易就飘入到你的鼻子中,那就像是臭鸡蛋或发酵泡菜的气味。厌氧细菌喜欢硫化氢,但是你的鼻子不喜欢。就算空气中只有十亿分之五的硫化氢,它也会引发我们身体的警报。生物要么喜欢硫化物而讨厌氧气,比如一些细菌;要么喜欢氧气而讨厌硫化物,比如人类。

在高浓度的情况下,硫化氢的气味闻起来就像是死亡的气味,它是由细菌分解尸体而散发出来的。它闻起来也像是天然气的气味,这是由一种奇特的原因引起的。在20世纪初期,联合石油公司的一些检测员注意到,他们可以通过仰望天空来发现天然气管道泄漏的地方,这是因为在管道泄漏的上空会聚集一些秃鹫。它们闻到了泄漏气体中的硫化物,以为是闻到了大餐,因为那和细菌分解动物尸体产生的气味一样。于是,石油公司在天然气中加入了更多的硫化物,以便更可靠地吸引秃鹫来到泄漏处。

在较低的浓度下,硫化物就相对更容易被人们接受。它甚至是浪花中令人愉悦气味的成分之一。在微生物循环的帮助下,你的鼻子可以探测到海洋深处的硫化物矿藏。当气压突然降低时,你会闻到来自水和淤泥中的硫化物气味。如果风暴即将来临,你还可能闻到空气中更多的硫化物。这验证了一个古老而准确的说法:

> 如果在散步时,你闻到一股恶臭,
>
> 遮住你的鼻子和头部,雨不会下得太久的。

微生物形成的七彩色层,出现在世界各地(比如死海)的沉积物中。一些生物位于上部,利用氧来获取能量;另外一些生物则远离氧气,从周围的化学物质中获取能量。这种趋向或远离氧气(或硫化物)的自然趋势,便是创造了可预测色层的化学力量。

细菌是如何学会相互信任的

这些多姿多彩的、相互依存的细菌群落发展起来,是因为这有利于细菌的生存。几项研究发现,细菌共生比单独生活更好。

如果一些个体的废料是另外一些个体的财富,那么合作共生是有利的。一种细菌会吞食含有3个碳原子的乳酸分子,并释放出氢气和包括二氧化碳在内的含碳小分子。这些排泄物快速堆积,像积聚在旧伦敦街道上的垃圾一样,扼杀乳酸吞食细菌进一步成长的机会。

于是,科学家加入了吞食废料的细菌,并坐在一旁观察。结果,这些新加入的物种利用化学反应,将 H_2(氢气)和 CO_2(二氧化碳)转化为 CH_4(甲烷)。因为它可以**生成甲烷**,这种微生物被称为产甲烷菌,也被称为二氧化碳吞食菌。6个月的时间里,这两种以前并不在一起生活的细菌形成了一个新的互利共生关系,并改变了它们的基因以适合这种新的安排。

研究人员重复了24次类似的引入细菌的研究,如同回放了这一小段"生命的磁带"。他们得到了熟悉的结果。当两个物种一起成长和进食时,新的邻居往往会面对成长的痛苦。尽管有两个培养基中的细菌完全死亡,但是大部分培养基在看似难以存活时却亮眼起来。大多数培养物坚持下来,并达到一种更为稳定的状态。进化最有可能的结果是,系统的复杂性随着这对物种共生关系的建立而增加。

其他的研究也表明,物种之间可以进化出不同类型的合作关系。甚至不同界的生物也可以相互合作,比如真菌和藻类的合作关系。科学家认为,在碳和氮循环的基础上,这种合作关系更"易于建立"。只需要发生少至3个基因突变,细菌之间的合作关系就可以发展起来。

代表宇宙膨胀的熵,似乎起初像是在制造麻烦。然而,熵事实上可能有助于合作关系的建立。一些研究人员建立了一套热动力学理论,以便解释局部地区的有序(制造复杂的循环并**将这些循环连接在一起**)怎样增加别处的熵。因此,局部地区复杂性的增加也是被限定在热力学第二定律的框架内。

移动电子的合作关系,需要金属元素的参与,这些金属元素在早期地球海洋里可以获得。这种可能性的清单不长。在大量的金属元素中,只有铁、锰、钼、钨和铜存在两个或更多个对生命有用的能级,这对氧化还原反应来说是必要的。早期的地球中,铁元素的丰度是其他金属元素的数千倍之多。于是,生命选择铁元素来完成它的生化反应。没有其他金属元素具有像铁元素一样的丰度和用途。为了制造生化反应轮,早期的生命积聚了铁、硫和一些含碳小分子,而**避开**可让血瀑布中的铁离子变成坚硬铁锈的氧气。

你现在也在和一些厌氧菌群落合作。深入到你的肠道中,有一个活跃的细菌群落,正在吞食你的身体无法吸收的、或坚韧或复杂的分子。它们的代谢废物是一些小的气体分子,比如 CH_4(甲烷)、H_2S(硫化氢)和 H_2(氢气),就像早期地球上所发生的那样,因为生物的古老习性难以完全消除。问题是你的身体不能吸收这些气体,这就意味着复杂的糖类食物会让你的身体产生气体。是否还记得我提到过你的鼻子特别擅长探测硫化氢气体?

当你肠道中的微生物群落变得不平衡时,奇怪的事情就会发生。一名男性患者患了肠道酵母菌感染,他肠道内的那些酵母菌就像在酒厂里一样以糖类为食,然后将其发酵成乙醇。当这个人吃了面包后,酵母菌帮助他把糖类转化成乙醇。尽管他没有喝酒,结果却醉了。就像啤酒广告中的弥达斯王一样,他吃的每一种糖类都变成了酒精,这要归咎于他体内酵母菌作用下发生的化学反应。

我们现在才发现肠道细菌是多么的重要和怪异。一些化学家在雨林中搜寻新的形状奇特的化学物质,但他们那些待在实验室里的同事发现,人类肠道中的细菌甚至可以制造出形状更奇怪的化学物质。无热量型甜味剂和乳化剂等食品添加剂会影响甚至伤害人体内的微生物群落。无热量型甜味剂对肠道菌的改变很大,甚至可能因此导致宿主肥胖!

这些微生物群落最引人注目的地方是它们自组织的条纹状分层。你的肠道可能就像一个维诺格拉斯基柱,其中有自组织的分层微生物结构。即使是低等动物,比如蟑螂,也有一条具有多层结构的复杂肠道,其中包括产氢气的腔室,其隔壁是产甲烷菌的腔室,氢气在那里被重新转化为甲烷。一篇文章建议,我们在设计合成生物反应器时,应该从这些天然的安排中学到东西,所以生物化学家要考虑向蟑螂学习。

细菌可能无法快速移动或仔细感知环境,但它们知道如何进食和生长。每一种细菌都是生物圈中一个特殊的、可进化的组成部分,可以摄入、转化和排泄多种化学物质。当一种生物的废料成为另外一种生物的食物时,个性化可导致集团化。在死海和维诺格拉斯基柱中发生的自组织行为,必定在早期地球上发生过。更多的分子参与反应,意味着产生更多的能量,也意味着更多来自协作的复杂性。

如今,这些微生物群落是按照可预测的化学趋势所形成的,因为好氧微生物向上迁移以接触氧气,而厌氧微生物(好硫微生物)向下迁移。生产者紧挨着消费者,积碳者紧挨着食碳者,失电子者紧挨着得电子者。一个"微生物城市"将自己组织成一个高效模型,尽管对我们来说,它看起来就像是条纹状的黏液。

叠层石——美杜莎的受害者

当城市建立起来的时候,会建造城墙、银行和寺庙来保护和增强有利关系。一旦一个微生物群落达到一种稳定的构造,它也会建造一些增强黏合力的结构。死海微生物垫,通过由氧桥结合的糖类形成的黏性连接,来加强层与层之间的联系。化石显示了很久以前也有类似的层级,其形成是所有生命共同的五种化学平衡的直接结果(见第五章图5.4)。

这些被称为叠层石的层状化石,有25亿—35亿年的历史。从侧面看,有些叠层石像一堆板子(我本来想说那就像是唱片,或是CD,但这两种技术都在衰退)。有时地质作用会把一堆东西变形成嵌套的、弯曲的漩涡状结构,让人想起凯尔特艺术或大教堂地板上的迷宫。有些是圆锥形的,有些是圆形的小土墩,像一打保存在岩石中的鸡蛋。在加拿大贝尔彻岛上,地面上有一系列大到可以从飞机上看到的土墩。

在纽约的美国自然历史博物馆展出的一块叠层石已经被分割开来,以展示里面的结构,使它们看起来像一对肺。这些"石肺"吸入的是硫。科学家已经发现,非常古老的叠层石的色层中有硫同位素形成的图案。这表明形成层叠石的那些微生物曾经依赖硫循环生活,就像维诺格拉斯基柱的最底层一样。

现在,叠层石仍然可以在世界各种偏僻的地点找到。最著名的可能是含盐量高的澳大利亚沙克湾,那里黑色的脚凳状叠层石像蘑菇一样从水中冒出来。这些现代叠层石拥有和化石叠层石一样的色层。形成叠层石的微生物曾经成功地覆盖全球,现在却生存于其他生命体无法参与竞争的不稳定、极端的地方。这是个非常低调的侏罗纪公园(或许该称它太古宙公园)。

叠层石之所以曾经覆盖地球,是因为它们是由当时所有的细胞保存和排出的化学物质自然形成的。最重要的化学平衡是,细胞的内部保留氢和电子(使内部"还原"),同时向外喷射含氧物质。氧在外面形成新的化学键,生成黏性网络,将附近的微生物黏合在一起,最终形成一个层状结构。

这些黏糊糊的东西会捕获一些岩石、泥土和其他流经的细胞。细胞也会喷射出硅和钙,这些石质元素会被黏液网捕获。更重要的是,外部的钙会和氧结合,形成一个可以起到保护作用的外壳(只要它不会变得过厚而扼杀微生物)。这个组合会以十分缓慢的速度变成一个石质网络,就像美杜莎的一个受害者。它们十分坚韧,足以生存数十亿年,最古老的叠层石大约有30亿岁。

"整个演出从一开始就起火了"

这些古老的微生物需要能量来保持自己处于有组织的流动状态,对抗环境和熵的冲击。地球提供了通过深海热泉和地面温泉喷涌而出的地热能。如果它们是生命的摇篮,那么生命最终会离开摇篮,进入深蓝色的海洋中。

能够在寒冷的海洋中充满活力的微生物,将有一个全新的探索领域,还有成千上万的后代来帮助它进行探索。但是,首先它需要摆脱对简单易得的地热能的依赖,开发出类似电池的"便携式能源"。具体来说,它需要的反应是将不稳定的东西转化为稳定的东西,释放出爆发性的能量,这样细胞才可以利用这些能量形成新的化学键,并攀登生命组织的山峰。为此,它需要食物和燃料。

问题是所有最佳反应物都已经发生过化学反应了。不稳定的事物往往会自己稳定下来,并失去能量。这就是为什么大多数曾经的活性氧已经稳定并被封在岩石、水或稳定的二氧化碳气体中。原本可能存在的能源是微薄的,最多只能提供10%的氧气输出。不过,此时微薄的能源总比没有能源好。

作为一名化学家,最棒的事情之一是,当你检查反应如何释放能量时,你被允许在工作中炸掉一些东西。即使是"古米熊"糖果也有能量,可以和适当的化学物质制成烟火。在视频网站YouTube上,有关化学家们用"古米熊"糖果制造火药的视频数量惊人(这或许令人惶恐)。首选的方案是:将糖果浸在试管中熔化的氯酸钾里,只见一阵白热腾腾的火花和烟雾喷射几秒钟,随后只剩下一团黏糊糊的黑碳残留物。

燃放烟火时,最活跃的成分不在烟火(无论含糖还是其他成分)中,而在空气中。"古米熊"糖果中的糖类物质是含有碳氧键和碳氢键的化合物。碳氢键不如碳氧键稳定,这是因为碳氢键只是一个单键,而氧可以形成一个更稳定的双键。

当一股能量火花引燃一颗"古米熊"糖果时,空气中的氧取代了糖中的氢,直到所有碳都被氧键占据,最终结果是形成看不见的二氧化碳气体。原来的物质好像消失了,但那些原子仍然在这个空间里(或许还有糖果"幽灵"的幻象)。这个过程所产生的能量除非被捕获和传导,否则它会自然地以热和光的形式扩散。

　　碳加氧的反应是释放能量的最佳途径,而碳加氢的结构是**储存**能量的最佳途径。汽油是具有碳原子长链的碳氢化合物,其中的氢在汽油燃烧时会被氧代替。发动机里的火花塞点火之后,你油箱中那些碳链保存的电子会与氧结合在一起。这会释放出储存的能量,既可以温暖周边环境,也可以提供动力。

　　碳氢化合物是一种很好的储能分子,这就是为什么你的身体也会像汽油一样使用碳链来储存能量。碳氢键足够稳定,在储存过程中不会自发分解——无论是在油箱中还是在脂肪细胞中,其化学性质几乎相同。加上氧气和火花,你就会燃放或大或小的"烟花"。

　　植物、动物、真菌和细菌都有能被点燃的碳氢键。当碳氢键中的电子与氧气结合时,这些生物可以巧妙地捕捉这个过程所释放的每一滴能量。这意味着所有糖类和脂肪像"古米熊"糖果那样,如果使用恰当的点火方式,它们都有可能爆炸。正如迪拉德(Annie Dillard)在《听客溪的朝圣》(*Pilgrim at Tinker Creek*)一书中所写的:"整个演出从一开始就起火了。我来到水边冷却双眼。然而,所见之处全都是火;那火不像是来自打火石,更像是来自锅炉房,仿佛全世界都火花闪烁、火焰腾腾。"

　　能源工业正在探查含有这些电子的能源。石油公司钻探到地下深处,以寻找可驱动发动机的燃烧反应的浓缩碳氢键*。细胞内的线粒体也有同样的反应。因此,像蔡森的比功率理论这样的通用测量方法是有意义的。一辆美国"肌肉车"**和一个肌肉细胞,最终都在利用释放同类能量的相同化学反应来获取能量。这种相似性可以用蔡森的简单公式(瓦/千克)来描述,该公式适用于植物、动物和社会。

　　在沼泽中可找到少量的易燃的碳氢键,如YouTube视频中呈现的

---

　　* 即石油。——译者

　　** 外形富有肌肉感的美式跑车。——译者

另一个影响广泛的化学实验（即伏打实验）。为了进行这个实验，实验者将一个漏斗翻转扣在池塘的浅滩上，搅动下面的沉积物，点燃从漏斗口冒出来的气体。如果把这些气体浓缩，你可以从池塘淤泥中制造出喷射的火焰。（电视节目中曾出现过这个能帮助英雄从坏人那里脱身的招数吗？如果没有，那为什么不试试呢？）

沼泽气体不是地质作用产生的，而是生物作用产生的。隐匿在远离氧气之处的细菌是产甲烷菌，可产生 CH_4（甲烷）。当甲烷与氧气相遇，一个火花就可以敲开一些化学键，碳以氢换氧，生成稳定的二氧化碳，能量戏剧性地出现了。

这个实验能在如今这个氧气饱和的世界里很好地发生，但是它不会发生在30亿年前，因为那时没有自由的氧气分子。因此，生命只好寻找单个氧原子或氧的替代物*。当时的陆地很难耕种，产出的能量只够微生物使用。

氧气出现之前的能源：第一个氢经济体

如果你想知道低氧环境是什么样的，去沼泽和下水道看看。这表明大多数人并不真正想知道低氧环境是什么样的。甲烷本身闻起来并没有什么气味，但它通常混合着其他常见的富氢分子：含氮的 NH_3（氨）和含硫的 H_2S（硫化氢）。后面这些气体令甲烷混合物闻起来很臭，可能会把你熏跑。

人类的本能是逃离富氢气体，这表明富氢生态系统不是我们的家园。然而，在氧气出现之前，情况将会逆转：富氢气体十分丰富，包括氢气本身。科学家卡赫（Linda Kah）将氧气出现前的这段时期描述为"地

---

* 如硫。——译者

球上最臭的时期"。(公平一点吧,想想对产甲烷菌而言,我们闻起来是什么味道。)

虽然当时没有游离氧,但是那些气体可以相互结合。化学反应所产生能量的一个非常粗略的量度是元素在周期表上的距离。氧自成一个角落。氮、硫和碳在周期表上比较接近,因此它们之间的能量差(以及相应的比功率)会更小。好的一面是,较小的能量差异更容易逆转,因此那些分子更容易建立一个互利的反应轮。

当这些轮子转动时,生命吸入氢并夺取电子,喷射出如二氧化碳一样的氧化物,或如 +3 价铁那样的氧化剂。生命对电子的渴求导致了针对环境的氧化反应。

问题是气态物质很难处理。我可以从经验中告诉你,与液体或固体相比,在实验室里使用气体给学生带来的麻烦更大。哪怕只有一点点泄漏,昂贵的反应物就会扩散出去。在化学上,使用气体就像用筛子捕捉云一样麻烦。

微生物也有同样的问题。为了让电子和这些又小又臭的气体分子一起移动,并从电子运动中挤出能量,微生物需要一些它能控制的重物质,即能粘住特定气体并帮助电子移动的特定金属。因此,一些特定的金属在这个阶段对生命非常有用。

在这种情况下,很多厌氧微生物都有一个非常有用且有趣的代谢路径。这一过程被称为伍德-永达尔通路,它采用类似 1 + 1 = 2 的代谢等式。当使用这种通路时,微生物吸收两种气体,一种是稳定的(如二氧化碳),另一种是活性的(如氢气),并将它们结合成两碳分子 CH_3CO_2H(乙酸)。乙酸的一端有氢来储存电子,另一端有氧来帮助它反应。

伍德-永达尔通路可能是生命所学到的第一个代谢路径,比氧气出现的时间还早 10 亿年。它将活性氢转化为活跃的含碳分子,尽管它太弱,不能产生大量的能量或 ATP。不过,这总比什么都没有好。总之,第一种独立的经济体可能是氢经济体。

如今,微生物仍然非常擅长制造乙酸。乙酸俗称醋酸,是由醋酸菌发酵后排出的,会散发出强烈的酸味。发酵也可使酸菜的酸味或啤酒和葡萄酒的酒精含量增加。有一个故事说,第一个制造出香槟酒的僧侣跑到他的兄弟那里,叫道:"看!我在喝星星!"他所说的星星其实是小发酵罐中的气泡。

从六碳糖类开始的发酵反应所产生的能量,是有氧发酵法制造乙酸所产生能量的三倍。如今,发酵工艺仍需隔绝氧气,所以每个酿造啤酒或腌制泡菜的人都在模仿地球早期缺氧的环境。

人体细胞通过一种名为"糖酵解"的路径将糖分解成乳酸,可能还有乙酸。这条路径之所以引人注目,是因为它也模仿了早期地球上所发生的反应。这些反应只是重新排列糖,没有电子移动,也没有氧气进出。这是一个自成一体的代谢过程,而且相对较弱。糖酵解只从分子中挤出5%的能量,并产生两个 ATP。为了得到剩下的95%的能量,需要把电子转移到氧上,但那得到了地球早期历史的最后一段时期才行,那时才有氧气可用。这条通往生命的中心路径使用了疑似古老而温和的化学反应。

在糖酵解过程中,10个步骤中的每一步都遵循着严格的化学逻辑。尽管这个过程产生的能量很小,但它似乎在能量上对必须保持糖上所有电子的系统进行了优化(一对电子被拉下来后会再放回去)。糖酵解系统很简单,只需要附着在一小段 DNA 上,就可以像一条有趣的短信一样从一个微生物传递给另一个微生物。

糖酵解的**进化**是惊人的。分解葡萄糖的蛋白质足够灵活,可以分解其他形状不同的随机糖类。对于可食葡萄糖的细菌来说,只需要稍加调整即可再食其他糖类。在一项计算机模拟研究中,一个以葡萄糖为食的蛋白质网络稍加改变后,就能以至多44种不同的碳源为生。这项研究的作者将其描述为"进化创新的潜在能力"。换一种说法,当遇到糖类时,微生物不是挑食者。它们将找到一种从碳中获取能量的方法,尽管它们必须做些进化才能做到这一点。

除了糖酵解,你和早期地球微生物还有一个共同点:你身体中的每一个细胞都可将**乙酸**转化为其他有机分子,也可将其他有机分子分解成**乙酸盐**。有时你甚至会模仿一种产生乙酸的细菌。当你的血糖下降时,你的身体将通过血液中的乙酸制造一种"糖替代品"。这些像乙酸的分子被称为酮体,使你的血液呈酸性,就像其中混入了醋一样。一些乙酸甚至转化为丙酮,通过你的呼吸在空中飘散。糖尿病患者都知道要关注"醋酸呼气"试验的结果,这是能量平衡出错与否的信号。

其他的原始路径也可能在早期生命中起作用,尤其是那些与铁、硫、氢以及与富氢气体反应的金属密切相关的路径。硫化铁(FeS)可以从硫化氢(H_2S)夺取一个硫原子,生成氢气(H_2)并释放能量。这使得一个铁原子和两个硫原子结合,形成化学上有名的黄铁矿(FeS_2),它的另外一个更广为人知的名字是愚人金。一个细胞可以利用这个反应释放来自地球的能量,制造出一点点愚人金。这样,大块的铁硫簇将成为富含硫化物环境中的便携式氢气发生器,用产生的能量推动电子移动。这可能就是那个可以让第一个细胞冒险进入海洋的"电池"。

其他形式的硫也可能提供能量。在没有氧气的情况下,富含氧的硫酸盐原本是稀缺的,但还是可能在一些区域内发现少量的硫酸盐,硫酸盐还原菌可以在那里繁衍生息。这些细菌会消耗来自地球的能量。地质证据表明,地球某些地区的特定岩石会溶解,并生成一块块硫酸盐。同位素数据的研究表明,这些硫酸盐会在包括还原硫酸盐过程的硫循环中被消耗掉一部分。硫酸盐和乙酸盐的储能本领差不多,所以它可以为早期生命以较低的功率提供能量。这是关乎盛宴和饥荒的大事,取决于从岩石那里溶解出了多少硫酸盐。

注意铁、硫、氢和碳的反复出现,而镁和磷也将被用来满足生命对DNA信息存储的需求。除了铁以外,有用的金属还有镍(在元素周期表中位于铁的旁边,也可与天然气发生反应);还有钴和钨,它们是由这些天然气生成生物分子过程中所需的奇妙化学物质(更多细节将在后面介绍)。此时的氧不是以游离的形式使用的,因为它被紧密的化学键牢牢锁住。

这些元素是生物化学的基础。它们是不少生命现象的化学基础,其中包括最古老的代谢,最古老蛋白质的形成,维诺格拉斯基柱和海洋沉积物底层中的微生物活动。

生化大轮不停地转动

"年轻"的代谢过程可能会不断消耗地球上不稳定的化学物质,最终将地球上的可用之物消耗殆尽,它们将不得不迁徙或死亡。处理能量的一个更好的方法是建立一个互惠互利的多物种循环,就像在死海微生物垫中一样。

循环可以是简单的,也可以是复杂的。只要消耗和生产的东西可以循环起来,形成一个反应轮即可。当一个反应循环重复发生时,低熵能量流入,高熵能量流出。这可以根据循环的比功率来测定。即使是很小的能量差,也可以用来创造一个结构化的流动循环。

最重要的反应轮在每个细胞里转动。在任何代谢图上,找到中间某个位置处的丙酮酸和醋酸(可能是大字体),然后往下看。在这些核心分子下面,一个大大的循环极为惹眼,像一根又粗又弯的箭头。这种由八种反应组成的代谢轮像DNA和蛋白质一样普遍。第一个反应消耗两碳的乙酸,生成六碳的柠檬酸,因此相关的循环被称为**柠檬酸循环**。

柠檬酸循环剥夺了六碳分子上的电子和碳,然后围绕自身的碳链循环,会再次生成柠檬酸。电子被送到线粒体中,与渴求电子的氧气结合,二氧化碳从肺部排出。碳氢键被碳氧键取代,由此产生的能量储存在ATP中。当使用ATP时,一些能量会随着热的扩散而损失。总的来说,在这个循环中,浓缩的化学能进入,扩散的热能离开;不过,循环中八个反应的流动结构继续发生变化。

厌氧的绿色硫细菌会在维诺格拉斯基柱的多个底层中占据一层,有与柠檬酸循环结构相同而方向相反的反应轮。如果它们愿意,它们可以**吸入**二氧化碳,并将其添加给那些四碳分子,形成六碳柠檬酸。它们将电子和氢泵入碳中,而不是将其拉出来,并利用碳来合成而不是分解。数十亿年前,当有更多的二氧化碳进入循环时,以这种方式运行循环是很容易的。这可能是反应轮启动的原因。

这个循环的古老起源,可以通过它的第二种酶——顺乌头酸酶来进行更好地展示。这种酶使用的是对氧敏感的铁硫簇,这些铁硫簇非常适合早期的地球环境。这种酶出现于铁硫簇非常丰富的时期,现在看来也没有理由会发生改变,尽管世界已经向前发展了。在意大利的一些城镇,磨刀匠仍然在街上踩着磨刀石,这是延续下来的一个古老传统,尽管现在有更简单的方法。顺乌头酸酶就是细胞的"磨刀匠",仍然携带着铁硫簇"磨刀石",而细胞很乐意使用它的服务。

这些反应轮不仅存在于生物内部,也存在于生物之间,它们以合作的模式存在,就像本章前面在实验室中进化的模式一样。一些微生物利用其他微生物排泄的化学物质来重建化学键和移动电子,并以此维持生命。一个结构化的循环可扩散能量,并增加比功率。理想的化学排列是这样一个反应轮:当能量扩散时,物质在轮子上来回变化。如果一个物种可以将铁元素氧化,那么另一个物种可以将铁元素还原。

由于每个微生物体内都有代谢轮,当这些轮子连接在一个生态系统中时,就会形成一个由小轮子组成的大轮子。想象一下,这个生态系统相当于一个巨大的摩天轮,其中的每个轿厢都是一个小轮(有些乘客把食物从一个轮扔到另一个轮)。由小轮组成的大轮形成了一个极其复杂的流动循环,将能量扩散开来,并以复杂的模式攒集物质。

产甲烷菌利用伍德-永达尔通路将空气转化为糖类和碳链,并排泄出甲烷。其他微生物则以甲烷为食,打开它的化学键来获得内部的电子,产生二氧化碳和氢气。这些微生物是**嗜**甲烷菌(它们消化了从美国墨西哥湾的"深海地平线"钻井平台泄漏的大量石油)。发酵微生物也加入到这个循环中,它们分解产甲烷菌产生的糖类物质。

这也会导致互惠主义的阴暗面。从某种意义上来说,分解另一个微生物以获取糖类,比自己生产要容易得多。有时候,一个生物想要的资源正在被另一个生物积极地利用。终于有一天,一个生物扮演了该隐(Cain)*的角色,"杀死"了它的邻居,以获取储存在其体内的能量。

甚至生命圈的这一"阴暗"部分也能在化石中找到证据。在苏必利尔湖北岸的一块燧石中,存在燧石相微体化石。在有许多岩石陈列柜的雷德帕斯博物馆里,有一块燧石相微体化石样品。在抛光的黑色燧石上,这些洁白的微生物化石十分显眼,就像天空中的星星一样。近期的成像技术使我们能够重建它们的三维活动场景。有些微生物正在吞食其他微生物的时候被固定下来,逐渐变成了化石。它们在最后一顿饭时只吃了一半,就被永久地困在岩石里。由此可见,"捕食者和猎物"的关系可以追溯到很久以前。

再次引用迪拉德的话:"我们这些活着的人被蚕食,也蚕食他者,我

---

*《圣经》中的大恶人。——译者

们不是被高举在空中的云层上,而是在穿越一片破碎却美丽的土地时,不断争斗,你死我活,伤痕累累。"随着这些古老的微生物从空气中获取甲烷和氢气,并将它们转化为生物分子,微生物也将其编织进捕食与被捕食的循环之网。一直以来,能量都是由低熵向高熵转化的,比功率保持不变,生命的大轮滚滚向前。

然而,捕食和被捕食的循环构成了一个更大模式的一部分。30亿年前,大格局才刚刚开启。本章中的所有循环,从产甲烷菌循环到铁还原循环,都可以根据循环分子的化学反应活性来安排。在化学术语中,化学活性是由分子的**静电势**来衡量的,其单位为伏特(见图6.3)。

本章中之前提到的循环分子具有负电势,位于图的左侧。这意味着这些电子受体并不是很擅长接受电子,它们可以接受电子,但并不能从中获得太多的能量。如果微生物能看懂这张图,它们会渴望看到图片右侧正电势的循环;锰、氮和氧更容易接受电子,释放更多能量。但这些在早期的地球上并不多见。出现在早期地球"菜单"上的,只有低电势且低热量的铁、硫和碳"食物"。为此,地球将不得不发生一些改变。

地球的确发生了改变。图6.3顶部的箭头显示了地球在氧化过程中是如何变化的。当这一切发生时,地球的电势移向了右边。随着这种变化的发生,锰、氮和氧的更高电势和更大能量在太阳能的积极帮助下变得可用。接下来的几章将讲述这是如何发生的。

但是,在按照这个箭头进入下一章之前,我们要了解更多一些出现在古老化学循环中的路径,这些路径依靠那些不寻常的化学物质(比如较顺乌头酸酶中的硫化铁更奇异的物质)延续至今。古老的路径仍然贯穿于奇异微量金属参与的现代生物化学反应中,它们与地球早期就出现的气体最为配合。

我们仍然在偏僻的角落里使用这些金属,就像古老的传家宝一

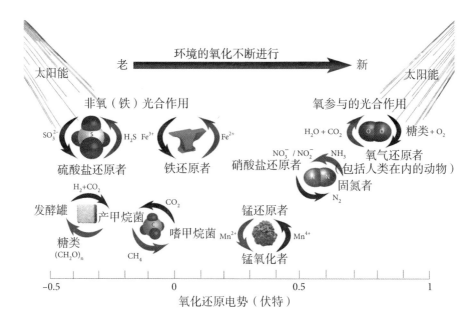

图6.3　微生物的化学循环按"氧化还原电势"进行排列。较古老的化学循环在左边,较新的化学循环在右边。

源自:P. G. Falkowski et al., "The microbial engines that drive Earth's biogeo - chemical cycles",2008, *Science.* 320(5879), p. 1034, Figure1, DOI:10.1126/ science.1153213。

样,它们讲述着生物经历过的共同历史。这些古老的路径与远古没有氧气参与的生物化学反应保持着深刻的、普遍的联系。在地表之下,那个古老的世界正在逐渐消失,有一天这个底层从整个体系中消失。在这场化学革命发生之前,和我们现今世界及恐龙时代都不同的另一个奇异世界繁荣起来。

神秘的微生物和奇特的金属

有些微生物很奇怪。沃斯(Carl Woese)是第一个指出这种怪异有多严重的人。沃斯研究了简单微生物的基因,在其中发现了一个重要的差异,并以此将微生物分为两组。按照生物分类学的方法,这种差异足以将微生物划分为不同的两域。此前,简单的微生物都被称为细菌;根据沃斯的研究,这个奇怪的族群现在被称为古核生物*,因为它们是比较古老的族群。

古核生物就像微生物"高中"里奇怪的哥特式打扮的孩子。我以前也是一个奇特的孩子,因此我欣赏那些"熊孩子"的独特天性,我愿意和古核生物成为朋友。它们与细菌的区别是很多的。细菌用简单的磷酸根覆盖的碳链制造外膜,但古核生物有牢固的、更难制造(也更难破坏)的外壁。古核生物与细菌之间的差异,有些像新潮怪异的马丁靴和普通鞋子之间的差异。一些古核生物甚至避开了碳的直链模式,把碳建造成"梯形烷"**。它们把碳链扭曲成独特的、稳定的形状。被封存在岩石中几十亿年后,它们为我们留下了分子"涂鸦",仿佛在告诉我们:"这里有古核生物。"

古核生物也是创新的化学家。从早期地球上简单稳定的分子中获取能量需要创造力。要运行伍德-永达尔通路,首先必须在加氢之前从二氧化碳分子中夺取一个氧原子。这需要切断碳氧之间非常稳定的双键。这个过程中起关键作用的是钨,它是一种奇怪的重元素,位于元素周期表底部,我们用它来制造白炽灯的灯丝和游艇的压载。钨是少数几个能接受两个电子的元素之一,它能连续两次改变电荷。这样它就可以锁定氧,并将二氧化碳分解。今天,钨在生物化学反应中是罕见的。在我的生物化学课程中,找不到钨的元素符号(W)。但是,在古核生物利用二氧化碳的主要代谢路径入口处,出现了钨。W

＊俗称古细菌。——译者

＊＊一种梯子状的碳链化合物,含有两个或多个方形环烷烃。——译者

代表"奇特"*。

伍德−永达尔通路的其余部分需要另一种奇特的金属:镍。镍是产甲烷菌最喜欢的金属,因为它能很好地和氢气、甲烷和乙酸结合。镍在如今的实验室里也有同样的化学用途。有机化学家制作了一个小的CHON框架,它可以固定铁和镍,这样就可以将电子从氢气中全部分离出来。另一个从氢气中夺取电子的化学反应催化剂是以镍原子为中心(灵感来自镍酶)。试图生产氢气的科学家发现,铁、镍和钴能够催化制氢,成本比传统的金属催化剂(如铂)低。

莱维在他的回忆录《元素周期表》(*The Periodic Table*)中讲述了一个故事,他曾经必须从岩石样品中提纯镍,而他灵感迸发的时刻是将氢气通过样品。深夜独自工作时,他写道:"我觉得自己有点像阴谋家,也有点像炼金术士。"通过将氢气与镍反应,他用一种非常古老的化学配对来完成一些新的化学反应。莱维的行为就像一个反式的产甲烷菌,他不是用镍来获取氢,而是用氢来获取镍。在化学上,元素的亲和力是相互的。

嗜甲烷菌利用镍来制得第一个氢分子(第一个氢分子确实是最难制得的)。然后,它们用镍在元素周期表中的相邻金属——钴来移动甲烷被分解的部分。钴的化学特性是可以结合单碳基团。事实上,它十分擅长这种反应,你甚至可以用维生素B_{12}来完成这项任务。维生素B_{12}是钴的一种特殊形式,被CHON元素所形成的支架所包围,钴在其中可以完成所有的工作。

即使你拥有全世界所有的铁,如果你的饮食中没有几微克的钴,你仍然会贫血。(不仅仅是人类需要钴,农民和动物饲养员为他们的动物投放的舔食性盐液中也含有钴。)如果你没有摄入足够的B_{12}或相关的

---

* 即英文单词weird。——译者

叶酸分子,你就会患上所谓的"恶性贫血",那是一种听起来就很糟糕的疾病。如果没有钴来移动碳,你的身体就不能制造足够多的红细胞。

这些金属对产甲烷菌非常重要。如果没有合适的奇特金属,你就无法培育这种微生物。如果不添加镍和锰,科学家就不能培养人体肠道产甲烷菌。(锰是化学循环图中重要的一环,我们将在下一章进行详细解读。)另一项研究表明,镍本身可以促进产甲烷菌的生长。

虽然你在一些酶中使用镍,但如果你接触过多的镍,它会给你带来麻烦。具有奇特化学性质的镍具有较高的丰度,因为它在元素周期表中紧挨着铁,这保证了它在恒星中的丰度。这意味着它在环境中很普遍,你的身体经常要对它说"谢谢,不能再要了"。

你可能知道有人患有"镍痒症"。这些患者的免疫系统对不锈钢中的镍起反应,并会对镍发起攻击。镍可结合并激活免疫蛋白,有点像铍(见第二章)。这种免疫反应是一种信号,当意识到有镍靠近时,机体会移开,并不再渴望得到它。此时,我们不再需要哪怕几微克的金属来移动氢气或甲烷,镍作为生命中重要维生素的日子已经结束了。

用血红素来扩展金属调色板

钴和镍是实验室里的化学"变色龙",这源于它们移动电子的能力。钴可从粉红色变为蓝色,镍可从绿色变为蓝色。在一次演示中,我加热试管中的酸性溶液,制备出含钴的胶体——上部和下部都是粉红色,中间是蓝色。

维生素 B_{12} 含有钴,但实验室里的一管维生素 B_{12} 不像氯化钴那样呈粉红色,而是明亮的霓虹红,比血红蛋白中含铁的血红素颜色更鲜艳。钴的化合物的不同的颜色,说明它们的化学成分也不同。维生素 B_{12} 中的钴被扁平的方形氮带所包围。如果这让你想起血红蛋白中的方形的血红素,大概是因为两种化合物分子结构中的氮带几乎完全相同。具有这个方形氮带结构的一类化合物被称为卟啉,它被发现附着在各种金属上,可以追溯到地球的早期。

把卟啉附在金属上,可能会改变金属的颜色,而且肯定会改变金属的化学性质。卟啉带中的金属可运送氧气、移动电子,并用金属本身无法匹配的化学特性来捕获光。威廉斯写道,将一个卟啉环添加给一个金属离子后,"就好像是另一种金属离子被制造出来了"。

虽然是一类大分子,卟啉的制备却惊人地容易。一些实验室通过简单的组合,如将甲烷和氨气通入水中,在电火花的作用下就可制得卟啉。卟啉可发现于陨石和石油矿床中,人们甚至可以找到卟啉矿物。紫四环镍矿石就完全是由镍卟啉组成的,它是一种特殊的略带橙紫色的半透明岩石,仅发现于美国科罗拉多州和犹他州。

卟啉是有用的,因为四个氮中间的孔完全适合元素周期表中过渡金属区域第一行的金属。铁、镍和钴可以与卟啉结合,我们已经讨论过了;镁、钒、铜和锌也可以。其中一些如图6.4所示。在蛋白质中,镁加卟啉可让叶绿素呈现绿色;镍加卟啉可呈现黄色(辅酶F430);铁加卟啉的颜色范围可从血红色(血红蛋白)到像凯西堡附近巨石呈现的绿色(血红素d1),甚至是蓝灰色(原血红素)。这些颜色取决于在方形卟啉中加入了哪些原子,不同的颜色表示不同的化学成分。

我们将在下一章中看到镁卟啉,但是生物不使用钒卟啉或锌卟啉。这不是因为钒或锌和卟啉不匹配——用卟啉制造有用物质的有机化学家,就能毫无困难地将钒或锌插入到卟啉中。钒在元素周期表上太靠左边,所以它因黏性不足而不能广泛使用。而铜和锌是有足够黏性的,在可利用的元素周期表的右边区域,但是它们还是没有出现在天然的卟啉中。特别的是,生命用到锌的地方很多,但是如果在体内的卟啉中发现了锌,那身体一定出现了重大问题。出现在患者血液中的锌

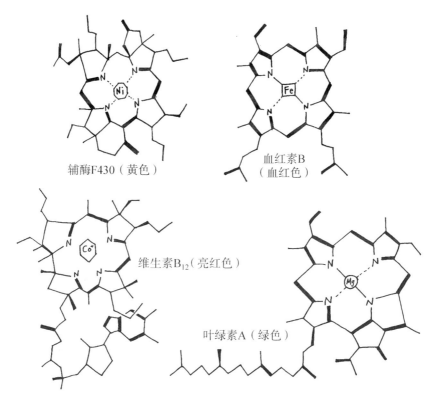

图 6.4 不同卟啉和金属的组合。请注意,相似的 CHON 网络加上内部的不同金属,会呈现不同的颜色,也会形成非常不同的催化剂。

源自:H. A. Dailey,"Illuminating the black box of B_{12} biosynthesis",2013,*Proc Natl Acad Sci.* 110(37),p. 14823, Figure 1, DOI: 10.1073/pnas.1313998110。

卟啉对医生来说是报警信号,那表明患者出现了铅中毒。那我们的身体为什么不用锌卟啉呢?

锌在生物体内遵循一种奇怪的模式。在细菌中,锌出现在一些较古老的功能区中,可把一些物质黏合在一起(特别是在核糖体中比较有用);但是,在可以催化有用的生化反应的较新功能区中,没有它们的身影。人类使用锌来协助完成许多细菌不能完成的化学反应,通常是在细胞外的含氧环境中,而不是在细胞内的还原环境中。在这本书中,可以在第五章中看到锌,第六章和第七章没有它,然后它在第八章中又出现了。

威廉斯通过观察锌的化学反应,解释了这种奇怪的模式。锌和硫结合得如此紧密,以至于水不能把它们分开。基本上,如果周围有很多硫,那么锌就不能被生物所用。大约十年前,人们认为古老的海洋中有很多硫,而没有氧气。如果一种蛋白质需要锌,它就必须紧紧地抓住它而且永不放手(就像无数流行歌曲中的歌词)。威廉斯认为,生物锌卟啉是不存在的,因为当卟啉第一次被生物制造出来时,锌还粘在硫上。

最近在岩石中发现的证据对这一点提出了质疑。地质学家康豪泽(Kurt Konhauser)和他的同事在古代海洋形成的古老黑色页岩中发现了锌。在还有其他几条证据的支持下,他们认为,硫只存在于早期海洋中的部分区域里,因此锌将广泛地存在于那些区域之外。

当世界上其他地方都有锌的时候,生物可能出现于那些富硫区域里,因为生物需要硫。因此,锌在卟啉中的缺失模式可能是指锌的**局部**不可用,或者硫的含量会随锌的含量变化而波动。这些周期性的"锌饥荒"对艰难生存的细菌来说太麻烦了。

铜不含卟啉更容易解释。早期地球上根本没有可以利用的铜。在过渡元素区域第一排中,铜与硫化物的结合是最紧密的。如果周围没有氧气,铜会抓住其他元素并沉积在岩石中,永远不会溶解到海洋中。与此相吻合的是,在地球早期的无氧时代,是没有铜蛋白的,我们将在后面的章节中介绍铜蛋白。

另一方面,在这段时间内,铁的可用性更好,因为它的硫化物会溶解成有用的硫铁簇。如果没有氧气,大多数铁都是以 +2 价的形式存在于卟啉中。 +2 价的镍、钴和卟啉的结合也很好。我们在早期地球的蛋白质中看到这三种元素,以卟啉或非卟啉的形式存在。

我们基因里的早期地球化学印记

如果将上述所有这些研究结合起来看,那么每个生物体内都应该有一个来自过去的微弱信号。几十亿年过去了,但生命不断繁衍孕育,所有生命都以相同的 DNA-RNA-蛋白质系统进行传播。一些科学家收集了大量的基因序列,并基于它们的共性将其整合成一张大图谱。最古老的基因已经像古代手稿一样,无数次地被 DNA 书写和拷贝,而相关的信号现在仍然可以看到。这些确实是基因的"手稿",但是用 DNA 写的,而不是墨水;是用聚合酶写的,而不是用手。

三位科学家以三种不同的方式研究了这些基因,结果一致。直到 2005 年左右,科学家们才收集到足够造成群聚效应的基因数据。杜邦(Christopher Dupont)和他的同事发表了两篇论文,一篇是 2006 年的,另一篇是 2010 年的。他们搜索了蛋白质中已知的金属键合序列,并对它们进行了比较,看看哪些蛋白质最常见,哪些最古老。2010 年的论文是杜邦与卡埃塔诺-阿诺里斯合作完成的,后者发现的分子钟在第五章中有介绍。

他们的研究结果和生命历史的通常模式相吻合。当蛋白质开始对金属变得挑剔时,蛋白质结合的第一种金属元素是铁,然后锰(很快)和钼(也很快)出现了。锌、钙和铜后来才出现,或者在有卟啉的情况下,根本就没有出现。锌的路线看起来与其他金属有所不同,锌出现得更早,但成长得更慢,随着时间的推移而呈现出独特的模式。

卡埃塔诺-阿诺里斯给所有酶(无论是否与金属结合)指定了一个年龄。对于与这部分历史相对应的早期事件,他将含卟啉的蛋白质的出现排在第二位。这也符合历史进程,因为卟啉虽然出现很早,但不是最早的。他的研究数据表明,铜蛋白直到出现了第一个使用游离氧的蛋白质后才出现的,我们将在第八章进一步介绍铜蛋白。

之后,大卫(Lawrence David)和阿尔姆(Eric Alm)于2011年发表了《真正的力量之旅》(the real tour de force)。他们设计了一种新的基因分析方法,这种方法可以解释细菌之间对基因的过度共享。这使得他们以前所未有的细节,将很多基因的出现年代确定为约30亿年前。对每一种对氧敏感的小分子化学物质,大卫和阿尔姆都按元素进行数据分配。特别是,他们测定了可以利用游离氧、7种过渡金属、5种含硫化合物和4种含氮化合物的蛋白质的年代。

他们的研究结果补全了威廉斯推测的演化史:使用氧气的蛋白质最初很少,后来随着时间的推移而不断增长,过去35亿年间增长了300%。含硫化合物和含氮化合物遵循相同的基本模式:含氧量越多,被生命利用的时间越迟。

相反的情况也在发生:偏爱含氢分子的蛋白质出现得很早,而且随着时间的推移被生物使用得越来越少。随着时间推移,结合两个氢的含硫化合物的使用量减少,而含四个氧的含硫化合物的使用量增多;结合三个氢的含氮化合物(氨)使用量减少,而结合氧的含氮化合物(硝酸盐、亚硝酸盐)的使用量增多。

这个模式与维诺格拉斯基柱的模式相同,其中更深一些的微生物意味着起源更早。氧气控制着维诺格拉斯基柱中生物分布的模式,所以游离氧也控制着生命随时间推移的化学演化模式。

大卫和阿尔姆的分析还提供了过渡金属的数据,这些数据与其他两种分析基本吻合。他们说蛋白质首先使用铁、锌和锰,其次是钴和镍。钼蛋白和铜蛋白后来才出现,所以它们会出现在本书后面的章节中。氧的化学特性影响着这些金属,就像氧对含氮或硫的化合物的影响一样。

锌在这些分析中是最不一样的。这可能和地球元素分布不均匀有关,一些地区有硫而没有锌,而其他地区硫少锌多。整个演化史的大致轮廓仍然是,生物对氢、铁、镍和钴的利用较早,而对氧、钼和铜的利用较晚。

这一切加在一起,形成了一个化学性质和现在不同的早期世界。那时没有氧气,也几乎没有含氧的燃料。海洋中充满了生物可用的铁(特别是它的 + 2 价形态)和锰,可能还有足够的锌用于建造生物体,但这些锌起不到催化作用。海洋中还有生物体可以利用的钴和镍,但铜和钼由于与硫和其他原子的化学反应而不出现于海洋中。结果,需要某种化学特性的酶从周期表上的钼往下移一格,选择了钨进入生化反应。在这些基因研究开始之前,威廉斯预测了金属(锌除外)的这一顺序。这些不是随机的选择,而是记录在岩石中可预测的模式。

旧世界是如何走向灭亡的

在一个个原子的作用下,世界发生着改变。氢气泄漏到外层空间。细胞在囤积电子和氢的时候,也在缓慢地释放含氧物质。每一个喷出的氧原子和逃逸的氢分子都促成了世界的氧化。综合各方面因素来看,产甲烷菌、嗜甲烷菌和发酵罐的"古老氢经济体"运行良好,但这些低热量气体无法以高比功率支撑代谢较快的复杂生命。化学轮转动起来,但吱吱作响的运行速度比它们原本可以做的要慢一些。这些轮子几乎不知道,周期表中隐藏的趋势会破坏它们的整个化学计划。

这一趋势源于康豪泽对锌页岩研究后提出的一个理论。他认为,25 亿年前曾发生过镍饥荒,早于 24 亿年前氧气浓度的首次上升。对于产甲烷菌来说,没有比镍更重要的元素了,所以如果在海洋中找不到镍,它们就无法继续生存。它们被迫撤退到环境的小角落,在那里它们共同收集到足够的镍来勉强维持生存。

康豪泽和他的同事从世界各地的岩石中收集数据,并推断出海洋镍的含量。镍在约25亿年前开始减少了。最重要的是,海洋中的镍含量很快下降了2/3以上,这足以毁灭那些渴望镍的产甲烷菌。但是,镍究竟去哪儿了?

镍唯一能去的地方就是地下。我们知道地壳运动导致地幔中的岩浆在俯冲带不断冒出来,并通过喷口向海洋注入灼热的气体和金属。地壳像毯子一样保存着地幔中的热量,但是这条"毯子"下的热量泄漏了,所以地幔慢慢降温。康豪泽计算出,在史前的这一时期,地幔的温度低于镍可保持液态的温度。镍开始凝固并不断下沉,逐渐远离地表和海洋(见图6.5)。

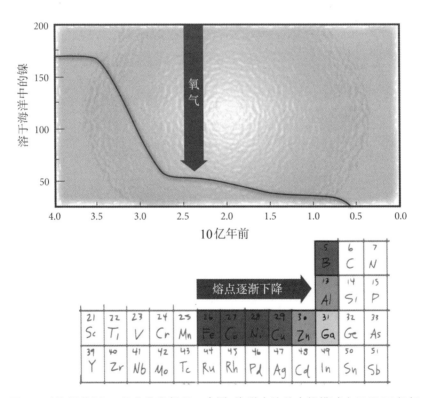

图6.5 "镍饥荒"和可能的化学解释。**上图**:海洋中镍的大规模减少早于25亿年前的大氧化事件。**下图**:在过渡金属的第二部分,熔点逐渐降低,这可解释为什么镍会凝固并进入地幔,而铜和锌留在地表。

地幔是多种化学物质形成的复杂混合物。根据纯金属的熔点,我们可以知道哪些金属更容易熔化。观察沿元素周期表那条熔点趋势线,可在图6.5的下图中发现有一些有趣的现象。从铁到锌,熔点稳步下降。这意味着随着地幔温度的下降,有一个时期内镍已经成为固体,而铜和锌还保持着液态。当然,铜和锌将仍然存在于海洋的硫化物中。然而,一旦它们从硫化物中释放出来,它们就能够发挥相应的作用(在接下来的章节中会进一步介绍)。

钴也可能在这个时候就减少了,而"钴饥荒"或许可以解释为什么维生素 B_{12} 在现代复杂的生物体中很难被利用。至于铁,它的含量也会下降,但是它在多种形态之间的化学转化能力很强,加之其总体丰度足够高,生命能够继续使用它。对于从钴到锌的系列来说,熔点可以决定后面章节中讲述的内容。

康豪泽和相关的新闻将此解读为"偶然性",这意味着镍随地质演化"骰子"的随机滚动而大量减少,生命的历史也因这种随机性而出现永久性的改变。根据他们的解释,产甲烷菌阻碍了好氧生物的前进步伐,直到镍饥荒的随机事件给予它们毁灭性的打击。康豪泽指出,在氧气水平开始上升之前,氧气参与的化学反应至少存在了数亿年,之所以出现如此长的滞后,是因为镍不断支持和巩固产甲烷菌的发展,而阻碍了好氧生物的繁衍。

我对此持不同意见,不是针对相关数据,而是针对相关的解释。**化学规律**决定了镍的消失,生命的化学演化不像骰子那样是随机的。相反,金属熔点遵循整齐的、可重复的,甚至是可预测的顺序,这个顺序可能导致了镍饥荒的出现。因此,如果生命可以"倒带"再来一次,那么镍会在同样的时间节点里消失。

随着时间的推移和氧气的不断富集,十亿年来,氧基燃料和氧化材料成为一种越来越好的能量载体。这是大卫和阿尔姆提出的硫酸盐、硝酸盐和金属氧化物的发展趋势。(这一趋势得到了地质数据的支持。例如,氧气出现之前的硫酸盐代谢是有限的,如今它却是海洋中主要的代谢活动之一。)

按照元素周期表的顺序,可发现金属的熔点从左到右呈下降趋势,这是基于元素质子数和电子数的变化。镍在元素周期表上的位置决定了它在氢化学中的用途,**也**决定了它在几十亿年前会从海洋中消失。这不是像流星从天而降那样的随机事件,而是一个可按照元素周期表排序进行预测的转变。如果水基生命在其他行星上发展,也会在相同的时期经历"镍饥荒"。

我认为"镍饥荒"和地球的氧化是不可避免的和有序的,而不是随机的和偶然的,除非我能修改一下用词:**"镍饥荒"大多是偶然的,但不是在机会或选择方面,而是在化学反应方面。**化学反应按元素周期表的排序是偶然的。

随着时间的流逝,生物储存电子并释放氧气,地球被氧化,一些金属被封锁在这些氧化物中,而另外一些金属被释放出来。新的代谢轮和新的化学燃料成为可能。但我们必须先考虑局部地区的问题,然后再采取全球行动。世界的某个角落的氧化必须出现于全球性氧化之前。在太阳的帮助下,一种强大的、新的氧化化学出现了,就像一只幼小、温热的哺乳动物出现在"食镍恐龙"的寒冷阴影下。

◇ 第七章

阳光的风险与回报

橙色的地球、粉色的湖泊和五彩的河流

30亿年前,地球可能是一个淡**橙色**的小球。因为最初地球的大气层中富含以甲烷为主的碳氢化合物,所以当时的地球就像现在的土卫六那样,被橙色的霾笼罩着。不过,在接下来的10亿年中,环境将发生巨大的变化。某些理论模型认为,在大约25亿年前的一段时间中,这种富含甲烷的橙色阴霾曾忽然消失,又忽然出现,如此反复,就像接触不良的灯泡闪烁了几次那样。再后来,甲烷真的消失了,另一种气体——氧气——代替它接管了地球的大气层。生命从利用甲烷变为利用氧气来生存,地球也真正开始变为宜居之地。

在测量整个星球的化学成分时,我们很难将包含数十亿年时间和数十亿吨化学物质的信息简单地呈现在二维图表上。然而,如果只考虑氧气这一种成分,情况就改观了。我们可以想象这样一幅图:点A对应30亿年前,当时空气中氧气的含量极少,属于**缺氧**状态,因此点A处于低点;点B对应当下,空气中的含氧量为20%,属于有氧状态,所以点B处于高点;连接点A和点B的是一段波动的线条,它上下起伏,但总体呈上升趋势。(请记住这幅图,它将在接下来的两章中发挥重要作用。)

地质学家坎菲尔德(Donald Canfield)等研究人员在古老的岩石中发现了30亿年前地球上存在微量游离氧的证据。氧气先如涓涓细流般缓慢增加,后来像发洪水似的急速增长。坎菲尔德发现,空气的含氧量在21亿年前就已高得惊人,快要赶上现在的水平了。由此可见,一旦"化学钥匙"解开束缚氧气的枷锁,大气中就会充满这种活性气体,让万物依次呼吸、生长。换句话说,如果你乘坐塔迪斯飞船*回到了21亿年前,你或许可以直接走出去呼吸空气,而无须穿戴呼吸设备。

如果真的可以进行时间旅行,那么请你在输入目的地时,千万不要把"21亿年前"错写成"20亿年前",因为就在那时,氧气浓度不再上升,反而急剧下降,需要再经过漫长的10亿年才能恢复。本章将介绍氧气在30亿年前到20亿年前这段时间内迅速增多的问题,下一章将讨论是什么样的化学因素导致了在接下来的10亿年中氧浓度不再增长。

"化学钥匙"让地球的大气层呈现出红、橙、黄、绿、青、蓝、紫等不同颜色,这是出于两个目的:保护和生产。虽然从红到绿看上去差别很大,但绝大多数"颜色"在化学上是一家人——大部分色素的化学本质都是碳链,只是形态不同。最终,这些"颜色"吸收了足够多的光能,并通过可被预测的化学过程来改变这颗星球。这些复杂的转变都归功于丰富的太阳能(但使用这种能源是具有一定风险的)。

或许是充当遮阳伞的碳链开启了这一系列改变地球的化学过程。让我们看看这些"颜色"的行动吧,就从位于澳大利亚沙克湾叠层石东南方的希勒湖开始。粉红色的希勒湖坐落在蓝色的海洋附近,被绿色的森林环抱——蓝色和绿色把明亮的粉红色湖水衬托得格外显眼。希勒湖的粉红色不是"天边晚霞的淡粉色",而是泡泡糖或公主生日派对会用到的鲜艳的粉红色。

---

* 英国科幻剧《神秘博士》中的时间机器。——译者

我们在其他地方的湖泊中也能看到这种粉色或红色,比如旧金山湾的人造盐池,以及死海、莫诺湖等天然咸水湖。这些湖泊中生活着大量嗜盐微生物,它们将红色的"菌红素"(含有一条长碳链的化合物)编织到自己的细胞膜中,就像纸币中细小的红线。

菌红素的颜色是和功能相关的,其长链中存在多个以双键方式排列的额外电子,这些电子能吸收高能量的浅色光,让低能量的红光通过,因此呈现出红色。菌红素就像一把"化学遮阳伞",可以像臭氧层那样吸收高能量的阳光,或是提供额外的电子来清除高能阳光所产生的微小的活性氧分子,或者两者兼顾。

另一些极端环境中也出现了这种粉红色。比如,科学家发现,美国黄石国家公园的温泉中生长着许多粉色的胶状物,它们是孕育多种微生物的温床,其颜色可能来源于菌红素等保护性分子。希勒湖的亮粉色也是这种安全的甚至具有保护作用的粉色。你可以放心地在这些粉色的湖水中游泳,湖中最危险的化学物质可能只是含量过高的盐。

在世界的另一个角落,还有一条被其他碳链色素"染"成洋红色的河流——哥伦比亚的卡诺·克里斯特尔斯河(俗称"五彩河")。在那里,绿色、粉色、橙色、黄色和红色的水生植物生长在水晶般清澈的河水中,这一艳丽动人的美景被拍成了一张张照片,在互联网上广为传播。

其中最引人注目的洋红色来自一种名为洋红河苔草(*Macarenia clavigera*)的特殊植物,它可以在特定时间段内,像树叶在秋日变黄一样,变成美丽的红色。那是一段稍纵即逝的时光,雨季正转变为旱季,河水的水位下降得刚刚好:低到足以让河床沐浴在阳光中,又不至于水量太少使植物无法存活。

浓烈的洋红色来源于花青素(这个名字本身还包含了蓝色),它是在秋天将日本红枫染成鲜红色、将其他植物的叶子染成深紫色的色素。花青素和菌红素类似,分子中有许多双键,虽然它们不像菌红素那样组成长链,而是形成了3个环状结构,但是同样可以抵御光线和杂散的电子。当环境压力变大时,植物会生产出更多的花青素。

秋叶和五彩河中的黄色、橙色来源于一类名为"胡萝卜素"的物质,这类色素包括胡萝卜中的β-胡萝卜素、万寿菊中的叶黄素等。胡萝卜素也是链状分子,不过链长没有菌红素那么长。与之类似但稍长一些的链状分子是红色的虾青素,正是它让虾类和爱吃虾的火烈鸟变成了粉红色,让煮熟的龙虾变成了红色。古老的湖泊或废弃的水池底部也因集聚着富含虾青素的微生物而泛红。有趣的是,虾青素可以在蛋白质的作用下改变形状,从而变成明亮的蓝色。因此,当你发现亮蓝色的龙虾时,请不用大惊小怪,这是很自然的事。

分布在每条分子链上的额外电子既可以吸收光(从而产生颜色),又可以与因吸收过多光线而损坏的分子碎片发生反应。因此,不同长度的富电子碳链或环可以呈现出不同颜色,如粉红色、洋红色、大红色、橙色、黄色、紫色,甚至经过一些变化后还能呈现出蓝色。虽然这些物质看上去颜色各异,但其基本化学结构是类似的。

不知你是否注意到,我们漏了一种关键的颜色——绿色,这是所有颜色中最像植物颜色的一种。是什么样的化学作用让植物呈现出绿色呢? 这回可不用靠碳原子,而要仰仗一种金属元素的帮助,它在元素周期表上离碳元素很远。

镁赋予"彩虹"色彩

一种药用化学物质或许决定了我最喜欢的颜色。至今我都记得自己是怎么爱上这种颜色的。那时,五六岁的我住在美国菲尼克斯,患有哮喘和过敏。有一天,医生给我用了改善呼吸的新药。在回家的路上,药物的作用使我的感官格外敏锐,车窗外亚利桑那州沙漠中的一抹抹绿色,点亮了我迷迷糊糊的双眼。我惊讶于世界上竟然有如此美丽的事物,甚至还为此写了一支小曲。如今,我忘记了自己当时吃的是什么药,也忘记了那支曲子,唯有那些植物的绿色,深深地印在我的脑海中,从此成为我对"你最喜欢什么颜色"的答案。这就是化学如何影响**我的**生物学。

很久以后,我才发现当年那幅令我印象深刻的景象中,植物的绿色和沙漠岩石的灰褐色,竟然都来源于同一种金属元素——镁。植物的绿色是通过将镁元素置于方形卟啉环内得到的。单质镁在常态下为灰色固体,镁离子溶液是无色的,而将镁元素置于卟啉(一种方形的碳环)中心就能得到植物的绿色——铁元素置于碳环中却能得到血液的红色。血液和植物叶子的化学差异并不大。

植物叶子的绿色源于**叶绿素**分子(叶绿素 = 镁 + 卟啉)。当绿色植物没有获取足够的镁元素时,绿色就会退去,使叶面(叶脉之间的区域)变为黄色。在健康的叶子里,叶绿素分子会被蛋白质固定住,与呈现出其他颜色的碳链交织在一起。在叶片中,叶绿素并不是整齐排布的,它们的安放角度明显很杂乱,这是为了更好地捕捉阳光中的光子——无论光从哪个方向射过来,都有叶绿素能接住它。这种叶绿素−蛋白质结构又被称为"捕光配合物"。

当光线照射到一片叶子上时,它的一部分能量会被捕光配合物中的电子吸收。这种能量可以在金属间和色素间传递,像管道中的流水一样不断前行,直至配合物正中心的碟状蛋白质——这些蛋白质被称为"反应中心"。

反应中心富含铁,本章将介绍的许多其他蛋白质也是如此。铁离子、铁硫簇和色素共同组成了一条电子电路。来自捕光配合物的能量被引入这个系统,用于推动电子在电路中运行。该系统就像电池一样,我们可以用伏特为单位来测量其中能量的大小。电子被光能推动,而光能具有足够多的能量可以用于破坏或生成化学键。也就是说光为合成新的化学结构提供了动力,因此,这整个过程被称为"**光合作用**"。归功于光合作用的出现和发展,生命体开始可以依靠捕获周围的阳光来生长。

最终,这种力量甚至打破了锁住氧气的化学键。光合作用像法尔科维斯基(Paul Falkowski)描述的那样,是"微生物代谢的最后一项伟大发明,它彻底而永远地改变了整个地球的环境"。地球将变为绿色——那种令我难忘的绿色——的星球,不过,这会花上一段时间。实际上,在那之前地球或许会先变为紫色。

丰富多彩的色素分子被用来捕捉不同波长*的光。不过,每种分子只能吸收波长在某一小段区间的光。因此,捕光配合物想要捕捉多种颜色的光,蛋白质就需要结合不同的色素。也就是说,具有一套特定捕光配合物的单一物种只能捕获阳光的"碎片",但是当所有色素一起工作时,每个波长的光都可以被吸收(见图7.1)。如果我们将世界上所有色素能吸收的"碎片"拼起来,刚好能拼出完整的阳光。

每个物种身上都有自己的色素集合,或许是偶然因素决定了某个物种具体拥有哪些色素,但整体来看,系统所能利用的总能量是固定且可预测的。正是由于物种具有尝试使用不同颜色的光的能力,才让整个生命系统可以高效地利用阳光。比如,有些物种会为了吸收穿过其他物种的光(那些物种没有吸收这些波段的光的色素),而改变自身。个体效应很难预测,但整个系统吸收的能量是跟太阳的能量完全匹配的。

一些色素具有肉眼无法看到的颜色。如果你有强烈的黑光**和一根香蕉,你就可以让一些无法看到的颜色"显形":用黑光照射熟透的、表皮有棕斑的香蕉,可以看到棕斑附近出现白紫色光环。这就是一种

* 即不同颜色。——译者

** 近紫外光。——译者

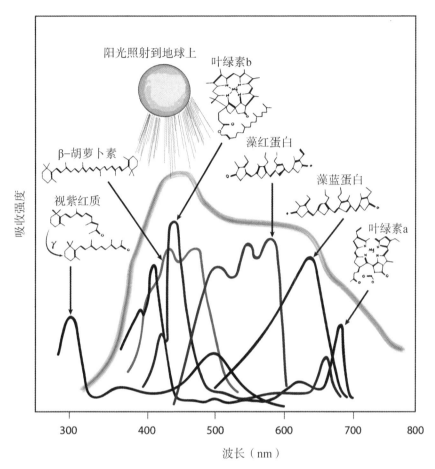

图 7.1　不同的碳链色素吸收不同颜色的光(黑色线)。如果把生态系统中主要的
色素加起来,它们吸收的光几乎可以覆盖射到地球上的阳光的所有波段(灰色线)。
数据源自：Albert L. Lehninger and David L. Nelson, *Lehninger Principles of
Biochemistry*, 4th ed. 2004, W. H. Freeman, p. 727, Figure 19-41。

肉眼看不见的色素,来源于破碎的、降解的叶绿素,可以吸收高能黑光,
并将其变为熵值更高的可见光后释放出来。

　　许多色素都像粉红色的菌红素一样,具有保护性和生产性,因为吸
收光的富电子链也能吸收杂散电子。这很容易想象:一种微生物偶然
将一些双键碳连起来形成新分子,从而得到了其中电子的保护而更好

地生存;后来,当这种分子吸收能量时,杂散电子可能会落到附近的铁元素上,如果它们刚好可以在生产性区域打破"坏"的化学键或建立"好"的化学键,生产出更有用的分子,就能让微生物的生存状态更上一层楼。由此可见,分子的保护和生产作用是推动生命进化的关键所在。

视紫红质:人类与细菌共有的太阳能蛋白质

在众多可以吸收能量并运送电子的蛋白质中,结构最简单、或许也是最普遍存在的,要数视紫红质——它存在于每一片叶子和每一双眼睛中。科学家发现,生活在希勒湖中的淡粉紫色嗜盐微生物的细胞膜上也含有视紫红质,它的存在为湖水及温泉中那些滋养微生物的胶状物变为粉红色提供了帮助。微生物体内的视紫红质由色素分子和质子泵组成。其中的色素是一种短碳链,它让视紫红质呈现出20世纪80年代后期流行的家具的那种紫红色。

具有颜色,意味着它能吸收光。同时,由于被吸收的光能无处可去,它翻转了色素中的一条双链(见图7.1左下角)。这个动作会压迫视紫红质的一部分,进而压迫到另一部分,让蛋白质构型发生变化,从而让出一个空隙,即打开一扇大到可以让质子通过的门,将质子从膜内泵到膜外。也就是说,当光线照射视紫红质时,质子可以穿过细胞膜。

视紫红质相当于一种细胞使用的太阳能电池板。比如,当阳光照射含有视紫红质的细菌时,细菌可以将质子推出体外,酸化周围的环境。这对细菌来说非常经济,因为太阳能是免费的,它们只需花点成本制造蛋白质(并替换被分解的蛋白质)就行了。

视紫红质带来的质子运动是一个很好的伎俩,但在细菌的细胞膜上还有另一种蛋白质,与它合作能带来更高的回报。这就是一种名为"ATP合酶"的巨大蛋白质,它可以利用储存在质子中的能量制造ATP。

由于质子泵不断将质子送到膜外,细胞的外部变成了一个质子储存罐,即细胞内外存在质子梯差。当质子流顺着梯差,穿过ATP合酶回到细胞内时,就会像流水带动水车一样,让ATP合酶"转动",激活生成新磷酸键的类机器运动。于是,光能转化成了储存在ATP高能磷酸键中的化学能。

然后,新合成的ATP被带到细胞的其他位置,打开磷酸键,释放能量。ATP释放的能量可以用来发出信号、合成DNA链、泵出令人讨厌的毒素。如果将ATP看成是一张20美元的纸币,那么视紫红质和ATP合酶的组合就是一台由光子驱动的印钞机,它的部件是两种蛋白质、一种粉红色素和一些质子。

视紫红质的设计非常有用,这种设计经微调后,被用在很多其他地方。比如,人体内就有视紫红质,它的结构与细菌体内的视紫红质很像。我们的视紫红质也存在于膜上,它由细菌所拥有的七个视紫红质组合而成,还结合了一个短碳链色素——这种色素可以在光线穿过时发生翻转。不过,人体的视紫红质不会泵送质子,而是通过改变形状发出信号,这是主要的区别。

人体的视紫红质虽然看上去结构很原始,却拥有十分先进的功能:它能检测视网膜中的光。就在此时此刻,你阅读本书的时候,你眼中视紫红质内的碳链正通过前后翻转来推动蛋白质(它们在粉色的光敏细菌中也是这么做的),从而感知光线。

细菌同样能利用视紫红质捕获的能量发送信号,这样它们就能分辨明亮和黑暗的环境,从而生产不同的化学物质。通过与视紫红质类似的蛋白质,小到单个细菌,大到整个微生物生态系统,都感知到了昼夜的交替。整个海洋中的细菌一起震荡,用协调的步调回应着太阳的东升西落,与这温暖的能量之源遥相呼应。这种微生物之间的通信或许会让生态系统成为一个动态的复杂结构,让整个海洋变成一个流动的、看不见的维诺格拉斯基柱。

视紫红质具有足够的能量来泵送质子并发送信号,但这是可以从单个光子中挤出的所有能量。一条碳链能做的只有这么多,即使它是由太阳驱动的。作为开端,这尚不能提供足够的能量分解水以产生氧气(这是我们所追求的圣杯),但这却是一个开始。

拥有"紫色之力"的质子和电子

植物将色素排列在被称为"光系统"的蛋白质结构中,组成了比细菌的视紫红质更复杂的光驱动系统。这些光系统将捕获能量的捕光配合物与使用这些能量的反应中心结合起来。光系统中色素的排布是为了捕获更多的能量,让杂散电子造成的能量损耗最小化。

光系统分两种,它们的颜色不同:一种是视紫红质的紫红色,另一种是春日树叶的绿色(其中还混有一些碳链色素的橙黄色)。大多数常见植物兼有这两种光系统,并由电子流相连。两种系统都是围绕叶绿素建立的,但使用叶绿素的目的不一样;而大多数光合微生物只具有一种光系统。

我们能在不同颜色的微生物身上分别找到这两种光系统。比如,绿色硫细菌具有光系统 I *,紫色细菌具有光系统 II **。这两种系统的化学结构不同,甚至主要利用的元素也不同。

紫色细菌内的光系统看起来与前文描述的视紫红质分子很相似,两者具有类似的捕光色素,并且最终能起到质子泵的作用,即让质子通过细胞膜。不同的是,光系统增加了迂回的过程,利用光能将电子从一个地方推到另一个地方。从化学上来看,这并不难做到,因为镁中本来

　＊即绿色光系统。——译者

　＊＊即紫色光系统。——译者

就有电子,正等着被移动呢。光能为电子提供了足够的能量,让它们沿着由长碳链色素、铁元素和硫元素组成的通道一路下行。

最近,科学家发现,这些色素通过同步弯曲,使量子力学态达到"连贯"状态,从而让电子可以在色素与色素之间传递。这让我想到了节奏一致的弦乐四重奏。接下来,电子沿着连贯的色素一路下行,直到它所处的那个色素分子没有与其他蛋白质相连。于是,这个色素分子将这个被激发的电子释放到膜内,然后像轮船入海一样,开始在膜上航行。

不用担心,另一种蛋白质会为这条"远航"的碳链提供一个安全的港口;而在另一边,被释放的电子也会踏上新的道路。这条电子传递路径是由铁硫中心和血红素中的铁代替碳链铺成的(与我们在前一章介绍过的蛋白质很相似),说明它与光系统的诞生时间很相近。随着电子的移动,质子被泵出细胞膜,在膜内外形成梯差,这种势能之后可被用于让ATP合酶生产ATP。最后,另外一种含铁蛋白质——细胞色素c,会将能量耗尽的电子送回反应中心,让电子在那里等待再次被光激发。

高能电子是一种很有价值的商品,如果紫色细菌能泵出足够多的质子,制造出足够多的ATP,那么它们可以利用高能电子做另一件事——生产化学物质。比如,生产重要程度仅次于ATP的化学物质,即NADH(还原型烟酰胺腺嘌呤二核苷酸)。

NADH是一种由碳、氢、氧、氮等元素组成的"化学盒子",其内部可以容纳一对电子。这个盒子可以像ATP一样,在细胞内被运输到需要它发挥作用的地方。NADH到达指定位置后,可以利用盒内高能电子的能量,建立新的化学键和几乎任何可能的化学构型。(准确来说,这个功能是由一种名为NADPH的化学盒子带来的。与NADH相比,NADPH多出一个磷酸根。不过,我在本书中不会特意区分NADH和NADPH,因为它们的化学性质是相同的。)

NADH这类盒子建立的化学键,可以固定住像二氧化碳这样既轻又稳定的气体分子。紫色细菌利用太阳能驱动的光系统产生的多余电子和ATP将二氧化碳绑在一起形成三碳糖链,而三碳糖只要去掉几个化学键就能结合成六碳的葡萄糖或十二碳的蔗糖(就是我们厨房中常用的糖)。捕捉气体并将其变为糖的过程,是在色素、光线等的共同作用下完成的,就像旺卡(Willy Wonka)*的戏法一样,真是非常神奇。

五种化学平衡之一就是每个细胞的内部都保留有电子,细胞利用NADH存储这些电子。每个有机体都是通过电子组织起来的。这些电子,以及平衡其负电荷的氢离子,可以将任何东西结合在一起,并形成比所摄取的物质更复杂的结构**。ATP、NADH和DNA中都包含糖类分子,因此,每一个学习生物化学的学生想要记住这些结构,都需要先了解糖类的结构。

与利用细胞内部的电子合成化学物质相对应的,是氧气或拥有更多氧原子的化合物(它们是电子在化学上的对立面)被排放到细胞外。故而,所有微生物,甚至是所有生命,都因为需要使用电子而在不断地氧化环境。

绿色光系统为微生物供能

我们再来看看另一种光系统,它拥有不同的颜色。绿色硫细菌具有**绿色**光系统,其化学性质跟上文讨论的紫色光系统不同。绿色光系统会使用更多的铁元素,并且会利用铁元素合成更多的化学物质。

绿色硫细菌利用光和铁制造通用的NADH类电子盒。它们也会利用电子生成化学键,从而固定二氧化碳(CO_2)和氮气。与紫色细菌不同

---

* 电影《查理和巧克力工厂》(*Charlie and the Chocolate Factory*)里的一个角色。——译者

** 比如糖类。——译者

的是,绿色硫细菌通过逆向三羧酸循环,将二氧化碳变为较小、较简单的生物分子,它们看起来更像是氨基酸而不是糖。也就是说,就像紫色细菌用空气生产糖类那样,绿色硫细菌用空气生产氨基酸。

不过,生成糖不需要使用氮元素,生成氨基酸却要用到。绿色硫细菌是从空气中的氮气中获取这一重要元素的。它们将电子和氢推向氮气(N_2),将氮气转化为富含电子的氨(NH_3),使其以液体的形态"固定"下来。这就是微生物利用空气制造生命分子的另一种方式。在这个过程中,电子要想转移到非常稳定的氮气分子上,就必须足够有力。绿色硫细菌做到了,说明它们制造出了高能电子。那么,它们也可以利用这些高能电子制造其他结构。

如果说紫色光系统是诗人和画家,巧妙地利用色素推动ATP合成循环,那么绿色光系统就是雕塑家,以高能电子为砂浆,像砌砖一样重新构造分子。(作为"砌砖工",绿色光系统或许比紫色光系统更能欣赏第二章伊始的块状回声壁建筑。)当然,这种区别不是绝对的,但这是一种有益的趋势。

绿色光系统从激发叶绿素上的电子开始,然后通过两个色素分子来传递被激发的电子。之后,碳链退下舞台,铁元素上场了。电子会经过三个铁硫立方体结构,然后降落到一个名为"铁氧还蛋白"的用来运输电子的蛋白质上。

铁氧还蛋白利用铁硫中心携带电子。它可以穿过水通道,到达许多不同的地方,将电子送到需要利用它们形成化学键的地方。铁氧还蛋白就像是一位"砂浆"供应商,将电子送到进行不同"砌砖"工作的蛋白质手中。绿色光系统功能非常强大,让绿色硫细菌可以利用光能激发电子,使铁氧还蛋白处于高能状态。这一过程也是非常经济的,因为太阳提供了充足的"免费"的光能。

一旦电子被激发,跳到铁氧还蛋白上,就意味着它们具有可以去往细胞内任何地方的能量。不同分子具有大小不同的电子推动力(见表7.1)。分子的负电荷数越多(即氧化还原电位越低),就越能将电子推向具有更多正电荷的分子*上。

铁氧还蛋白是一张王牌。它位于上述列表的最顶端,可以轻松地将电子安放在碳链、其他铁硫簇、二氧化碳或氮气上。另外,生物电子盒NADH位于列表的顶部附近,为人体提供电子,说明它也具有相当大的电子推动力。

铁氧还蛋白足以构建新的色素分子,扩充捕光分子的光谱。一组实验表明,铁氧还蛋白可以将电子推到一种类型的叶绿素上,为微生物制造出另一种类型的叶绿素。如此,这种微生物就能利用不同颜色的光来获得能量并促进生长了。

光从天而降,供应充足,而电子只能来自地球。在表7.1中,5类分子**是"地球电子源"。表格顶部附近的氢气的还原性很强,是一个优秀的电子供应商。不过,地球上氢气的含量正在逐渐减少,即使在地球历史的早期,不少氢气就已经飘到外太空或被消耗掉了。在这张表中,氢气下面是硫化物,再下面一些是铁。在来自一种或两种光系统的能源驱动下,它们都可以提供电子。

紫色和绿色光系统都能将电子从氢气、硫化物和铁中拉出来。这样的系统在无氧环境中工作表现得更好,这表明它们或许起源于大气氧含量升高之前。如今,提起"光合作用"的时候,人们通常会想到植物制造氧气的过程,不过其他形式的光合作用反而是更早出现的——它们常被人们忽略,但仍然很重要。大约1/10的海洋能量是由这些其他形式的光合作用提供的。

令人震惊的是,有些蚜虫也可以利用光来制造强大的电子。我之

＊即分子的还原性越强。——译者

＊＊即氢气、硫化物、铁、过氧化物和水分子。——译者

表7.1 生物分子氧化还原电位表(pH=7)(越靠前,给电子能力越强)

分子	电位(V)
铁氧化还原蛋白	−0.430
氢气	−0.420
NADH	−0.320
硫化物	−0.240
甲基萘醌*	−0.070
泛醌*	0.1
质体醌*	0.1
里斯克铁硫蛋白质	0.100—0.270
铁	0.15
过氧化物	0.27
水	0.815

*表示:带电子的碳链

数据源自:M. F. Hohmann-Marriott and R. E. Blankenship, "Evolution of photo-synthesis", 2011, *Annu Rev Plant Biol.* 62, p. 515, Table 1, DOI:10.1146/annurev-arplant-042110-103811。

所以说"令人震惊",是因为介绍这项研究的论文就是用这个词来形容这些蚜虫的。这些特殊的蚜虫是橙色的,体内含有大量的源自胡萝卜的碳链色素——β-胡萝卜素。

β-胡萝卜素位于蚜虫的细胞膜上,就像位于粉红色细菌中的菌红素一样,它可以吸收光,并通过目前科学家还没弄明白的机制激发电子,将高能电子推到类似NADH的电子盒内。然后,这些高能电子被用于合成ATP。简单来说,就是β-胡萝卜素将光能转化为储存在ATP中的化学能,为蚜虫的生存提供动力。这很像植物的光合作用,所以蚜虫或许能凭借这种能力被评为"荣誉植物"。

这种现象并非个例,之前科学家还发现,有些动物体内存在完整的、鲜活的光合**细菌**,动物能利用光合细菌使用光能。区别在于,蚜虫利用光能的过程是发生在它自身的细胞膜上的。为什么会这样呢?这或许表明,启动光合作用并不像看上去那么难,一旦足够的色素到位了,新的能量转换和化学键合成反应就会随之被进化出来。

最后,请注意水分子被列在了表7.1的最下方。即使水随处可见,它给电子能力也非常弱,因为水分子中的电子很稳固,需要特殊的化学作用(通常来自元素周期表的另一部分)才能将电子从水分子中拉出来。这非常麻烦,所以,每一种做这种麻烦事的生物都会反复利用那些被拉出来的电子,以求多得到一些回报。

"紫 + 绿 = 蓝"的双刃之力

如果要我当一名给读者解惑的咨询专栏作家(这是个不太可能实现的假设),我知道自己可以这么做:当读者来信问我"应该做X,还是做Y"时,我会回答:"如果你犹豫的话,就两样都做吧。"多年前,当我还年轻并容易被外界影响时,我在咨询专栏上看到过这种回答,而它确实有用。

我们回到"如何让光系统最大限度地获得能量"这件事上。植物对"我该选择紫色光系统,还是绿色光系统"这个问题的回答是"我两个都要"——植物同时使用两种光系统。紫色和绿色相结合,形成了蓝色,构成了最强大的光系统。在微生物中,**蓝**细菌是具有双重光系统的。顾名思义,我们可以在岩石上的一些浅蓝色地衣中发现它们蓝细菌的蓝绿色身影。

蓝细菌完全意识到了光合作用的力量:它们利用光能将电子从水中拉出来,通过紫色光系统运行这些电子,在膜上泵出一些质子;然后通过绿色光系统运行相同的电子,通过铁氧还蛋白将这些电子推到类似NADH的电子盒上,去用于合成化学物质。蓝细菌是一次性完成整个过程的,就像个不间断的长句子,它们既是诗人(泵出质子),又是雕塑家(建构新分子)。

我们尚不清楚蓝细菌的光系统是如何组合紫色和绿色的,但清楚的是,光系统可以在不寻常的地方发挥不寻常的作用(参考橙色蚜虫的例子),因此,光系统可以演变出不同的配置。于是,一些幸运的微生物获得了双重光系统,其体内靠得很近的紫色和绿色光系统可以彼此来回抛送电子——这或许就是化学合作的开端。

双重光系统要想通过分解水得到电子,紫色光系统需要放在绿色光系统前面。这是因为如果带负电荷的电子从水(H_2O)中被拉出来,为了电荷守恒,会产生带正电荷的氢离子(H^+),并会释放氧气(O_2)。在制造氧气的过程中,由于大量电子处于高能运动状态,其中一些电子会"掉队",与附近运输电子的铁原子和硫原子发生反应。因此,让紫色光系统中"危险"的氧气生产部位跟富含铁、硫*的绿色光系统之间保持一定距离,是非常有必要的。

氧气是一把双刃剑,可与生产它的结构发生反应,并摧毁这些结构。我们已经习惯了氧气的好处,并将其与生命的本质联系起来,事实上它并不总是好的。在这个有大量氧元素被封锁在水和岩石的化学键中的世界里,游离氧可以迅速与对生命最有用的活性物质发生化学反应,使之失去活性。

宇航员在执行阿波罗计划的时候,感受到了(准确地说是闻到了)氧气的活性。当宇航员从月球返回阿波罗登月舱,并脱下太空服后,他们闻到了火药味。这是由于舱内空气中的氧气与宇航员带回舱内的月

---

*它们都对氧敏感。——译者

球尘埃发生了强烈的化学反应:氧气将尘埃的电子吸引过来,于是每粒尘埃都经历了原子级别的"爆炸"。宇航员闻到的火药味就是氧化反应的产物。

本书前一章提到的"古米熊"糖果以及其他爆炸有关的内容,是大部分人在化学课上最感兴趣的部分——我当年也是如此。这间接表明了氧气的威力。生成氧气的光系统其实就是一个小型的弹药工厂,是非常危险的工作场所。

因此,生产氧气的光系统必然会受到它们自身正在进行的高能水解反应的伤害。实际上,分解水的蛋白质经常会受损,细胞根本没空修复它们,而是每半小时合成一个新的蛋白质来替换旧的。氧气和生产氧气的化学力量都是危险的,尤其是对于生产它们的光系统来说。

不过,当氧气大量储存于大气之中,而生态系统又适应了这种新的化学物质之后,无数的好处就会随之而来。糖类(就像"古米熊")可以按照可控的步骤与氧结合,避免了不受控制的爆炸,细胞也可以获取氧化作用带来的小型"爆炸"的能量。现在整个生命王国,包括人类自身的生存都离不开氧气——这种被蓝细菌型双重光系统当作废气排出去的物质。

氧气"燃烧"糖(或其他任何东西)的过程被称为"呼吸作用",它是光合作用的对立面。光合作用利用光能推动电子去构建分子结构,并顺带生产出氧气和氧化物。呼吸作用与之相反,它是让氧化物和特定分子结构发生反应,重组蕴含能量的分子结构,释放出这些最初来源于光的能量。总之,光合作用与呼吸作用共同创造了一个利用阳光为生命体的运动、保温提供能量的大循环,即吸收低熵的阳光,最终释放出高熵的热量,这样可以处理更多的能量并增加比功率。

对生化学家来说,呼吸并不仅仅指吸进和呼出空气,因为呼吸甚至不需要用到氧气:很多有机体通过某些已被氧化的、可以接收电子的物质(如三价铁、硫链、锰等)完成呼吸。呼吸作用的关键是移动电子以释放能量。因此,虽然将电子移动到氧气上是最佳选择,但如果我们不需要那么强大的能量,也可以将电子移动到其他物质上。

生物信息学家卡埃塔诺–阿诺里斯发现,最早的与植物或微生物生产氧气有关的蛋白质结构出现在距今29亿年前。这意味着地球上的生命体接下来花了10亿年的时间生产氧气,才获得了足够多的氧气,以维持氧气和糖发生"燃烧"的呼吸过程。这一研究成果正好与本章开头所提到的科学发现——科学家在具有30亿年历史的古老岩石中检测出氧气痕迹——相互印证。

如何解决缺氧问题

在那10亿年中,氧气从涓涓细流变为汹涌洪流,充满了大气层。这是由于一项特殊的化学反应释放出了"锁"在海洋中的氧,解决了氧气缺乏的问题,并为地球"涂"上了全新的色彩——将由充满甲烷的橙色大气层和被视紫红质染成紫色的海洋组成的地球,变成了我们今天所看到的以蓝色和绿色为主色调的星球。不过,一开始水很难被"解锁",从它被列在表7.1的最底部就能看出这一点。因此,地球要想生产氧气,首先需要找到一个更活跃的、更易接近的化学力量之源。

幸运的是,任何含有氧元素的分子都能开启氧化反应。于是,第一把解锁的钥匙是 H_2O_2(过氧化氢)而非 H_2O。从表7.1中的数据来看,过氧化氢的性质更接近铁而不是水,也就是说,H_2O_2 可以像铁那样失去电子。过氧化物,以及与之相关的超氧化物(比如具有一个额外电子的 O_2^-)等物质都属于"活性氧(ROS)"。这是一类不稳定的分子,我们在前几章中已经见识过了,它们在细胞内是危险的,所以会被赶出去,以免对精心建构的化学键造成永久性伤害。不过,在缺乏氧气的远古时期,活性氧的活跃性是非常有用的。

在细胞内部，ROS会引起氧化应激，比如，它们尤其会攻击氧化还原敏感的铁硫中心。对于从未接触过氧气的生物来说，氧化应激会非常强烈，它们会想方设法地赶走ROS。当ROS被赶出细胞后，它们会氧化环境，让外面的世界向富含氧气的状态迈进。

我们可以认为是生命体中的ROS氧化了外部环境。在2013年前，我们的认识还停留在海洋中的大部分超氧化物诞生于阳光分解水的过程，但进一步的研究告诉我们，微生物生产出的超氧化物至少与太阳直接生产出的一样多。ROS改变了海洋的化学环境：它们可以直接氧化铁与锰，比如，将二价铁氧化为三价铁，将锰一路氧化成四价锰；它们还间接影响了汞等氧敏感金属的浓度。

能吸收太阳能的防晒分子（如色素）会移动附近的电子（也如色素）。在游客众多的海滨浴场，被冲进海水中的防晒霜可以产生足够多的ROS，从而制造出氧气，威胁海洋藻类的生存。如今，科学家正致力于研发新型防晒色素，它们可以将吸收的光能以更无害的方式排放掉。

金属也可以与细胞内的ROS发生化学反应。每种金属元素发生的反应各不相同。其中，铁元素非常容易与过氧化物发生反应，生成"氧自由基"。顾名思义，氧自由基可以凭借其不成对的电子，真正"自由"地完成一些化学反应。不过，铁也可以发生逆反应，将自由基转化为过氧化物。因此，如何处理这类反应带来的过氧化物废料和杂散的电子，对使用铁元素的微生物来说，是很棘手的问题。

我们再谈谈锰。与铁不同的是，锰与ROS发生反应，比如跟H_2O_2（一种过氧化物）反应时，可以重构其中的化学键，让它变成H_2O和O_2。化学教授为了让化学课变得有意思，会演示在烧瓶中混合过氧化物和氧化锰，这会带来惊人的"试剂被炸飞"的效果。这是非常危险的实验，直观地表现出氧气双刃剑中"危险"的一面。读者可以通过视频观看这种实验,千万不可自己尝试。

在细胞中,铁和锰共同参与链式反应:铁将自由基转化为过氧化物,锰将过氧化物转化为更安全的分子——O_2。在这个过程中,过氧化物刚被铁制造出来就会极具"攻击性"地直奔锰原子,发生反应,随后可控地释放出氧气。

卡埃塔诺-阿诺里斯和他的同事提出,按照这样的顺序,第一个利用氧气的酶依靠的是锰化学。分子钟表明,这种酶诞生于29亿年前,它吸收氧气不是为了燃烧,而是为了**构建分子结构**。这种酶是PLP制造酶,它可以将维生素B_6变成一种名为"磷酸吡哆醛(PLP)"的多功能化合物。

如今,维生素B_6转换为PLP等活性形式后,至少可以作为3种酶的辅酶,参与不同的化学反应——就像多功能的瑞士军刀一样。PLP上的活性基团是醛基(这让我想起了醛难闻的味道),它是一种氧-碳-氢活性结构。PLP可以利用醛基这把锋利的小刀去打破和重建化学键。直到如今,PLP一直是维系生命的重要物质。

PLP中最重要的原子是活性氧,因此细胞要想制造PLP,需要先从某处获得活性氧。科学家认为,在30亿年前(再过1亿年PLP制造酶才会诞生),一种名为"锰过氧化氢酶"的蛋白质出现了,它可以制造氧气。这种酶通过锰元素的作用来解除细胞内过氧化物的毒性,对于细胞来说,氧气是这一过程所产生的"废气"。地质学家发现,这个时期的古老岩石中存在某种形式的锰,这从科学上支持了上述观点。

在这里,化学元素和生命活性密切相关。锰过氧化氢酶作为便携式氧气发生装置,回收过氧化物,产生氧气。这种酶诞生后不久(在地质学上,1亿年真的只是一眨眼的时间),就被另一种酶"捉住",拿去制造如瑞士军刀般的PLP了。

锰就位之后,就开始吸收过氧化物并喷出氧气。这些氧气会进入一些碳环之中,形成有活性的、很有用的醛。如果这种活性分子可以用正确的方式推动一些周围的其他原子,那么锰化学反应就成为生命的一个重要部分,而非一个缺陷,将非常有助于细胞的生存。

接下来,一种表面有着合适的口袋状结构的蛋白质诞生了。这种蛋白质可以使醛保持一定的稳定性,其自身形状随时间推移而不断完善。蛋白质口袋无须定型就能投入使用,这种"足够好"的口袋可能存在于细胞内的某些地方。在这些蛋白质的帮助下,细胞能更好地生存,本书后文将描述的氧化学也将随之出现。一旦利用锰来制造氧气的化学之路被打通,在微生物数以亿计的海洋中,这种反应链就成为一种独特的可能性,这可以从锰产生氧气的能力来预测。

锰:具有五种颜色的元素

现在我们知道了生产氧气的过程是如何发生的,那么新问题来了:为什么花了这么长时间? 锰在制造氧气的化学过程中作用强大,说明这个过程应该可以更早一些就得到发展。同时,锰在缺氧海水中的溶解性也很好,这说明不是因为缺少化学反应材料而拖延了时间。卡埃塔诺-阿诺里斯认为,是生命的其他化学过程先抓住了锰。

在过氧化氢酶中,锰被安放在具有复杂氨基酸环状结构的蛋白质上,看上去有些像放在方形卟啉环内部的氮。这些氨基酸非常难制造,它们是第二可贵的氨基酸。卡埃塔诺-阿诺里斯根据分子钟推测出,这种氨基酸也是所有氨基酸中诞生最晚的氨基酸之一,它最早出现于约30亿年前。这种氨基酸诞生后,捕捉了锰,然后利用氧气制造出维生素 B_6。瞧,全新的化学过程就这样登场了。

锰在这种化学过程中表现出色,因为它在化学周期表中位于铁元素的左侧。与所有其他过渡金属一样,锰通常以 + 2 价正离子的形式存在,但它还可以模仿自己的邻居(铁元素),失去不同数量的电子。+2价锰可以失去一个电子成为+3价锰离子,或是失去两个电子变成+4价锰离子。化学是电子移动的艺术,而电子是带着负电荷的小家伙,所以锰可以通过转移电荷到达高电荷的+4价状态,然后锰可以凭借这种状态,再加上它在古海洋中很强的溶解能力,变成微生物金属交易市场上的紧俏商品。

锰可以变成多价电荷的能力,也让它成为一种"化学变色龙"。+2价锰在水或岩石中呈现出柔和的粉色,+3价锰是棕色粉末,+4价锰是黑色粉末,+6价锰在水中是青柠的那种绿色,+7价锰是一种深紫罗兰色(紫水晶的颜色就是来源于嵌入石英的锰离子)。

锰的每种颜色都代表一种化学能力。例如高锰酸根离子是紫罗兰色的,有机化学专业学生经常在通风橱中用它来氧化其他化学品。当高锰酸根离子与其他物质发生氧化还原反应后,+7价锰离子会因得到了电子而变为其他价态的离子,同时也会改变颜色。

有些人甚至将高锰酸钾称为"求生必备的化学品"。因为如果你被困荒野,想要生一堆火,那么只要将高锰酸盐与防冻剂混合就能做到。另外,高锰酸盐具有防腐、抗菌、抗霍乱的作用(因为+7价锰离子太活跃了,使真菌、细菌等无法生存),还可以用来净化水。高锰酸盐是一种侵蚀性氧化剂,也是一把解锁氧气之力的"化学钥匙"。不过,在远古时期,地球上的锰是用一种更温和的方式发挥氧化作用的。

锰元素和铁元素作为元素周期表上的邻居,可以通过交换电荷,很好地协同工作,比如在制造玻璃的过程中。人们一般通过熔化硅酸盐岩石制造玻璃,而天然硅酸盐中经常混有铁元素,这会让玻璃染上一层绿色。2000年前,罗马人在制造玻璃的时候,会加入一种名为"玻璃皂"的黑色粉末,用来去除绿色。这种黑色粉末就是+4价锰,它可以与铁发生反应。

锰本身也是这种玻璃中的杂质,不过它的颜色通常太淡了,很难看得出来。当这种旧玻璃在太阳下晒上几个世纪之后,锰离子会在阳光的作用下慢慢失去电子,直至升为 +7 价状态。此时,玻璃就会变为美丽的紫色——这是由玻璃、光和时间共同制成的人造紫水晶。光改变了锰的电子数。

这意味着锰可以像铁一样,为生命提供电子,并在水下沉积物中为新陈代谢循环的形成打好基础。虽然铁只能从 +2 价变为 +3 价,但是锰在这种环境中可以一直升到 +4 价。 +4 价锰具有很强的活性,可以从环境中吸收氧原子,然后在微生物群落的周围形成一层黑色的锰氧化物外壳。

海底神秘的金属球或许就是由此诞生的。据记载,在 1875 年,"挑战者"号上的科考队员在环球旅行的途中开展了对海底的探测,他们从海底打捞上来数十个大小不一的金属球,其内部是复杂的圆形分层结构。研究发现,它们是在地质过程和生物过程的共同作用下产生的,其主要成分是锰矿石晶体,其中还含有一些在结晶过程中捕获的铁和其他金属元素。(你可以通过打捞这些海底金属球来开采锰矿石。)这说明微生物只要捕获了一些锰,就可以用它启动全新的生化反应轮。

细胞内部的锰制护盾

锰也可以被生命用作抵御化学攻击的护盾。比如,耐辐射奇球菌(*D. radiodurans*)被吉尼斯世界纪录评为"世界上最顽强的细菌",它的秘密武器就是体内的"锰盾"。20 世纪 50 年代,人们从经过辐照灭菌后仍然发生变质的肉类罐头中发现了这种细菌。后来,科学家不断提高辐射强度,他们花了很长时间,直到辐射强度增加 1000 倍后才最终摧毁了耐辐射奇球菌。这种强度的辐射可以不费吹灰之力地置人于死地。

耐辐射奇球菌内部有两组不同寻常的蛋白质：一组可以将断裂的DNA片段粘在一起，另一组可以抵御活性氧的攻击。其中，第二组蛋白质使用锰跟辐射产生的高能超氧化物和过氧化物发生反应。在这个过程中，是锰而非蛋白质结构本身起到了主要的保护作用——游离的锰和粘在锰上的小分子保护了耐辐射奇球菌。另外，锰也能在氧化压力下保护更复杂的生命体。一项研究显示，为糖尿病大鼠注射锰离子，可以减少氧化应激症状。

因此，许多微生物会从环境中摄取大量的锰和铁。例如，导致莱姆病的微生物需要大量的锰来发挥保护作用。如果可以切断它的锰供应就能削弱其护盾，使这种微生物变得容易消灭。目前，科学家正在研发可以起到这种效果的药物。

比如，一个实验组正在开发锰结合蛋白，它可以吸收环境中所有的锰，一点儿都不留给细菌。这种单一成分的药物，有希望消灭多种细菌。从这个例子中我们也看到了化学对免疫学发展的帮助。

细胞内的健康平衡会受到金属元素的影响，其中，锰会帮助其向有利的方向发展。研究人员发现，当细胞中加入高浓度的锰或谷胱甘肽（一种含硫分子，可以抵御杂散电子和活性氧）后，细胞可以耐受具有黏性和一定毒性的高浓度镉。然而，如果健康的天平向坏的方向偏得太多，锰就会被击败。比如，锌的毒性表现在，它可以凭借过度黏性阻止锰进入细胞（正如欧文-威廉斯序列所预测的那样），并提高ROS的氧化水平，从而对细胞造成损伤。高浓度的镉、锌毒剂都可以让锰的化学保护作用失效，让杂散电子和ROS击破"锰盾"。

含金属元素的兼职功能蛋白

无论是通过光合作用还是呼吸作用，生命使用越多能量，就会产生越多的具有毒性的活性氧。过氧化氢酶有助于中和这些杂散电子，并且是生命的基础之一。最古老的过氧化氢酶可能是围绕特殊的"锰化学"被构建出来的，不过铁作为锰在元素周期表上的邻居，也可以促进类似的反应（在实验室中，一个小变化就能让铁过氧化物酶变为过氧化氢酶）。以血红素为结构基础的过氧化氢酶不但在今天非常普遍，而且它们很容易被早期微生物制造出来，因为只要有金属存在，蛋白质的具体形态就无关紧要了。

因为锰和铁本身可以进行氧化反应，所以即使把它们与蛋白质相结合是为了引发其他化学过程，它们加入到蛋白质中后，仍然可以进行原先的那些反应。于是，每一个含铁或锰的蛋白质都有变成过氧化氢酶的趋势。这或许意味着，电子、光、铁和锰之间存在着一些神奇的生化联系。科学家发现，很多酶似乎都可以做兼职：

1.科学家提纯了一种铁酶，这种酶能将氮基团从腺嘌呤核苷酸中分离出来。科学家在实验室中提纯这种酶时，发现它失活了，因为其中的铁与含氮和含硫的氨基酸发生了反应，这说明这种酶具有过氧化氢酶的功能。也就是说，这种酶具有双重功能。

2.抗体（一类在免疫系统中发挥作用的蛋白质）牢牢抓住血红素后，也会产生过氧化物，因为血红素中的铁可以跟氧发生反应。抗体只能附着在其他物质上，但当它们附着在铁上时，就会变成过氧化氢酶。

3.血红蛋白的主要工作是利用铁-血红素的组合运输氧气，不过，其中的铁原子还有额外的工作。比如，植物血红蛋白中的铁可以用于去掉氮-氧分子中的氧，从而制造出氨。

4.当呼吸作用产生大量的活性氧时，血红素会被从细胞色素蛋白中踢出来，转移到一个空的过氧化氢酶上，从而保护该区域不受离散活性氧的侵扰。

5.真菌蛋白质使用相同的碳色素结构来感知高能光线和高能活

性氧。

细胞用新颖且相互重叠的化学反应来应对光能的风险和回报。阳光既制造活性氧,又触发对活性氧的保护性响应(即便这种响应只是来自一个简单的色素分子)。铁元素根据环境,能制造或者抵御活性氧。

色素分子和金属离子都具有双重功能,这些功能甚至能影响生命演化的进程。体内有过多铁元素的细菌,会携带更多的活性氧以及更多受损的DNA。但就此幸存下来的细菌会比体内铁元素浓度正常的细菌,更快地进化出抗生素耐受性。被杂散电子破坏的DNA会杀死细胞,但它也能制造出新的蛋白质以帮助细胞存活。

酶的多功能性是普遍存在的,这意味着酶在功能上的界限可能很薄。当科学家在实验室中重新设计金属酶时,很可能会发生这种情况:金属酶可以两种功能"兼而有之",而不用非要"两者选其一"。比如,只要将血红蛋白中的血红素做4处调整,就能将血红蛋白变为还原酶,实现将氧化氮转化为一氧化二氮。金属的作用是如此强大,所以科学家在实验室中很容易将一种酶转变为另一种酶。这意味着,生命演化可以迅速地将一种金属酶变为另一种金属酶。

蹒跚走向金属叶片

我们可以在一片向阳而生的叶子中,发现阳光的风险与回报。叶子吸收我们呼出的二氧化碳和自由落下的阳光,生产出我最喜欢的两种东西——氧气和糖。叶子的化学反应依赖锰,因为锰可以撕裂水分子,它不仅是盾牌,还是利剑。锰似乎渴望进行这种反应,即使是在人工实验室环境中也是如此。

当蛋白质设计师将锰添加到蛋白质中后,可以将锰的特殊功能赋予蛋白质,这种设计或许是对数十亿年前进化过程的一种追溯。比如,一组设计采用了紫色光系统,并在捕捉光线的叶绿素附近添加了锰结合位点。当阳光**照向**这个系统时,外加的锰离子会从+3价变为+2价,从而吸出超氧化物的电子,将其制成氧气。这表明,研究人员仅靠将锰放在合适的位置,就制造出了一种光驱动的氧气发生装置。

同样,典型的锰过氧化氢酶拥有两个锰原子,可以将过氧化物转化为氧气。过氧化氢酶虽然结构很简单,但是很容易成为非常有用的"水分解配合物",帮助完成光合作用中最难的步骤(分解水)。在过氧化氢酶中,蛋白质的"氮爪"将两个锰原子和两个氧原子固定在半个立方体上。现代的水分解配合物的核心具有与此完全相同的结构,还会额外加上两个锰原子、两个氧原子和一个钙原子(见图7.2)。它看起来像在原有的锰基础建筑上又盖了第二层建筑,从此,改变世界的化学过程诞生了。

这种排列的力量源自锰的化学性质。锰具有一个特殊的电子轨道,形状非常独特,当锰跟氧接触时,它能与氧的电子像拼拼图一样严丝合缝地结合在一起。锰是含有这种特殊的"氧反应轨道"最多的原子,所以它对"氧化学"帮助很大。钴也有类似形状的轨道,可以进行一些相同的"氧化学",铁、钙、镍却不行。

化学家从中得到了启发:如果锰(或钴)足以完成这个过程,我们是否可以利用这种性质,在锰(或钴)周围建造一个化学支架,再把光引进来,从而造出一种可以分解水的装置?目前,在科学家的精心设计下,锰通过三种不同的方式,成为水分解的核心。这三种方式为:作为纳米粒子,作为瓶中船,作为金属叶子。

锰-氧纳米粒子(微小的金属氧化物颗粒)本身就可以分解水,但效果不是很好,反应速度也不是很快。为了取得更好的效果,一组科研人员将钙混入这种纳米粒子中,就像自然界的化学过程一样,使锰更好地工作。因为钙能让金属不要把水"抓"得那么紧,从而让水更快地进行

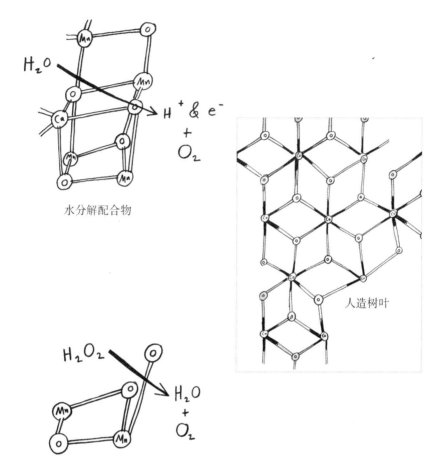

图7.2 锰和钴在与氧反应的不同分子中也有类似排列。图中,**左下**为锰过氧化氢酶,**左上**为紫色光系统的含锰的水分解配合物,**右边**为人造叶子中的钴和氧。

反应。也就是说,钙作为杂质,反而帮助锰更快地分解水。

　　另一组研究人员的方案是:像在瓶子里建造一艘船那样,制造一大块结构特殊的锰。因为锰存在一个问题,它的反应性太强了,相邻的锰离子会相互发生反应——就像挤在公共汽车上的小学生会相互打闹那样。所以需要给每个锰一个座位来分开它们。于是,研究人员构造了一个具有多个小孔的碳基框架,然后在每个小孔里放入一个锰,再在锰的周围装上碳做的笼子。框架上的孔足够大,可以让水进入;同时,孔又不是太大，不会让笼子跑出来。于是，锰变成了一只装在瓶子里的船，或是一个组装好后就无法通过房门的宜家大沙发。这种装置在一定条件下可以连续七小时进行分解水的工作，而如果锰没被关起来，这样的配合物只能工作最多七分钟。

第三组研究人员既汲取了生命体制造氧气的智慧，又没忘"有舍才有得"这一真理。化学家诺塞拉（Daniel Nocera）组建了一支研究金属催化水分解反应的科研团队。像其他科学家一样，他们一直在试图解决水分解反应的危险性问题，因为水分解过程中会产生非常多的活性氧碎片，所以科研人员的许多设计都会因这些中间产物而失去活性。

诺塞拉注意到，植物的紫色光系统使用一种简单的策略来管理这些活性氧碎片：不是设置复杂的护盾来隔离活性氧，而是将水分解锰蛋白作为一次性使用品，每半小时更新一次，回收使用过的、带着电子造成的疤痕的旧蛋白质，换上全新的健康的蛋白质。因为分解水所带来的利益太大了，所以只要能维持氧气工厂正常运转，"浪费"一些蛋白质也是值得的。

叶子的这种策略启发了科研人员。他们不再寻找不易受损的化学物质，转而寻找可以**修复**那些受损化学键的物质。于是，他们设计了一个可以修复破损化学键的钴反应循环。

诺塞拉的科研团队制造出了一种可以将水分解成氢气和氧气的人造金属叶片。它是一种普通手机般大小的闪亮的平板：一面使用镍-钼-锌结构制造氢气（注意，这里用到了嗜氢的镍），另一面使用钴-磷酸盐制造氧气。科学家将金属树叶放在装满水的烧杯中，置于光照下。一段时间后，氢气泡泡和氧气泡泡就能自动从它的表面冒出来。这种金属叶片用阳光和水转化出的氢能，足够用于一个小房间的照明。

目前，我们尚不清楚金属叶片采用哪种形式——晶圆、纳米颗粒或是瓶中船那种装置——可以取得最佳效果。应用在金属叶片上的混合微电极系统也尚在开发当中。可能还要经过十年或更长时间的科技发展，我们才能毫不浪费地转换太阳能，毕竟太阳能利用技术已经问世几十年了。这些力量都源自锰特殊的化学性质，关键是要弄清楚如何引导这种力量。我们希望在科技发展的进程中，大自然可以继续为我们提供化学灵感。

含氧结构：色素和固醇

活性氧具有风险，因为它们具有活性，会不加选择地形成或破坏化学键。如果这种能力可以被用来形成有用的键，而不是打破有用的键呢？蛋白质表面是崎岖不平的，如一个个小口袋，可以为许多分子提供容身之所。如果一个可与氧反应的金属（比如铁或锰）恰好就在一个蛋白质口袋附近，那么活性氧就可以在蛋白质口袋中与它结合。氧元素非常强大，即使只加入一个氧原子，也能改变整个分子的化学性质。通过这种方式，放在合适位置的金属就能和氧反应，制造出全新的分子。比如，就像许多铁酶可以兼职当过氧化氢酶一样，许多铁过氧化氢酶也能变为增氧酶。

科学家在实验室中用一种新设计的蛋白质重建了这种模式。他们制作了一种简单的四柱蛋白质，并把一些氨基酸放在并排排列的两个铁原子之间。原始的蛋白质上面有"结合袋"，可以结合碳环并拉出其中的电子。改变口袋的形状，可以让它结合一个带**氮原子**的碳环，再把一个**氧原子**加到氮上。于是，科学家将这种蛋白质做成具有可塑性的容器，用来改变铁和氧的自然反应。

铁和氧就是通过这样的共同作用，使捕光配合物中彩虹般的色素得以存在。在图7.1中，许多色素的内部碳链结构相似，但外部装饰的氧不同。很久之后，化学家在研发新染料的时候也用到了这种化学策略。比如,著名化工企业伊士曼公司在其位于美国北卡罗来纳州立大学的染料库中,存放了一盒盒数不清的染料样本,有红、黄、紫等各种颜色,每只存放样本的试管上都标注了样品的化学结构。我们对比一下就能发现,人工染料的不同颜色来自不同形态的装饰有氧元素的碳结构,就像天然植物色素一样。

在植物中,金属蛋白质就像染料化学家一样,通过加入氧原子来制造新的颜色。比如,铁氧还蛋白可以通过加入氧原子来改变某种叶绿素的颜色。另外,制造色素的许多其他过程都要依靠锰。通过提供新的化学活动,铁、锰和氧能让生命体获得更多种类的颜色。

故事并不仅仅关于色素——铁和氧还能构建全新的分子。自然界中最强的氧化剂是一种从产甲烷菌体内发现的酶,名为"甲烷单加氧酶",在它的作用下,C—O键可以取代甲烷中的C—H键。这听上去似乎并不麻烦,但你要知道,完成这个过程需要同时打破两个坚固的化学键(C—H和O—O),这是非常难做到的。甲烷单加氧酶使用两个排成"金刚石核心"几何形状的铁离子,最大限度地提高了金属的化学力量。于是,铁和氧再一次手拉手前进。

制造新分子的最重要一步,来自氧原子把一条长长的碳链连接起来,形成了一个稳定、紧凑的四环结构,为进一步的化学反应和信号传递奠定了基础。以这个四环结构为核心形成的分子(通常由铁酶加入氧原子形成),被称为"固醇"。相信你对这类物质并不陌生,比如胆**固醇**和类**固醇**。像碳链色素一样,这些四环固醇结构在油中溶解性良好,喜欢存在于细胞膜上。当与脂肪分子挤在一起时,固醇相互连接的环状结构提供了刚性支撑,使细胞膜更坚固也更具有流动性。

特别是胆固醇,它在稳定性和流动性之间取得了良好的平衡。胆固醇是一种非常有用的分子,只有在含量过高时才会有害健康。适量的胆固醇可以让细胞膜足够强韧,这样细胞才能长得更大,包含更多的结构。例如，当酵母试图通过进化适应温度更高、化学条件更恶劣的环境时，它们首先会做的就是生产更多不同的固醇，让细胞膜变得更坚韧。

因为胆固醇是仅添加了一个氧原子的固醇环，所以当氧水平较低时，很容易形成胆固醇（见图7.3）。卡埃塔诺-阿诺里斯发现，像胆固醇这样的分子，在氧气出现不久后就诞生了。

胆固醇的存在，让细胞可以生长得更大，并能以新的方式弯曲，创造出变形虫的伪足那样的附器。这反过来又可以让微生物以更快的速

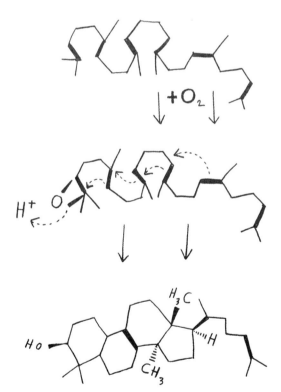

图7.3　碳链与氧气反应，形成四环固醇结构。胆固醇合成的最后几个步骤要求更高浓度的氧气参与。

参考 Konrad Bloch, *Blondes in Venetian Paintings, the Nine-Banded Armadillo, and Other Essays in Biochemistry*, 1994, Yale University Press, p. 20。

度包围甚至吸收其他微生物。胆固醇是一种特殊的胶状物,它能把各种有机体的细胞膜粘在一起,不过胆固醇只有依靠氧才能合成。

用油滴为细胞分区

铁帮助制造新分子的能力,伴随着隐藏的化学代价。自由的锰离子往往具有保护性,自由铁离子则相反。如果放任自流,铁会使氧上的电子失去平衡,产生活性氧。事实上,有些细胞具有简单的自毁程序:释放一些铁离子,然后让细胞死于自动产生的活性氧。杀死这些细胞的利剑是由铁制成的。实际上,细胞每次使用铁,都会顺带地产生一些活性氧;每一个使用铁的有机体,都会因为活性氧的冲击而死得更早。然而,铁是如此有用,使用它利大于弊。

有些细胞没有选择每半小时就更新一次蛋白质,而是继续使用它们。这些细胞使用了另一种办法:通过设置隔间,将危险的氧化酶隔离在屏障内。胆固醇的大小、灵活性和强度等性质都有利于形成这样的屏障。

这些隔间(亚细胞区室)的大小各不相同,既有简单的蛋白质笼,又有复杂到甚至可以维持自己DNA的细胞器。其中,最重要的生产能量的亚细胞区室是绿色体、质体和线粒体。它们每一种都有不同的化学成分、金属分布,甚至是不同的颜色,增加了化学复杂性。

最简单的隔间就是一滴油。细胞膜本身其实就是一个中空的球形油滴。如果足够多的油性分子聚集在细胞的某个角落,它们就会自发形成一个浅棕色的油性球体,就像你在摇晃意大利调味汁时会看到的那样。

绿色硫细菌具有的亚细胞区室是"绿色体",它仅仅比油滴稍微复杂一丁点儿。这些绿色体含有油性色素,它们堆积在油性脂肪分子组成的"外壳"上。绿色体可以捕捉光线,并给予绿色光系统(前文说的"雕塑家")把电子推向铁的动力。绿色体看上去分布得杂乱无章,但它对那些简单的细菌来说已经足够有用了,因为它可以像油溶解油那样,自然地聚集在一起。绿色体的膜内含有色素和光产生的活性片段,可以保护细胞的其他部分。

然而,这种油性的绿色体容易被氧破坏。亚细胞区室需要变得比它更结实。不过,绿色体的例子表明,即使是杂乱、简单的亚细胞区室,也能帮助微生物在低氧条件下生存。

在细胞外建造质体

细胞内大多数隔间都比较复杂。它们的膜壁看起来像细菌的细胞壁,其中的酶和环形 DNA(细菌最喜欢的 DNA 形状)也跟细菌中的很像。它们就像是被嵌入大细胞内部的微型细胞,就像俄罗斯套娃那样。有些甚至能在细胞内独立分裂、萌芽,就像细菌一样。所有这些现象都支持这样一种观点:这些亚细胞区室曾经是独立生活的细菌,现在生活在其他细胞内,与之一起生活,成为胞内共生关系。

这些复杂的隔间有两种类型:质体和线粒体。质体的功能是捕获光,它们存在于植物和藻类之中,是绿色或红色的;线粒体的功能是将化学物质转变为 ATP,它们存在于动物和植物之中,其颜色是血液的那种砖红色。每一种"隔间"都专攻一种化学物质,而这种化学物质是"隔间"所处的大细胞所不能生产且不可或缺的。另外,这两种类型的"隔间"都与氧有关,并且它们都是在大约20亿—15亿年前出现的。这些"隔间"需要有坚固、强韧的膜(胆固醇可以帮助它们实现这一要求),其中的酶还需要大量的铁。因此,氧和铁是这些"隔间"的化学必需品。

质体的外形像蓝细菌,功能像改良版的绿色体。它们用复杂的色素收集光能,让其通过绿色和紫色光系统传递。它们分解水,并释放出ATP和电子。它们含有丰富的铁和锰——这两种元素可是本章的明星。在叶片的细胞中,80%的铁都存在于质体之中。

质体由于外层被富含胆固醇的膜单独包裹,所以它们可以从一个细胞移动到另一个细胞。科学家发现,一些含有质体的植物和藻类会捕获、吞噬或消化其他含有质体的生物,这让它们的家谱比蔷薇战争的历史还复杂——质体之间或许也存在战争?更夸张的是,有的动物竟然会拾取质体。比如,一种海蛞蝓吃下海藻后,可以将功能完好的整个质体都保留在自己体内。这是否说明海蛞蝓是靠阳光驱动的?

一开始,科学家认为质体胞内共生现象只是单个偶发事件。不过,后来研究人员在一种名为宝琳虫(Paulinella)的微生物中发现了另一种特殊的质体,推翻了这种设想。这种质体的诞生可以追溯到5亿年前,而不是20亿年前。这一发现说明,无论是哪种微生物间的接触,将质体跟其宿主混合在了一起,这种接触至少发生了两次。

在实验室中,我们或将重建质体进化过程。研究人员将豌豆蚜和布赫纳氏菌(Buchnera)进化成了一种亲密的共生关系,让它们谁也离不开谁。由此可见,如果让蓝细菌经历相似的过程,或许将制造出质粒。于是,另一组研究人员进化出了一种蓝细菌,它能适应不同物种细胞内丰富的化学环境。这使蓝细菌达到了成为质体的临界点——不过不是在其他生物体内,而是在试管中。

那么,为什么类似质体的隔间没有进化得更频繁呢?例如,硫代谢细菌可以从含硫的水中制造出食物,因此可以在热泉喷口处形成良好的胞内共生关系。以同样的方式,当绿色硫细菌生活在其他细胞内部的时候,它们似乎可以用CO_2生产糖,然后渐渐进化成一个新的细胞器。(问题在于它们不能接触氧气,因为氧气会杀死它们,不过它们可以通过很多方式躲避氧气。)然而,科学家尚未发现类似绿色硫细菌的细胞器,可以为细胞提供来自CO$_2$的糖分。或许是因为只有**氧**才能提供足够强的能量,来推动深层的细胞内共生;又或许是因为我们没有在正确的缺氧环境下进行足够多的研究。

这个问题的答案或许是为绿色硫细菌细胞器寻找合适的缺氧环境。如果依旧没有结果,我们或许可以相信这种东西并不存在。因为目前最成功的那些代谢细胞器,要么制造氧气,要么消耗氧气。

生命的第二种起源

另一种类型的细胞器是线粒体。这种复杂的隔间存在于包括人类在内的高等动物的肌肉和大脑当中,将碳、电子与氧气结合,将能量储存在ATP之中。在生命体最重要的器官中,通常充满了线粒体这种最重要的细胞器。

在化学上,线粒体与第六章提到的嗜氢菌并没有太大区别。线粒体中甚至含有充满铁的氢化酶(作用于NADH电子盒),它与第六章的镍–铁氢化酶(作用于H$_2$电子盒)看起来很像。像第六章的细菌一样,线粒体在向外泵送质子的同时,通过一系列富含铁和富含硫的膜蛋白传递电子,并借此为ATP合酶提供能量。如果人体不能合理制造铁硫配合物,线粒体会损坏,并引发共济失调。可以这么说,如果一个东西看起来像细菌,能像细菌一样制造能量,又能像细菌一样使用铁和硫,那么它可能是一个线粒体。

像质体一样,线粒体的环状DNA被侵蚀到只剩最基本的物质;像质体一样,线粒体是基于铁–硫化学。虽然线粒体占细胞体积的1/4,但细胞中一半以上的铁都在线粒体中。别忘了,这些铁本身全都具有倾向于释放活性氧的风险,所以线粒体会受到来自内部的化学攻击。虽然线粒体会用紧密的双层膜将反应核心包住,作为保护,但有些活性氧还是会泄漏出去。特别是脑细胞,由于存在丰富的线粒体,而一直处于活性氧伤害的高风险之中——线粒体是勤劳的,却会带来污染。同样,脑细胞具有巨大的比功率,所以需要大量的ATP和氧气来维持其运转。

线粒体中的锰构成了超氧化物歧化酶和其他金属基保护酶的基础。有趣的是,线粒体的"盾牌蛋白"用的是锰和铁(如本章前文所述),而在线粒体的外面,基于铜和锌的酶做着同样的工作(见下一章)。另外,在线粒体的内部,电子盒(NAD电子盒的另一个版本,称为NADPH)被用来中和活性氧过氧化氢,因此这种重要的多功能生物分子在这里被赋予了清洁任务。在这两种情况下,线粒体都是使用过时的技术(就像一辆老式皮卡)作为护盾,这表明线粒体是诞生于氧化世界之前的古老细菌。虽然线粒体使用旧技术来清理额外的氧,但这种方法似乎很有效。

莱恩和马丁在第五章提出了非常有趣的关于白烟囱的理论,他们还提出了一个有趣的化学理论,来解释为什么线粒体如此有用。具有线粒体的细胞比没有线粒体的细胞形态上要大得多,结构上也复杂得多,而且具有更庞大、复杂的基因组。莱恩和马丁认为,正是由于线粒体提供了能量,基因组才有可能变得更大。根据他们的计算,线粒体提供的能量可以让基因组扩大20万倍,从而让产生复杂的生命形式成为可能。莱恩和马丁介绍道:"如果原先的进化过程像是一个修补匠在工作,那么有了线粒体之后,进化过程就像是一群工程师在工作。"生命的扩张正是建立在线粒体燃烧氧气所获取的能量之上的。

具有线粒体的最简单的生物,它所具有的比功率实际上要比没有线粒体的生物略低一些,不过它在其他方面具有优势:细胞有了线粒体之后,变得更大(这要感谢胆固醇),拥有保存了更多信息的更庞大、复杂基因组;这使得生命体有条件在之后提升比功率,取得进一步发展——但这些进展要等上10亿年,直到环境中拥有了足够多的氧气燃料。

科学家发现了不同版本的质体,但至今未发现不同版本的线粒体,因此线粒体的内共生可能真的只是单个偶然事件——考虑到线粒体的内共生会为细胞带来那么多好处(能量和复杂性),这种现象应该发生过很多次才对,但从现有证据来看,似乎并非如此。

如果线粒体真是独一无二的,那么它的产生可能与生命的诞生一样罕见。它是**复杂**生命形式的起源,即生命的**第二次**起源。一旦它发生了,增加复杂性的化学马达就变成了氧气的化学。

线粒体和质体在铁和锰的化学之力与阳光的作用下,都完成了碳反应循环。如果坎菲尔德的地质数据*站得住脚,那么说明锰释放氧气的化学反应效果非常好,以致在23亿—21亿年前,大气中的含氧量几乎上升到了20%。这就是著名的、改变地球的"大氧化事件"。

然而,似乎这场化学派对刚一开始(或进行了短短的几亿年)就结束了。坎菲尔德的数据显示,在大约20亿年前,大气中的氧含量又下降了。氧气显示了它双刃剑特性中不利的那一面,因而没有足够的氧气将地球带入一个新的化学时代。在地球经历化学变革时,氧气引起的化学反应反而抑制了它本身。不用担心,变革仍将来临,并席卷整个地球。然而,那需要再花上10亿年的时间,我们将在另一章中讲述那个故事。

---

* 见本章开头。——译者

◇ 第八章

后退一步,前进两步

铁锈的突然出现

七年级的时候,我阅读了小说《世界之眼》(*The Eye of the World*)。这是乔丹(Robert Jordan)所写的"托尔金系列小说"* 中的第 1 部,他在书中创造了一个全新的奇幻世界。不过,最吸引我的,还是主人翁从农场男孩成长为国王的传奇故事。

伴随着情节的发展,所有读者都清楚,这个男孩终将成为预言中最后一战的英雄,但大多数配角竟然并不这么认为。我在第 4 部中对此感到沮丧,不过到第 8 部时,我逐渐接受了这样的设定。是的,这个故事很长,它通过 14 部书和 2 个作者** 才完成了最后一战。尽管故事的终点很明确,其情节却迂回曲折而非一路高歌猛进。

地球的化学历史也是如此,其发展过程并不是始终向前的。光合作用产生氧气,而氧气又被线粒体所利用,这个"制氧+用氧"的循环将光能制造成 "物美价廉"的、可以被用来探索和开发我们这颗星球的能量。这个故事的走向已经很明确了,就是制造氧气和氧化环境的过程。

---

* 向伟大的《魔戒》作者托尔金致敬之作。——译者

** 乔丹在故事完结前不幸病故。——译者

但是,就像任何一个漫长的故事一样,由于我们的主人翁——地球在氧化和成长中变得越来越复杂,所以它的化学故事自然会曲折婉转,充满困难与机遇。

在坎坷之路上,最大的问题可能来自地质因素而非生物因素。在这个故事中,"沉淀"改变了早期地球。"沉淀"是一个化学的概念,比如,我们做实验时会看见试管里的透明液体中忽然出现固体沉淀物。在液相中沉淀下来的是固体颗粒。如果两个原子发现彼此结合到一起成为固体颗粒后,会比分别处于溶解的离子状态更稳定,那么沉淀现象就会出现。

对于化学家而言,沉淀通常是令人失望的。某些十分优雅的实验会因沉淀出一团湿漉漉的东西而宣告失败。在某种意义上,在早期地球上发生的沉淀现象也是令人失望的——不仅令人失望,还威胁着生命的存续。

在很久很久以前,化学沉淀是最容易发生的事情之一,因为正是这种作用形成了坚实的岩石坑。在30亿—20亿年前,一组不同寻常的、像红色的碧玉或其他氧化铁岩石一样的橙红色沉淀物,与灰色的硅土交替向下,形成红灰相间的条带状岩石结构,即"条带状铁建造"(BIF)。这些BIF型铁矿是地球化学发生巨变的证据,铀同位素模式的研究也辅证了这一点。

BIF型铁矿出现在澳大利亚西北部皮尔巴拉地区的粉色希勒湖和沙克湾叠层石的附近,以及美国明尼苏达州东北部的铁山山脉、俄罗斯西北部、非洲南部和巴西南部等地区。这些地方都是重要的铁-氧矿石产区。这些古老的充满红色铁锈的岩石坑告诉我们,很久以前,有什么东西把大量的铁和大量的氧结合在一起,让地球"生锈"了。实际上,形成BIF型铁矿的剧烈地质变化也是剧烈的化学变化。

BIF型铁矿形成于两个不同时期:其中大多数形成于30亿—20亿

年前,另一些形成于8亿—6亿年前(见图8.1)。第一个BIF型铁矿峰的出现时间与上一章提到的光合作用和食氧代谢的诞生时间相吻合。雷德帕斯博物馆墙上的化学图表中,一条橙色的线从这个时间点开始延伸,意味着BIF型铁矿进入了一个巨大的、历经数百万年的暴发期。

有一个假说,将生物学、地质学和化学结合在一起来解释BIF型铁矿的出现:蓝细菌利用锰化学产生氧气,氧附着在铁离子上,使其"生锈"为固体,从海水中析出。与此同时,其他过程也产生了其他物质。

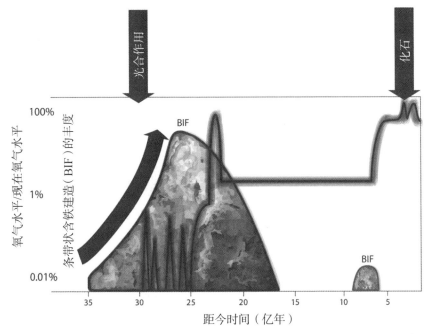

图8.1 条带状铁建造(BIF)的形成与大气含氧量的增加是同步发生的。BIF形成的两个高峰期意味着,第一次氧气的显著增多发生在光合作用诞生之后,第二次发生在动物化石大量出现之前。

BIF数据源自 : C. Klein,"Some Precambrian banded iron–formations (BIFs) from around the world:Their age, geologic setting, mineralogy, metamor-phism, geochemistry, and origins",2005, *Amer Mineral*. 90(10),p. 1473, DOI: 10.2138/am.2005.1871。氧气数据源自 : T. W. Lyons et al.,"The rise of oxy-gen in Earth's early ocean and atmosphere",2014, *Nature*. 506 (7488),p. 307, DOI: 10.1038/nature13068。

一方面是深海喷口从海底向海洋注入的还原态的铁离子,另一方面是微生物利用阳光生产出糖,并将水变为氧气。在地质和生物循环的共同作用下,铁和氧相遇了,于是它们变成了无用的橙红色沉淀物,而循环过程还在继续。

我的一些朋友利用上述反应来净化井水。刚打上来的井水中含铁量很高,含氧量很低。于是,他们所要做的就是将装满井水的水桶置于户外,暴露在空气中,等待水中的铁与空气中的氧气发生反应,变成铁锈沉淀在桶底。水就这样被氧气净化了。在很久很久以前,当氧气充满大气层时,就发生了这种情况。

BIF型铁矿拥有橙红色(铁)和灰色(硅)交替的条带状结构,说明这种循环是季节性的,而且一定是生物性的。在实验室中,将来自那个时代的典型微生物混合在一起后,它们可以在夏天沉淀出橙色的铁条纹,在冬天沉淀出灰色的硅条纹,就像织条纹毛衣一样有规律。

30亿—20亿年前,正是一段地质活动剧烈的时期,围绕氧、铁、硫的混合和相互结合,世界各地都形成了BIF型铁矿。当时的世界真是一片混乱。

然后,一切都沉寂了大约10亿年。大约在20亿—10亿年前(准确来说,是在18亿—7亿年前),这段时间鲜有地质和生物事件的发生,所以被称为"无聊的10亿年"。在这段无聊时光的尽头,橙色的BIF型铁矿又出现了小暴发,无聊的时光也随之结束。

就在BIF的第一次暴发之后,第一批复杂生命的化石出现了。似乎是某种改变,让生命的形式开始变得复杂。不过,岩石中最大规模的化石暴发,是在第二次BIF暴发后才出现的。之后,地球上才发展出了真正的生物复杂性和多样性,这一点我们会在下一章中介绍。

这两条锈迹(指BIF的两次暴发)相隔10亿年,它们为本章划定了的开头和结尾。从时间维度来看,这两次BIF的暴发,正好与大气中含氧量的变化相吻合,氧气与BIF是同步增加的,就像在雷德帕斯博物馆中,一条蓝色的氧气线随着橙色的BIF线增长。氧气的出现"扰乱"了整个世界:发生反应,生锈,沉淀。本章将讲述一个与"破坏"有关的故事,讲述氧气在刚出现的时候,是如何表现得弊大于利的。

氧气差点把我们都毁了

大气中的氧气含量开始攀升,这是非常重要的事件,以至于科学家给它起了好几个名字,比如"大氧化事件",不过也有人把它叫作"氧气灾难"。

这种我们吸入体内的物质怎么能引发灾难呢? 我们吸入氧气,让其在体内可控地"燃烧"我们所吃的食物,把它们分解成二氧化碳。然而,不受控制的氧会"燃烧"一切,破坏有机体的组织。因此,将氧引入一个毫无防备的世界,必然会引发一场灾难。

即使在今天,对我们这些有30亿年历史的地球生物来说,哪怕只把一丁点氧——特别是活性氧(ROS)——放在了错误的地方也是危险的。当活性氧攻击蛋白质时,它们甚至不必攻击活性中心,只要随便破坏或改变一些远离活性中心的结构就能使蛋白质失去活性。比如,当血细胞破裂后,泄露出来的血铁红素就会制造活性氧,从而对机体造成损伤。

一些寄生虫也获得了活性氧的力量。比如,热带寄生虫——利什曼原虫只有在吸收铁并利用铁生产出活性氧后,才能引发利什曼病。这意味着,我们要谨慎使用铁补充剂,因为其中过多的铁或许会给微生物入侵者提供生产活性氧的化学原料,从而帮助它们对抗我们自己。

事实上,许多疾病是由于患者自身的线粒体受到氧化损伤所引起的,而线粒体正是生产活性氧的热点区域。比如,遗传性视神经病变(LHON)的发生,就是由于携带电子和质子泵的线粒体蛋白被破坏。最先死亡的细胞是需要大量能量的视神经细胞,其死亡原因是受损的线粒体泄漏了太多的活性氧。

氧甚至可以使你自己的分子变得对你不利。比如,老年性黄斑变性就是活性氧(可能来自活跃的视神经细胞)攻击细胞膜的结果:这些氧不分青红皂白地加入碳链,形成危险的、有黏性的醛类物质,把其周围的蛋白质粘在一起,导致黄斑变性。

类似的碳链氧化情况也会引发心脏疾病。心脏需要消耗非常多的能量来维持运转,因此拥有非常多的线粒体——它们需要先进的防御机制来对抗从心脏泵向全身的氧气。一种名为"脂滴包被蛋白"的蛋白质,像牧羊犬一样,将危险的含氧链"驱赶"进一滴小小的脂滴中,不让它们接触细胞内的其他成分。

与氧相关的伤害不容小觑,因为每种生物都要耗费巨大的能量来抵御这种伤害。每一种细菌都发展出了防御活性氧的技术,它们似乎都对氧很警觉。通过阅读基因组,我们可以看到微生物是如何通过基因交流和进化,来分享氧气防御信息的。

一些微生物建立了一种名为"海藻酸盐"的黏性"糖盾",来减缓氧气的渗透。另一些微生物会将牺牲性原子(通常是对氧敏感的硫或铁-硫结构)装饰到易被攻击的蛋白质上,替酶的其他部分抵挡活性氧的攻击。还有一些发光微生物会用"爆炸"消耗掉氧气,并将其化学能转换为光能。有理论认为,这些生物之所以发展出发光的技能,纯粹是为了在氧气伤害自己之前就"点燃"并耗光它们。后来,一些动物和真菌与这些发光细菌建立了伙伴关系,把它们当作手电筒,利用它们发射的光线来为自己传递信号。

30亿年前,具有厚厚"糖盾"和牺牲性硫原子的微生物,在有蓝细菌不断产生氧气的环境下茁壮成长。随着氧气的增加,那些不具备类似防御能力的生物,将不得不退居到缺氧环境中,或者死掉。如今,许多生活在缺氧环境中的细菌都具有简单的以铁、硫元素为基础的氧传感器,氧传感器可以被空气中的氧气激活,告诉细菌"是时候离开了"。

自从有了氧气,大气层中的氧含量快速升高,然而由于氧气不易溶于水,所以海洋中的溶解氧含量只能缓慢地提升。海水的总质量是大气的数百倍,这说明海洋中有更多的地方可以容纳氧气。随着氧气不断进入海洋,没有防御能力的微生物受到氧气的驱赶,不得不向海洋深处迁徙。如果让这些生物来记录历史,它们一定会把氧气的出现定性为非常糟糕的事件。不过,值得指出的是,这些生物太简单了,它们远没有发展到有能力书写历史的地步。

随着氧气从上往下充满整个星球,海洋开始变得支离破碎。海洋中形成了三大区域,每一个区域的发展都分别基于一个元素,同时受限于其他两个区域的主导元素:

1. 被阳光照射着的海洋表面富含氧(但缺铁)。

2. 黑暗的深海富含铁(但缺氧)。

3. 海洋中层的某些区域富含硫(但缺乏氧和铁)。

目前,我们尚不清楚当时海洋表层下方的区域究竟是主要含硫(长期以来人们一直这么认为),还是主要含铁(如今有证据支持这种观点),但可以肯定的是两种元素都存在。海洋是一层一层的,就像千层糕或BIF型铁矿那样。想要混合起来,还要再花上超过10亿年时间。即使是现在,经过了长时间的混合,冰冷的深海中也没有储存太多的氧气,而且那里基本上没有复杂的生命。

氧气不仅穿过地球的气体和液体部分,还遇到了地球的固体部分,并在那里引发了地质变化。氧气分解裸露的岩石,使其溶解在雨水中,从而让岩石中的各种元素流入大海。

氧气增多之后,温度开始急剧下降,地球上的大部分区域都被冰雪覆盖,这种现象被称为"雪球地球"。这一机制并非完全准确,但在漫长的历史过程中,每一次"大氧化事件"都会伴随着一场大冰冻,让这颗星球几乎成为一块没有生命的冰冷岩石。氧气将伊甸园变成了霍斯(Hoth)*。

生命树上缺失的枝杈

氧气袭击了生命,并导致整个地球几乎变成一个"雪球",但这并不是最糟糕的,因为情况还在恶化:氧气"偷"走了维持生命的关键金属元素和分子,又间接伤害了生命。其中最关键的元素是铁。氧夺走了铁的电子,将铁从 +2 价氧化为更有黏性的 +3 价。于是,氧和三价铁牢固地结合在一起,并以固体的状态沉入海底,变得毫无用处。就这样,氧从生命赖以生存的海洋中去除了最重要的金属离子。(同理,+2 价锰离子也减少了,不过本来生命对它的需求就不大,而且锰的新形式对它们来说更有用。)

我们可以看到,蛋白质开始使用新形式的金属。比如,一些古老的 DNA 复制蛋白使用锰,而新出现的 DNA 复制蛋白虽然看上去结构没什么改变,但原先的锰结合位点被遮盖起来,并改变了用途——就像父母在孩子上大学之后改造孩子的房间一样。此外,额外的硫转移蛋白被加入制造氧敏感铁硫簇蛋白的路径中,以减轻氧的威胁。

在"经济困难"时期,有时候一组蛋白质如果不能被精简,就会被生命弃之不用。一项对印度洋缺铁海域的研究发现,许多微生物因为怕麻烦,已经抛弃了依赖铁的基因。同样,在史前,许多基因也因此从生

---

*《星球大战》(Star Wars)中的星球,行星表面被冰层覆盖。——译者

命之树上被移除。

如果环境变化得太快，生命可能会没有足够的时间去演化、创新。研究人员是从观察细菌对抗生素的反应中发现这一点的：如果抗生素放得太少，细菌不会有变化；如果抗生素放得太多，细菌会全部死掉；只有投放适量的抗生素，对细菌造成适度且长效的威胁，才能让它们有足够的时间改变基因，进化出最佳的生化应对方案。

我们同样是这种"中庸之道"的产物。太多的氧气可能会在生命进化出对抗氧毒性、利用氧的潜能的方法之前，就将它们都毁灭。我们甚至可能在坎菲尔德理论中21亿年前氧高峰时期的岩石中看到这样的模式：它又回到了"无聊的10亿年"的那种低氧水平。今天，当科学家试图利用细菌生产丙烷时，也能看出这种"中庸之道"：适量的氧气带给细菌能量，让它们制造出更多丙烷，但是过多的氧气会导致细菌开始死亡。

这种"适度"的边缘区域存在于分为铁层、氧层和硫层的分层海洋中。有的微生物可以生活在氧层和铁层的交界处，一方面利用氧提供的能量，另一方面利用铁传送能量，在两个化学世界中都获利。

与氮共事，有利有弊

氧是一种"转化元素"，它首先转化的是空气。氧先与空气中富含氢的燃料（古微生物最喜爱的食物）发生反应。甲烷（CH_4）、硫化氢（H_2S）和氨（NH_3）中的氢被剥离，换成了氧（或与氧类似的原子），形成更稳定的化学键，即H都变成了O：CH_4变成了CO_2（二氧化碳），H_2S变成了SO_4^{2-}（硫酸盐），NH_3变成了N_2（氮气）或NO_2^-/NO_3^-（亚硝酸盐/硝酸盐）。大卫和阿尔姆在第六章的基因组分析中发现了确切的模式：古老的酶以氢化物为食，较新的酶以氧化物为食。

当氧气与地球发生反应时,它吸收了产甲烷菌喷出的甲烷。氧气破坏了无数其他微生物的食物来源,让它们要么做出改变以适应环境,要么饿死。于是,一些生物退到了缺氧的角落或缝隙中,另一些则适应了新食物(但这也并不容易,因为新的氧化食物更稳定,且有着更难被破坏的化学键)。

直到今天,即使是制造同样的分子结构,好氧微生物也要比厌氧微生物耗费更多的能量。尽管氧气提升了它们的产能,但没有给它们提供生产能量的原材料。微生物必须耗费额外的能量,把环境中被氧化的食材转变为可利用的还原形式。对许多微生物而言,它们需要更努力才能维持原有的生活方式,这会耗费巨大的能量。

在食物的三大主要来源(碳、硫和氮)中,氮在这一点上是有优势的。碳虽然含量丰富,但 CO_2 太稳定了,很难从中榨取能量。硫酸盐则相反,它虽然对硫酸盐还原菌来说很好利用,但在环境中的含量又太低了。氮在两方面都处于中间水平:氮氧化合物含量丰富,能为微生物提供足够的能量。因此,一些生物群落发展出了氮循环,在富氧环境和富氢环境中来回传递能量。

氮还有另一个优势:因为在元素周期表上,氮和氧靠得很近,所以能以多种方式结合。氮氧化物有的可以溶于水,有的可以飘在空中,它们具有不同的稳定性,可以在转化或重新组合时吸收或释放能量,我们可以将这种现象视为"氮的数学"。有些微生物用 N_2O 生产 N_2,有些可以用 NH_4^+ 生产 NO_3^-,有些甚至可以用 NO 生产 O_2 和 N_2。

当这些复杂的系统失调时,就会导致紊乱或病变。以人类的肠道来说,肠道深处缺乏氧气,其中有一些微生物会利用氮氧化物"呼吸"。具体来说,它们通过将电子传递给 NO_3^{2-}(硝酸盐)而不是 O_2(氧气)来获取能量。这种呼吸像 O_2 呼吸会产生活性氧(ROS)一样,也伴随着副作用——产生电子失衡的活性**氮**(RNS)。

过多的活性氮可能会引发肠道菌群失衡和异常活跃的免疫信号，从而导致结肠炎；心脏病发作会让体内产生破坏蛋白质的活性氮。在活性氮的毒性作用下，生命进化出了对抗它的化学屏障。这与活性氧的故事很像，不过氮系统的产能效率比不上氧系统，而且只有在缺氧时才会被采用。

能量同样储存在锰中，并可以通过转换锰周围的电子来释放能量。随着环境被氧化，锰更容易转化为 +4 价的氧化形式，于是那些有进取心的微生物或许可以利用阳光，通过锰在 +2 价和 +4 价之间的循环产生能量。第六章图6.3中的"锰轮"在有氧环境中会变得更加活跃。

锰提供的能量与氮代谢的水平相当：对微生物来说刚好够用，但与氧化学的力量相比，还差得挺远。氮和锰都比之前还原态的食物更有能量，但正如图8.2所示，无论氮还是锰，都无法提供足够的化学能量来驱动复杂的生命。

实际上，氮代谢最大的问题不在于会产生活性氮，而是所有反应在中途都可能产生 N_2（氮气）——它与各种形式的N—O键和N—H键混在一起。一旦产生 N_2，反应就走入了死胡同，因为 N_2 中连接2个氮原子的是非常难被打破的氮氮三键。要知道，双键就已经够糟了，它的存在让 CO_2 稳定到难以作为能量来源，更何况是三键呢，它比双键更加稳固。

要想在一个充满能量的循环中使用 N_2，必须要像打开坚硬的核桃那样打开其中的三键。最终，用氮微生物进化出了能让 N_2 分成两半的"核桃夹子"。当环境中存在大量含氢气体时，生物没必要费劲地启动这套复杂的化学过程，但是，在特定时期（空气中甲烷等含氢气体消失之后，氧气含量充足之前），运行"打破 N_2 的化学过程"还是很有价值的。

这不是 N_2 的三键问题最后一次被解决。很久之后，大约在20世纪，它将在人类历史上重演，并改变世界——尽管不一定会让世界变得

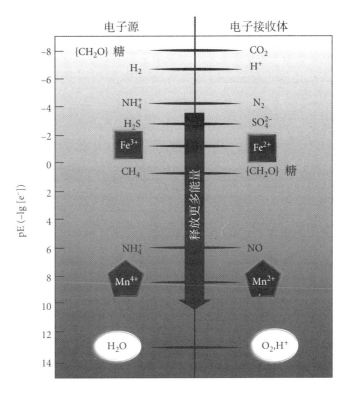

图8.2　氮循环和锰循环释放的能量小于氧反应所释放的能量。左边的物质（电子源）失去电子可以变为右边的物质（电子接收体），这一过程中释放的能量与物质的氧化还原电位有关，可以用pE（电子活度）来表示。

数据源自：UC Davis ChemWiki，"Electrochemistry 5：Applications of the Nernst Equation"，chemwiki. ucdavis. edu。

更好。一位名为哈伯（Fritz Haber）的化学家使用铁催化剂，在高流动状态下对氮气和氢气混合物加温、加压，通过这种化学蛮力，迫使N_2的三键打开，生成NH_3（氨）。正是利用"哈伯反应"，德国化工厂用氮气生产出了成吨的氨。

　　由于氨是一种肥料，哈伯固氮法帮植物"砸开"了氮气，为它们提供C、H、O、N这些重要元素的易使用形式。然而，这种铁基化学不仅是一把帮助耕种的"犁"，后来还成了一把杀伤力惊人的"剑"。氨很容易通过化学反应变成装满能量的硝酸盐,并被用于生产炸药和弹药。就在德国完善了这项技术后的第5年,第一次世界大战爆发了,在这场战争中弹药被用于摧毁对手。由此可见,通过铁制成的氨,既能帮助生命成长,又能将其毁灭。

氨作为肥料带来的好处,或许跟炸药的破坏力一样大。据估计,如果没有哈伯制氨法为农作物提供肥料,粮食将减产,并导致如今地球上一半的人陷入饥荒。目前,我们还不清楚微积分和化学的发展究竟是如何影响战争与和平的(否认这一点的人必是另有所图),历史发展的脉络远比神秘的新陈代谢过程要复杂得多。

无论是在地球历史上的20亿年前,还是在人类历史上的100年前,氮催化中心都是某种金属元素,甚至可能是**同一种**金属元素——铁。利用氮和氢生产氨的这种酶有着数十亿年的历史,它是一种名为"固氮酶"的铁蛋白,其中含有铁、硫,以及一种生物刚获得的新元素——钼。

使用固氮酶是很"费钱"的,因为它需要消耗16个ATP的能量来打破1个氮氮三键,然后才能加入氢。这么麻烦值得吗?值得。一项在巴拿马进行的研究表明,有固氮酶的树生长得更好,其积累碳的速度是没有固氮酶的树的9倍。固氮酶涉及一组复杂的基因,不过这些基因都排列在一个有序的"基因盒"中,可以快速地从一个生命传递给另一个生命。随着这一化学过程的发展,它像病毒一样在地球上蔓延。

固氮酶利用金属来达到它的目的。首先,它通过一条指向更大铁硫配合物的铁硫中心链将电子转移到氮上。这种配合物在氮链断裂的地方有催化金属——钼、钒或铁。在许多这种高能化学配合物中,钼(Mo)都会被嫁接到铁(Fe)-硫网络中,因此整个配合物被称为铁钼辅因子(见图8.3)。

铁钼辅因子在实验室里引起了广泛关注,因为制造氨对国家经济和世界历史来说都非常重要。其中的关键点我们很熟悉:金属是运转中心。如果把铁钼辅因子从固氮酶中剥离出来,它还会继续分解氮——尽管失去蛋白质结构保护后它很快就会被氧破坏。化学家们已经制造出了几种与铁钼辅因子结构类似的金属配合物,其中心金属有些是钼,有些是铁,有些是其他金属,所有这些配合物都可以发挥不同程度的作用。当下,最令人印象深刻的是钼、铁、硫在"硫凝胶"中的特殊结构,它可以在室温下将氮气转化为氨。

其实,固氮最大的问题不是打破氮氮三键,而是如何阻止活跃的O_2气体靠近反应中心。因为即使是少量的O_2,也能把固氮的事情搞砸。在早期地球上,氧含量低,需要"驱赶"的氧气不多,所以制造固氮酶也要比现在容易。

钼在历史上独一无二的地位

制造固氮酶可能是钼的首要用途。钼对氧很敏感,而且在有氧的环境中更易获得*,所以这种元素很可能直到"大氧化事件"之后,才开始被生物广泛利用。我们从固氮酶的身上也能看出这个逻辑,因为卡埃塔诺-阿诺里斯团队的基因分析,以及大卫和阿尔姆的研究成果都表明,固氮酶起源于25亿—20亿年前。(不过,最近一些岩石证据表明,早在32亿年前,就出现了微生物基于钼的固氮过程,这些钼或许是在当时微量氧气的作用下出现在微生物生活环境中。)

固氮酶可能刚开始使用铁元素比较多,但后来只要条件允许,固氮酶就会转向新元素钼,因为钼实在太擅长固氮反应了。钼的这种特殊

---

*氧气与岩石发生反应后,钼顺着雨水流入大海。——译者

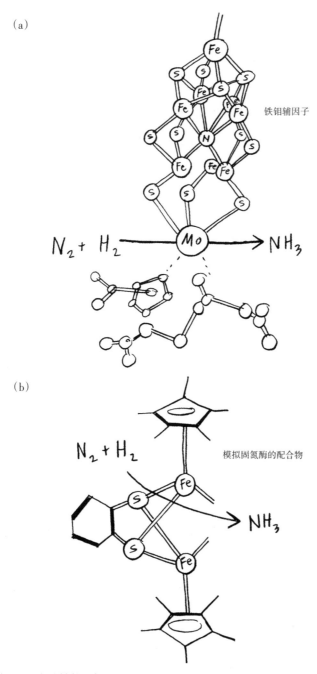

(a)

铁钼辅因子

$N_2 + H_2$ →→ NH_3

(b)

$N_2 + H_2$

模拟固氮酶的配合物

NH_3

图8.3 钼的结构和氮化学。(a)铁钼辅因子(FeMoCo)可以用氮气生产氨。(b)一种铁
硫配合物也可以生产氨。氧气可取代活性较低的氮气,从而让这些配合物失活。
参考Y. Li et al., "Ammonia formation by a thiolate-bridged diiron amide complex as
a nitrogenase mimic", 2013, *Nature Chem.* 5, p. 320, DOI: 10.1038/nchem.1594。

能力来自它在元素周期表上的特殊位置——在铁、锰等元素的下一行。因为钼原子很大，所以在自然界中的含量并不丰富，很难获得。不过，选择钼还是值得的。因为钼的核外电子层中的电子很容易被剥离，所以它可以达到＋6价。即使是今天，也没有其他的可被生物利用的元素能做到这一点。

钼不仅力量大，而且用途广泛。一个小小的化学变化就能让它发生完全不同的反应。2011年，一组科学家在固氮酶上靠近钼的位置钻了一个洞，大小刚好可以容纳一个CO分子（一氧化碳）。这改变了整个酶，它不再让氢气和氮气反应，而是不断地让氢气和一氧化碳反应，从而让碳以短链的形式连接起来。也就是说，一个小小的变化就把固氮酶变成了"碳编织酶"。

另一种酶通过一种名为"蝶呤"的化学结构将钼固定在适当的位置，从而以其他元素无法比拟的方式，引导钼的化学能。只要扭转蝶呤结构，就可以改变钼的电子推动力。因此，可以通过调整其周围蛋白质的形状来调节反应中心的化学性质。科学研究发现，钼–蝶呤反应中心能破坏氮氧键，以及从硫酸盐或硝酸盐中去除氧以获取能量（所以这种结构常见于硫酸盐还原菌的体内），甚至还能转移单个氧原子。由此可见，氧和钼之间有着非同一般的化学关联。

穿过海洋的箭头

随着时间推移，环境的氧化程度不断增加，这个上升箭头可以把上文提到的所有观察结果联系在一起。这是因为在化学语言中，氧气好似电子的反义词，同时所有生命都会聚集电子来建造复杂的结构，所以氧气不可避免地会被排放到外部环境中。

鉴于氧在元素周期表上位于一个角落附近，当氧气进入大气和海洋时,它做了自己该做的事:发生化学反应。氧气把氧原子加到一些物质上,又把电子从另一些物质上抽离。非金属物质从与氢结合的形式转化为与氧结合的形式,于是地球上的食物从富氢物质变成了富氧物质。另一方面,一些能容纳不同数量电子的金属物质,被氧改变了它们所容纳的电子数:随着氧不断增加,金属携带的电子会不断被抽离(即金属被"氧化")。而随着带负电荷的电子不断流失,金属所带的正电荷也会不断增加。

有些元素比其他元素更容易与氧发生反应。值得注意的是,科学家观察到,元素在化学实验室中的一般反应模式,与在体内的基因组中的反应模式是一致的。氧也是一把"化学钥匙"。随着时间的推移,当越来越多的氧被释放出来,这把"化学钥匙"就解锁了地球上的其他元素,将它们"拉"了出来。

一代又一代的化学家,甚至是古代的炼金术士都注意到,不同的化学物质在水中是如何发生反应的。如今,我们可以简单地通过一连串的数值来表示每种化学物质发生反应的趋势,这个数值便是氧化反应与还原反应的电位,但这个名字对化学家来说也太过拗口了,于是我们把这种数值称为"氧化还原电位"。

威廉斯注意到,这些数值说明了一个问题:每个元素电子推动力的大小,跟它们在历史上被生物采用的时间是相匹配的。阿尔姆、卡埃塔诺-阿诺里斯、杜邦及其同事的基因历史分析更详细地讲述了类似的故事。原始微生物利用富氢元素和氧化还原电位较低的还原态金属;现在复杂的动物世界普遍使用富氧元素——特别是氧气本身,以及氧化还原电位较高的氧化态金属。这为生物进化的化学指明了一个具体的方向,就像生命的发展遵循着化学箭头的指向一样(见图8.4)。

随着氧气的增加,地球沿着箭头从左向右移动,即地球的氧化还原

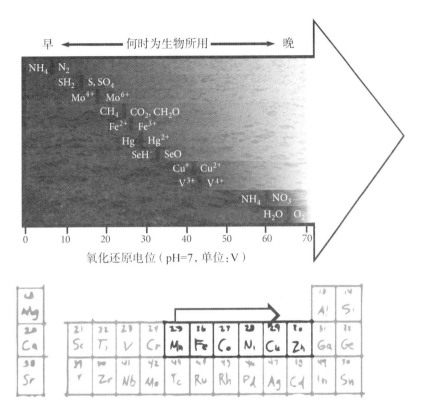

图8.4 穿越海洋的箭头。**上图**：不同"氧化-还原组合"的氧化还原电位的大小，与它们的还原或氧化形式被生命所使用的时间顺序是相对应的。氧化还原电位较低的元素比氧化还原电位较高的元素更早被氧化。比如，氨/氮气、硫化物、四价钼比一价铜、三价钒更容易被氧化。**下图**：由于三价铁很容易以氧化铁的形式从溶液中析出，随着时间的推移，海洋中铁的浓度不断降低。二价铜化合物的溶解性通常比一价铜更好，所以氧化过程提高了铜元素的生物利用率。这一趋势可以用一个从铁指向铜的箭头来表示。

数据源自：R. J. P. Williams and J. J. R. Frausto da Silva, *The Chemistry of Evolution: The Development of Our Ecosystem*, 2006, Elsevier, p. 28, Figure 1.14。

电位随着时间的推移而增加。箭头上的线条显示了每种元素的氧化还原电位，它相当于每种元素从富氢的还原形式转化为富氧的氧化形式的大致时间。地球每越过一条线，就表示一种元素从左边的还原形式变成了右边的氧化形式,元素的化学能力也随之发生了变化。

图8.4要从左往右看,就像我们平时读书那样。比如,氨(NH_3)在最左边,当氧气增加后,氨变成了氮气(N_2)。钼就在附近,所以它的+6价形式是在同一时间(可能稍晚一些)才被解锁的。由此可以推测,大多数更早期的固氮酶应该是以铁或血红素为基础的。

钒的位置更靠右,所以它的高电荷形式(+4价)要等到钼被氧化**后**才能出现。这预示着基于钒的固氮酶是更晚期的产物。彼得斯(John Peters)实验室的研究结果与此一致。

这个化学时间表也让我们看到了,在钼获得+6价的力量之后会发生什么。在这个序列的中段,铁从+2价变为+3价,与氧结合,生锈了。铁和硫在箭头到达中间之前都经历了转变,说明它们在前氧时代更容易被使用。也就是说,它们在本书的上一章中会比在下一章中更值得介绍。

铁和硫含量丰富(它们是六大地质元素中的两个),意味着早期生命产生的大部分氧气将与地球本身的铁和硫发生反应。因此,氧含量每次上升之后,又会降回去。当新释放的氧气与大量的铁、硫发生反应时,坎菲尔德理论中的氧含量将停止攀升。与如此大量的铁和硫发生反应,可能需要10亿年的时间——这是一个现成的化学解释,解释了为什么氧气在"无聊的10亿年"时期保持在低水平。

在化学实验课上,一个非常考验学生耐心的实验是化学滴定。学生需要缓慢而稳定地将酸液滴入碱液中,刚开始看不到任何变化,无聊得让人想打瞌睡,直到溶液到达了"酸 = 碱"的平衡点,颜色就突然变了。(变化发生在眨眼间,你一不留神就会来不及停下,导致滴入的量超标,从而不得不重做一次实验。我以前就是这样。)在早期的地球上,进行光合作用的微生物用氧气对地球进行"滴定",但跟学生进行的滴定实验一样,需要花上一段时间。由于所有的铁和硫都能吸收氧,即被氧化,从而阻止了氧含量的攀升。最终,那些产氧微生物花了10亿年时间才生产出足够的氧气来改变整个世界。

随着氧气的增多,锰的浓度逐渐下降,但更重要的变化是,铁与氧气接触后开始变化、生锈。镍和钴不太会跟氧气发生反应,但它们最喜欢的分子——甲烷和氢气——都被氧化掉了,这使得它们在化学上过时了,即使是在第六章末尾提到的躲避了镍饥荒的地区也是如此。

大量溶解状态的铁因氧化而被去除,这在化学上是一次严重的"退步"。从此之后,氧反应开始"前进",产生新的可用元素。钼就是早期的第一个果实。在图8.4中,右边的硒和铜在氧化状态下溶解性更好,并且能进行更多的化学反应。随着时间的推移,当氧带走它们的电子后,它们就被"解锁"了。一旦铁和硫基本被转化完,额外的游离氧就会汇入大气,供生命使用。考虑到氧能赋予线粒体能量,氧本身可能是所有化学物质中对生命来说最重要的一种。

氧把铜从岩石中释放出来,将其变成了更方便利用的+2价形式。铜在元素周期表上的邻居——锌,也越来越多地被使用。(不过,请注意,锌的解锁过程跟铜并不完全一样,因为锌的浓度还取决于局部的硫环境。)铁和铜,这两个最重要的元素处于周期表的箭头(见图8.4下方)的两端。随着环境被氧化,铁从海水中跑出来,铜却跑进去了。

总之,氧气及其引发的反应使地球发生了巨大的化学变化。图8.4中元素周期表上表示海水金属浓度的箭头从左指向右,意味着铁不断减少,铜不断增多。这支穿越海洋的箭头和第四章中那支穿越天空的箭头(大气中氢气减少,氧气增多)的变化过程是相对应的。

叠层石的结束和新岩石的开始

地球随着生命的变化而变化,地质学家黑曾将这个过程描述为"共同进化"。黑曾描述了早期地球表面是如何在**水**的作用下形成数千种矿物质的。**氧气**扩展了"矿物演化"的过程,丰富了矿物质的种类。在黑曾看来:"如今地球上约4500种已知矿物质中,至少有2/3是在'大氧化事件'之后形成的,生物作用提高了矿物多样性,无生命世界也许无法创造出种类如此丰富的矿物质。"

黑曾还举例说明氧气是如何为地球增添颜色的:"蓝绿色的绿松石、深蓝色的蓝铜矿、亮绿色的孔雀石都是生命的产物。"就像三棱镜将白光变为彩色光一样,地球通过加入氧,创造出了新的化学物质和艳丽的色彩。

当来自生物学的氧气开始通过化学作用影响世界的地质学时,氧结合岩诞生了。世界上已知铁储量的约90%位于富氧的BIF型铁矿中。锰、铜、镍和铀矿石都是在"大氧化事件"发生时或发生后不久就出现的氧化物。采矿业通过寻找金属矿石来谋取利益,因此它学会了追溯地球的氧化过程,以此寻找氧气和水生成金属氧化物的地方。

氧气的反应也加强了风化作用和其他地质循环,使更多的化学物质进入海洋,并在海底形成新的沉积物。特别值得注意的是,岩石中的硫酸盐被溶解出来,进入生活着饥饿的硫酸盐还原菌的环境中。事实上,某些地方的硫酸盐还原菌似乎自18亿年前——"无聊的10亿年"的中期——以来,就再也没进化过。在那里,安逸的地质环境让生物停下了进化的脚步,形成了非常稳定的形态。同样的模式或许存在于"无聊的10亿年"期间,那时地质环境的稳定导致了生物的稳定不变。

铜也是被水和氧气一起带到海洋之中的。黑曾在《矿物演化》一文中指出,321种铜矿中有256种是与水反应形成的,这意味着铜在被氧气"解锁"后,经雨水冲刷、侵蚀,最终沉积形成了这些铜矿。

化学变化也终结了以往的生命形式,比如第六章提到的形成叠层石的微生物。20亿年前是叠层石微生物的鼎盛时期,后来它们被更多样化的物种破坏了。比如,一种名为"有孔虫"的原生动物有着长长的、灵活的伪足,它们能爬进叠层石,将其中的资源占为己有。这些伪足可能是由于胆固醇的出现而产生的,而胆固醇又是由于叠层石微生物氧化了环境才得以出现的。如此看来,叠层石微生物的命运真是一场悲剧,因为是它们亲手创造出了自己的取代者。

地球表面的风化和氧化作用可能改变了地球的颜色,因为氧化铁覆盖在大陆上,同时海洋中也相呼应地出现了许多BIF型铁矿。整个地球变成了血红色,看上去就像被正在发生的变化激怒了一样。这时,困扰生命的问题不再只是氧气,因为许多新金属也是有毒的。接下来,在情况好转之前,会先变得更糟。

来自铜和汞的攻击

曾经的蓝色海洋像红色的地球一样发生了巨大的变化,这是因为海水中出现了2种新的金属:汞和铜。在古希腊和古罗马神话中,铜对应着金星和女神维纳斯(因为铜和维纳斯都来自塞浦路斯),而汞对应着水星和众神使者墨丘利。这2种金属在氧化箭头上都位于铁的右侧,表明它们是在铁之后才被氧气从岩石中"解锁"出来的。它们紧紧地附着在生命最喜爱的那些元素上,给生物圈带来了巨大的冲击。

汞会产生破坏DNA结构的活性氧,它还可以附着在硫和硒上,让它们无法发挥作用。细菌可以通过给汞添加电子的方式(这正好与氧通过夺取电子来解锁汞的过程相反),将汞从 + 2 价变为 0 价,从而使它与那些有用的元素分离。(生命收集电子的原因之一,就是为了帮助自己清除汞这类的有毒物质。)将电子添加到汞中的酶的基因,来自一个更大的"基因盒",这些基因可以在细菌之间传播,就像淘气的学生在上课时传纸条那样。

其他有毒金属也可以通过类似方法被解决:键合,添加电子,释放,如此反复。不过,有一种除铬酶选择"先下手为强",它能将铬拦截在细胞之**外**。有时,仅仅靠磷酸根就能获得同样的效果。比如,如果酵母菌检测到外界环境中有重金属铈,它们就会释放磷酸根,让其与铈发生反应,在细胞外形成一层磷酸铈外壳,细胞内部则不受影响,仍然保持液态。

+2价铜离子和有毒的+3价离子(比如铝离子)一样具有"黏性",即容易附着其他物质。在地球历史的早期,细胞会因为铝太"黏"了,而将其排出体外。铜几乎能附着在任何物质上,除非细胞小心地将铜包裹起来,否则它会将"精心调制"的细胞液变成一团杂乱的废物。

最早的一种杀菌剂就是利用铜的黏性制成的:将亮蓝色的硫酸铜溶液和石灰混合起来,就能得到这种名为"波尔多液"的杀菌剂。几个世纪以前,最初使用波尔多液的是法国波尔多地区的农民,他们往路边的葡萄上喷洒这种蓝色液体是为了将葡萄染成吓人的蓝色,让路人不敢偷摘葡萄吃。后来,法国科学家注意到,这种喷剂可以在不伤害葡萄的同时杀死侵害葡萄的真菌,因为其活性成分——具有黏性的铜离子——可以纠缠真菌的蛋白质,阻止真菌传播。从此,波尔多液成了一款非常好用的农药。15亿年前,当氧气与地球发生化学反应时,这一"杀菌剂"被释放到了环境中,于是许多生命就像刚才提到的真菌一样与铜发生反应,并因此走向死亡。

好消息是:铜的化学力量的来源——极具黏性——也是它的致命弱点。只要用同样具有黏性的物质就能将铜拦截。如今,在污染较严重的城市地区,植物的根系就像捕蝇纸那样吸附着周围环境中过多的铜。这种机制肯定是很久以前就进化出来的。微生物一开始可能是通过向细胞外释放铜结合蛋白质,来防止铜离子流入细胞内。随着时间的推移,微生物可能进化出了一种牺牲性蛋白质,这种蛋白质的作用就是附着在铜上,然后安全地带着铜在细胞内移动。当铜的潜力被释放之后,这将成为生命向前再迈出一步的基础。

从灾难到幸福大结局

如果这些铜蛋白中的铜旁边有一个糖结合位点,会发生什么呢?铜可以跟糖发生反应。这意味着,只要经过一些调整,原本携带铜的蛋白质就可以变成铜酶。于是,细胞将会发展出一种基于铜元素的新反应来帮助自己生存,利用的就是铜的化学力量。细胞最终认为这种铜蛋白是值得保留在体内的,于是它得到了一种新的酶。终于,这场始于"后退一步"(产生有毒的铜)的事件,被逆转为"前进两步"(得到新的铜酶)。

著名作家托尔金写的是文学故事,而不是科学故事,但他提出的一个术语同时适用于两者。托尔金将这种令人欣喜的转折称为eucatas-trophe(幸福大结局),其中eu在希腊语中表示"好的",将它放在catastro-phe(大灾难)前面,表示灾难被突然逆转为好结局。很多故事会出现幸福大结局:在托尔金的小说《霍比特人》(The Hobbit)中,霍比特人被狼群围困,正当他们一筹莫展之际,鹰王带着伙伴从天而降救了他们;在童话故事中,公主陷入沉睡,正当人们无计可施之时,王子吻醒了她。我们这个关于生命的故事中也同样出现了幸福大结局:铁的流失和有毒的铜的释放对生命而言都是灾难,不过,紧接着出现的氧基能量和铜基催化让故事突然发生了令人欣喜的转折。

新金属提供了新的化学性质,为生命发展带来了新的可能。生命只需要利用一个新金属就能进化出新形态的蛋白质。不仅如此,旧形态的蛋白质也可以通过加入一个新的活性金属中心(哪怕只是偶然"捡到",哪怕旧的蛋白质结构已有些受损)来获得新的功能。

如今,科学家可以程式化地读取某个生物的所有基因。他们发现,许多断裂的、死亡的基因,即"假基因",位于活的基因之间。这些假基因中的一些DNA似乎被抹去或覆盖了,就像托尔金在研究《贝奥武夫》(Beowulf)手稿时发现有的字迹被抹去或覆盖了一样。假基因正是因为缺少了一些至关重要的部分,才导致酶无法完成自己的工作。

不过,我要在这里引用一篇文章的标题:"死亡"的酶显示出生命的迹象。虽然"假酶"不再执行它们最初的工作,但是它们可以做其他的事——从结合DNA到阻断其他酶。最终,一些"死亡"的酶发展出的新功能,可能会变得跟它们原本的功能一样重要。这些酶获得了幸福大结局。

在受到巨大环境压力的时候,生命会重新利用死亡或分解的酶。比如,在极端环境下,果蝇会改变基因以应对环境压力,但它们只会花1%的时间产生全新的酶。它们把更多的时间和精力花在了旧酶**改造**上,即重新利用旧酶,让它们获得新的功能。

海胆也会做同样的事。酸会对海胆造成压力,作为回应,海胆的进化速度会提高一倍,它们会通过进化改变自己的外膜,以应对不断变化的环境。这个例子说明,压力引发了进化。

在基因和蛋白质水平上也是如此:细胞中有一系列蛋白质是在压力条件下才会产生的。这些蛋白质被称为"热激蛋白",因为细胞一般在温度过高时才会合成这些蛋白质。当温度过高时,蛋白质开始分解,并暴露出它们油性的内部结构。此时,应激而生的热激蛋白会填满细胞,将大分子蛋白质彼此分开,它们就像调解员站在两个怒气冲冲的人中间,防止他们互相攻击一样。热激蛋白对细胞的其他部分起到镇静作用,即使细胞内的蛋白质正在分解,热激蛋白也能让细胞维持正常的生理活动。

林德奎斯特(Susan Lindquist)和同事发现热激蛋白可以促进生物进化。当蛋白质刚开始进化时,它们往往不那么稳定,而且会出现一些断裂,暴露出它们内部的油性结构。此时,细胞会启动热激蛋白,给予这些半成品蛋白质空间,让它们有机会发生更多变化。林德奎斯特将热激蛋白比喻为"进化的电容器",因为它们让生命在压力下更快地实现进化*。研究发现,在热激蛋白的作用下,生活在地下的鱼只用了几代的时间就发生了巨大转变,并完全失明。想想看,托尔金在《魔戒》中也让偷取魔戒后躲在地底的咕噜发生了同样的变化。

进化一遍又一遍地遵循着同样的模式。比如,在应对毒素或压力时,进化的选择是:在毒素还没有**随机**结合细胞内其他物质之前,先有意地找个东西与它们结合。糖在这方面尤其有用,因为细胞内含有大量的糖。蠕虫、细菌和真菌都可以利用糖分子来排毒。有时候真菌会把毒素和糖结合起来,你吃了它不会直接中毒,但是等你肚子里饥饿的细菌把糖吃了,毒素就会被释放出来。细菌并不知道这样做是在毒害你,它们只是饿了。

像热激蛋白这样的结合蛋白很容易演化成酶。比如,一种长链蛋白以结合脂肪酸碳链为起点,成了一条可结合碳链的油性条带。通过在条带旁添加活性化学基团的方式,蛋白质改变了条带的形状。改头换面之后,蛋白质油性条带粘在了另外一个具有额外氧原子的油性分子上,并将其压成一个环。于是,这个结合蛋白变成了成环酶。

这个新的环状分子会与活性氧反应,所以一开始它可能是一种活

---

*热激蛋白像电容器储存电能一样,帮助生命积累大量的遗传突变。——译者

性氧清除剂。但最终,它因具有独特的形状,而作为一种信号被发送到其他细胞中。如今,植物在这种环状结构的基础上演绎出了一系列的分子,用于发育和防御。这个新的环状分子,先是起到保护作用,后来作为信号。

非金属元素也是如此。比如,硫载体蛋白被转化为制造含硫糖的蛋白。就像第二章中的偶然酶一样,附着在某个分子上的蛋白质很容易转变为可以改变这个分子的酶。

铜喜欢电子、氧和成键

氧把铜化学引入了进化的洪流。你可以通过一个在家就能完成的实验,感知铜与氧的特殊关系。你需要先找到一枚在1982年以前铸造的一便士硬币(因为在那之前硬币的主要成分是铜,后来其主要成分是锌),然后加热这枚铜币*,再立刻把它悬挂在装了几勺卸甲油(其中含有丙酮)的容器上方——要使硬币靠近但不接触卸甲油表面。几秒钟后,你就能观察到惊人的现象:黑色的硬币像烧红的烙铁一样发出红光。过一会儿,等硬币冷却下来后,你会发现它不仅完好无损,还变干净了,恢复了原先的橙红色。如果你想试试这个实验,请记住:在实验中,不要用手碰触铜币,以免被烫伤;也不要让丙酮着火。

铜币发生的燃烧反应与木材着火或线粒体分解糖时发生的燃烧反应是一样的:碳与氧结合,然后以发热、发红光的形式释放能量。铜币的表面"粘"着氧,从而使丙酮和氧能更高效地结合在一起**。

在细胞内,被蛋白质固定的单个铜原子也能以同样的方式催化反应:利用铜天生的黏性,尤其是对氧的黏性,将反应物聚集在一起。这

———————————

*此时可发现它被氧化成了黑色。——译者

**在这里,铜起到了催化剂的作用。——译者

种催化作用与锌或其他常见金属的催化作用不太一样：当铜从氧化铜中被还原出来后，这种催化反应就可持续进行了。

铜的这种特殊能力很快就被酶和微生物吸纳。比如，科学家发现，人类皮肤表面利用铜与氧结合来分解氨的微生物多得惊人。没人知道为什么皮肤需要这么多微生物，或许这样可以保护皮肤免受氨气侵害，又或许为了进行氮循环。

铜既擅长移动电子，又擅长结合氧，所以它非常擅长处理带电子的氧原子。铜能直接与活性氧发生反应，并能在确保电子不流失的情况下捕捉这些电子，所以铜不会像铁那样有着带来活性氧的风险。铜更黏，所以更安全。较古老的微生物一般利用铁和锰清除活性氧，但动物通常利用铜和锌来进行同样的反应，以求更安全。

氧化学中最重要的酶可能是漆酶，这种酶使用3个铜原子来制造和打破氧键。漆酶中的铜能轻易推动电子，所以它们不用保持特定构型也能正常工作，而且能在一般区域内与任何物质发生反应。因此，我们很难像对其他酶那样对漆酶进行分类，因为漆酶的形状实在是太多了。漆酶的一般反应性使其高度可设计，即使漆酶的蛋白质构型很粗糙，它仍然能发挥作用，因为归根结底起作用的是铜离子。这种"差不多就行了"的设计理念，不仅适用于马蹄铁和手榴弹，还适用于铜酶。

打破、吹散、燃烧与创造

不破不立，在化学上，所有擅长形成化学键的物质都擅长打破化学键。铜也不例外，尤其是当它和好搭档——氧在一起的时候。英国诗人多恩（John Donne）的十四行诗充满了"打破"和"创造"，其中一首诗写道："打破、吹散、燃烧，然后创造出新的我。"美国作家帕格里亚（Ca-mille Paglia）从中得到灵感，将她解析西方诗歌的书取名为《打破·吹散·

燃烧》(*Break Blow Burn*)。"打破""吹散"和"燃烧"化学键,正是这段历史(我是指15亿年前,而非多恩生活的400多年前)的主题。铜是多才多艺的,足以完成多恩提到的那四个动作:打破、吹散、燃烧与创造。

漆酶属于多铜氧化酶——这是一个更大的群体。大多数多铜氧化酶存在于血液、海洋等细胞外的氧化环境中,并基于铜和氧的力量,承担各种各样的工作。首先,铜擅长破坏细胞为了保护自己而编织的碳网。比如:植物用一种名为"木质素"的网状结构来保护自己,而漆酶中的多铜可以分解木质素,破坏植物的保护层;龙虾和甲壳虫等动物拥有坚硬的外壳,而一种铜酶可以分解其主要成分"甲壳质"(一种长长的、坚韧的糖链结构)。研发生物燃料的科学家正在跟随大自然的脚步,探索铜催化剂的威力,希望利用铜催化剂"打破"植物坚硬的碳结构,将它们变成我们可以利用的燃料。

同样的多铜氧化酶结构也存在于人类血液中的一种蛋白质里,这种蛋白质可以利用铜和氧的力量,把电子从铁身上拉出来。我们可以把这个过程想象成,氧气把电子"吹散"了。

在植物的生长过程中,多铜氧化酶通过向维生素C中添加氧,来"创造"新物质,从而为植物的细胞壁添砖加瓦。铜可以轻易地将氧添加到CHON结构中,利用氧将旧分子转化为新信号。这与铁很像,但伴随的活性氧副作用较少。在这个意义上,我们可以把铜看作"铁2.0",即铁的升级版。

生长并不总是好事。一项研究发现,铜能促进肿瘤生长,因为它能帮助线粒体燃烧糖。是的,铜不仅能"打破""吹散""创造",还可以"燃烧"。另外,铜的"打破"之力还在癌细胞转移过程中发挥作用:铜蛋白可以切断固定癌细胞的外部连接结构,让癌细胞移动到体内的其他地方定居。但话说回来,这也是有好处的:采用相关疗法将铜清除掉,或许就能"饿死"癌细胞。

线粒体的主要成分为铁、硫和CHON结构(这些我们在前文中都介绍过),但在电子之路与氧气相遇的地方,还有另一个至关重要的成分——铜。铜可以让线粒体发挥潜能,让它们"燃烧"得更猛烈,就像放在丙酮上的烧热的铜币一样。

还有另一种铜酶,名为"多酚氧化酶",它也能打破、吹散、燃烧和创造,而且在它催化一种我们熟悉的反应的同时,还隐藏着一个秘密。多酚氧化酶是切开的苹果和烤过的茶叶变成深褐色的原因,这种酶是利用铜来实现这些的:酶中的铜将氧和一种名为"酚"的碳环结构放在一起,分好几次往碳环上添加氧,从而把多个碳环连起来。于是,酚类物质很快就会相互缠绕,变成褐色的、黏稠的团块。这个过程如果用化学术语来表达,就是"酚被聚合成了多酚"。

不过,这只告诉了我们"是什么",而没有解释"为什么"。为什么植物和真菌体内有那么多不同用途的多酚氧化酶?为什么植物会保留多种该酶的基因,并在不同的时候使用,就像我们不同的时候会从衣柜里取出不同的衣服一样?就像下面这些例子:

1. 一些多酚氧化酶对任务非常挑剔,它们只会帮忙构建新分子,即负责"创造"。

2. 另一些则不那么挑剔,当植物受到伤害时,它们会迅速合成多酚网,捕捉伤害植物的昆虫。被植物的网困住,这对擅长织网的蜘蛛来说,会是莫大的讽刺。

3. 一些多酚氧化酶可以帮助真菌在细胞周围形成棕色的黑色素网状结构,加固细胞壁,从而让真菌承受更高的压力。这种超级真菌会钻到其他生物体内,通过"打破"它们的膜和"建造"自己的膜来感染这些生物。

4. 多酚氧化酶还可以吸收活性氧的杂散电子,减少从空气中"吹散"出来的活性氧的"燃烧"刺激。

上述的一切铜都能做到,这意味着它打破了类别的壁垒,真可谓是"最有诗意的元素"。

免疫和疾病中的铜

最初,铜的用途很简单,但后来它的应用范围越来越广。如今,铜还被用于在细胞外执行许多高级任务,这与它在地球历史上的较晚出现是相对应的。铜具有破坏和建立的双重功能,这意味着它可以被生物当作利剑和盾牌,用来对付其他生物。比如,免疫系统就会使用铜。

有感染性的生物和受感染的生物都吞食、囤积铜和铁。从细菌到人类,一种名为"铁载体"的分子会搜刮环境中的铁,另一种名为"铜载体"的分子会对铜做同样的事。像铁和铜这样的元素一定非常有价值,否则不可能每个物种都投身到了尽可能多地囤积它们的竞赛之中。铜载体还有一个额外的好处,那就是在你的细胞内,它们可以把铜推向新的、有用的 + 2 价形态,远离旧的、有毒的 + 1 价形态。

铜一进入生命循环,就被用于多种用途。无论活性氧是被用作帮助感染还是对抗感染的武器,在背后操纵它的都是铜离子或铁离子。比如,昆虫和螃蟹的原始免疫系统中有一种名为"**原酚氧化酶**"的多酚氧化酶,它有抵御感染的功能。又比如,人体内有一种名为"巨噬细胞"的免疫细胞,它会在一个特殊的盒子里利用铜生成大量活性氧。当人体被感染时,巨噬细胞会打开那个盒子,向入侵的细菌发射活性氧——有时还会再混上一些更危险的 + 1 价铜离子。由此可见,你的免疫大炮穿着铜外衣。

另一方面,如果铜对感染你的细菌来说是危险的,那么它对你来说也同样是危险的。由于铜是一种"黏性"很强的金属,会使一些本不该在一起的物质粘到一块,它可能是带来许多疾病的罪魁祸首。比如,当脑细胞中的蛋白质被粘在一起,就会形成巨大的球状淀粉样斑块,从而有可能导致阿尔茨海默病、肌萎缩侧索硬化、帕金森病等多种疾病,而铜跟淀粉样斑块的出现脱不了关系。

+2价铜可以将蛋白质中的两个富氮环连接在一起,形成淀粉样蛋白的内核。淀粉样蛋白很难被分离,特别是由于铜的加入,让这几乎无法实现,因为铜是通过一种非常强烈的相互作用把蛋白质连接在一起的。一种用于分离蛋白质的仪器已经验证了这一点。

遗传史上的铜和锌

还记得吗?在欧文-威廉斯序列中,铜和锌是"黏性"最强的金属,处于元素周期表中过渡金属区域的最右边。锌几乎跟铜一样黏,比如,锌可以把蛋白质骨架粘在一起,从而帮助凝血。另外,锌可以像铜一样,增加淀粉样物质的黏性。

我们可以从历史中观察到铜和锌的合作关系。蓝细菌是第一个产生氧气的细菌,与后来的高等生物相比,蓝细菌更爱摄取各种金属元素。其中,铁元素是蓝细菌最爱的食材,其次是锰、镍和钴——这些都是我们这个故事中的"旧"元素。排在蓝细菌菜单底部的,是对它来说不太重要的铜、锌和镉。

藻类是比蓝细菌略高等的生命,分红色和绿色两种,每种藻类都有自己的金属偏好。绿色藻类更喜欢铁、钴、锰等"旧"元素,而红色藻类则会更多地使用铜和锌等"新"元素。这意味着绿色藻类的化学过程出现得较早,实际上,10亿年前在地球上占据主导地位的就是它们;当环境中出现越来越多可利用的铜之后,红色藻类才渐渐占据主导地位。随着铜的出现,生物对锌的依赖也开始增加。

科学家在研究微生物的基因组时发现,生活在有氧环境中的生物体内存在表达铜蛋白的基因,生活在无氧环境中的则没有。相比于微生物,陆地植物更易暴露在氧气中,基因组信息显示它们拥有更多的铜蛋白基因,不过,其中大多数都是相同的漆酶或铜结合蛋白基因的不同拷贝——只发生了各种微小的变异。

这么多"铜基因"拷贝的存在,或许意味着,在氧气的胁迫下,生命加快了进化速度。虽然进化本身是生命对各种可能性的随机探索,但是迫使生命进化的压力来自本书这几页所讲的化学故事。在氧气的胁迫下,生命不得不花费更多成本在对抗压力和制造新基因上,但它们也从中受益匪浅,因为这些新基因更能适应新环境,可以打破、燃烧旧结构,制造新分子。风险与回报总是相伴而来。

"锌指"弹奏的奏鸣曲

花的香味是在铜和锌的一系列相互作用中形成的。植物用它们自身复制的铜蛋白和锌蛋白基因向动物发出信号,而动物通过嗅觉器官接收信号,这个接收的过程也依赖铜和锌。铜在你鼻子中嗅觉细胞的外面,它会附着在气味分子上,改变它们的形状:有些气味分子中含有两个硫原子,铜可以与它们结合,从而把这个气味分子绕成一个圆圈。这种圆圈结构可以促使神经发出特定的气味信号。

锌用另一种方式参与嗅觉。锌是Zicam*的主要成分,一些临床证据表明,它或许真的有效。感冒病毒是通过与免疫受体结合进入细胞内的,而锌可以粘在免疫受体上,从而把病毒锁在细胞外。另外,锌与免疫受体结合还能缓解免疫系统的过度反应。

但是问题在于,锌粘得太多可能会杀死鼻细胞。美国已经禁止销

---

* 一种美国顺势疗法感冒药。——译者

售 Zicam 鼻腔喷雾剂,因为有报道称,使用该喷雾剂会让人失去嗅觉。也就是说,锌的黏性可能会毁掉感知环境所需的流动性。(还记得第二章中,我的那位同事是如何用过多的锌杀死蜗牛细胞的吗?)

除了嗅觉,锌还可以影响其他高级的系统,如发育和免疫。人体缺锌可能会导致青春期的推迟,这是一个非常复杂的问题,与人体先进而繁复的信号网络有关。然而,如此复杂的问题,解决起来却可以很简单:吃一勺硫酸锌就行了。

生命的大多数高级功能都与锌离子有关:用硫酸锌溶液浇灌植物,可以使它们更耐旱;老鼠缺锌就无法生产出足够的抗体;还有,当哺乳动物的卵子受精时,它会发出一系列"锌火花"作为信号。

锌与铜不一样,它可以同时被简单的生物和复杂的生物所利用,并且它可能在生命起源中起到了一定的作用(如第五章所述)。区别可能在锌的使用**方式**上,因为锌的生物化学似乎存在两个层次——简单的和高级的。细胞内没有小隔间*的简单生物,会使用细胞外的蛋白酶中的锌,这里的锌与蛋白质紧密结合;更复杂的生物会使用锌指蛋白中的锌,这里的锌与蛋白质以松散的方式结合,有助于蛋白质与 DNA 相互作用。

锌指可以控制 DNA 的活动时间和位置,它们在高等生物体内被尽情地复制。考虑到 DNA 的编码能力,锌指几乎拥有无限的可能性。这就像我的妻子在弹钢琴,虽然钢琴只有 88 个键,但在她灵活双手的控制下,不同的键在不同的时候发出了不同的声音,从而创造出复杂的、多层次的乐曲。(有时我会把办公室的音乐关掉,就是为了听她在隔壁房间练琴。)锌指与复杂的、音乐般的 DNA 运动密切相关,比如当你的免疫系统重组 DNA 以产生新抗体时。

---

* 即亚细胞微区。——译者

锌指不仅在体内担当重任,它们如今在实验室里也能发挥作用,这再次说明锌指在很久以前就能很好地工作了。锌与DNA天然相配,即使是一套加入锌的随机蛋白质也含有多个附有DNA的蛋白质。蛋白质设计者可以将特定的锌指结构连接到DNA切割酶上,从而得到一套精确又高效的切割DNA的剪刀。不过,一位曾在实验室中使用过锌指的同事告诉我,锌指最大的问题是太黏了——这又是一个符合欧文-威廉斯序列的事实。

无聊的10亿年结束了

在这一章中,我们看到了许多变化,比如钼变多、铁变少、铜变多——虽然各种元素的含量在短期内是起起伏伏的,但从长期来看,还是显示出这种趋势。氧气开辟了一条化学发展之路,并通过各种局部变异和补缀,拉动了生物的发展。氧气在所谓"长期气候胁迫"中起着关键作用,因为它的压力改变了大气密度,因此氧气水平甚至会影响气温和降水。

"无聊的10亿年"实际上无聊得还不错,至少没有出现将地球完全冻在冰雪中的冰期。在24亿—20亿年前,差不多是"大氧化事件"发生的时候,冰川覆盖了整个地球,然后又消融了。黑曾认为:"在接下来14亿年(这几乎是地球历史的1/3,其中包括'无聊的10亿年')的时光里,再也没有出现过冰期。地球的气候似乎一直保持着惊人的平衡,既不太热,也不太冷。"

然后,在不到10亿年前,氧气和冰雪一起增长。地球再次因冰期的到来而剧烈震动,大气中的氧气含量从不足1%跃至10%,甚至更多。

氧含量攀升的直接原因是地质因素。其中最引人注目的是,罗迪尼亚超大陆分裂了,并在中部产生了几千米的新海岸线。于是,浅层富氧的海水以及由地质运动带来的侵蚀作用,释放出了一波磷(可以形成细胞并为生命提供能量)和一波钼(可以分离和移动氮)。这些化学物质的出现,为生命带来了短暂的繁荣。但是,生命构造的过度兴盛,令这种繁荣逐渐走向了破灭。

这次生命构造的兴衰,是由一个简单却不可避免的事实造成的:建造生命大楼的砖块是由二氧化碳构成的。当树木或藻类生长时,它们用到的碳大部分来自空气中的二氧化碳——抽离掉其中的氧,碳就可以用于制造细胞壁或糖分子。过剩的磷和钼意味着,生物从空气中吸收了大量的二氧化碳,让地球失去了不少温室气体。于是,大气层失去了已维持10亿年的平衡。

地质过程也从空气中抽走了一些二氧化碳。罗迪尼亚超大陆分裂后形成浅海,于是会产生更多的雨云,带来更多的雨水侵蚀裸露的土地。这释放出岩石中的元素,比如钙,它能结合空气中的二氧化碳(正如第四章所述)。大气中二氧化碳浓度的骤降会导致"全球冷冻"(相对于"全球变暖")。岩石中的氧化学分析表明,当时地球上多达5%的液态水凝固了。

值得庆幸的是,新反馈机制的出现,阻止了原有的反馈作用。当地球被冻成雪球后,伴随着大量微生物的死亡,生物固碳作用几乎停滞。好在地质活动并不会停止,越来越多的二氧化碳从火山和裂谷中冒出来,聚集在大气中。随后,气候回暖,冰雪消融,直到以后大气再次失去平衡,循环往复。罗迪尼亚超大陆在约8亿年前分裂,地球分别在7.2亿年前、6.5亿年前和5.8亿年前经历了冰期。然而,就像本故事的其他部分一样,财富伴风暴而降,生命随冰雪而来。

其他地质过程也可能促进氧气的释放。不同的岩石在雨水中的分解方式不一样,再结合其他因素(太阳变亮、冰冻造成的海底扩张减少),可能导致氧气含量的上升。

在这些循环和反馈作用的背后,有三个不可阻挡的趋势改变着整个地球,每个趋势都来自不同的学科:

1. 基于热流的物理学原理,地球内部逐渐降温(这导致了第六章的镍饥荒,并略微减少了还原性物质的释放)。

2. 板块构造和雨水的地质学作用,"搅拌"了地球——溶解了更多的岩石,将更多的钙、钼和氧化磷带入海洋。

3. 生物学的光合作用,利用水和阳光生成氧气。

这三者结合成一个单一的化学趋势,可以很好地概括为一个化学名词:氧化。

氧化支撑起了波动背后的秩序。地球经历了多次"雪球"或"泥球"事件,反反复复的变化导致氧气长期增加,并带来了橙色条带状铁建造的第二次小幅上升。氧含量增加得非常显著,这可以被称为"第二次大氧化事件"。氧气含量的升高,意味着地球上会出现更多的可被生物利用的新元素。历史上最大、最神奇的生命大爆发即将到来,我们可以把地球在那之前经历的多个冰期视为分娩前的阵痛。

第九章

氧导致的分解与结合

生命大爆发始于石头

本书持这样的观点:当生命和岩石开始相互作用时,生物学和地质学通过化学相遇了。一种叫作"水"的化学物质重塑了地球上的岩石:将岩石"解锁",释放出可以构筑生命的基础建筑模块。于是,地球上的能量在"化学之轮"的运作下变成了细胞中的能量。在溶解在水中的岩石物质的协助下,阳光分解了水,而这个反应产生的氧气又把更多的元素从岩石中释放出来,让生命得以利用。

这种观点揭开了一个长期困扰着人们的疑团:很久以前,地球历史上最大的生物变化创造了植物和动物,然而,是什么让海洋中充满了奇怪的新生命?

我认为,是元素周期表把生物事件和以往的全球**地质**变化联系了起来。如果是这样的话,那么化学反应再一次打开了地质学大门,让地球上诞生复杂的新生命成为可能。也就是说,化学同时引导了地质学和生物学的发展。

这种联系的证据就像第二章(见图2.1)中描述的位于苏格兰西北部的回声壁。曾经有一位考古学家顺道经过时,在回声壁的岩石上发现了一些切痕。在分析了切痕的形状和深度后，这位考古学家得出结论，这些石头比所有人想象的都要古老，而且曾经被用来建造现在已经消失了的建筑。

地球表面也有由大规模地质活动带来的切痕，就像回声壁上的切痕那样。地质学家通过研究这些痕迹，发现是一场全球性的事件改变了地球的外观——这个地质事件也是一个化学事件。不久之后，大量的生物化石将填满岩石——这个生物事件也是一个化学事件。地质学和生物学通过它们在化学上的共同点，联系了起来。

地质事件提供了化学物质，而生命可以用新的方式利用这些物质，特别是氧、磷和钙，生命利用它们生产外壳、生命信号和新形式的能量。也就是说，化学可用性的提高，推动了生命的进化，而元素周期表决定了生命大爆发的时间。

在维多利亚时代的英国，热衷于四处搜寻化石的人们，第一次瞥见并确定了史前生命大爆发的时间。人们在威尔士的一些拥有6亿年历史的古老岩石中发掘出大量生物化石，而威尔士在拉丁语中被称为Cambria*，再加上拉丁语听起来比英语更令人印象深刻，于是人们便将这些岩石称为"Cambrian（寒武纪）岩石"。但奇怪的是，人们没有在更古老的岩石中发现化石。

英国"化石猎人"很快就在他们的所有藏品中注意到了这些神秘图案的特点：生命的复杂性没有逐渐增加，但生命的形式忽然变得极其丰富。它们中最具代表性的生物为三叶虫，它有着拉长的圆形身体，全身细长而扁平，身上还有尖锐的刺，总之不同于我们现在能见到的任何其他生物。这种生物的角、刺和甲壳，甚至比托罗（Guillermo del Toro）[奇幻电影《潘神的迷宫》（Pan's Labyrinth）的导演]虚构出的生物更具奇幻

* Cambria在日文中被音译为汉字"寒武"。——译者

色彩。

  在生命史上,这些丰富多彩而又不同寻常的图案,代表着"寒武纪生命大爆发"——大约在5亿年前,生物家族突然涌现了大批新成员。我们可以在图9.1中找到这次生命大爆发,只要顺着科线(颜色较深的线)寻找最陡的部分,这条线上升到了超过500个科。请注意,这是一次持续时间很久的爆发,至少持续了5000万年。在此期间,进化出新物种的速度是平常的5—10倍。而且这种爆发是普遍存在的,它同时发生于几乎所有科,而不是只惠及少数几个幸运儿。这就像生命之树的所有枝杈都中了彩票大奖,不过,在我看来这或许意味着彩票开奖受

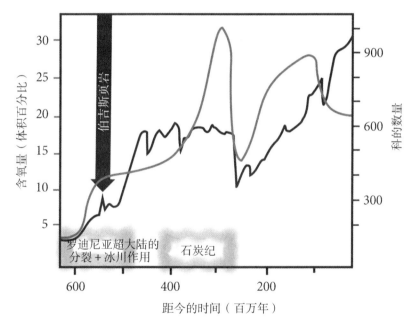

图9.1 氧气含量与生物分类中科的数量同步增加。当时的生物多样性主要体现在甲壳类的科数上,用黑线表示。大气中氧气含量的化学估值用灰色线表示。地质事件和年代列在底部。

科的数据源自:J. J. Sepkoski,"Crustacean biodiversity through the marine fossil record",2000,*Contrib Zoology*. 69 (4),Fig. 6。氧气数据源自:G. Rayner-Canham and J. Grandy,"Did molybdenum control evolution on Earth?",September 2011,*Educ Chem*. p.144,Figure 1。

到了外部因素的操控。

正如你可能已经猜到的那样,我认为引发这次生命大爆发的外部因素本质上是:化学。作为一名化学家我这么想并不奇怪。当然,还有很多种其他解释,其数量就像从这个时间点爆发出来的生命形式一样多。

连接、裂开、被吃掉的岩层

地质过程通常遵循"缓慢而稳定"的模式,但偶尔也会爆发,出现显著的跳跃或不整合。其中,最出众的是美国地质学家鲍威尔(Powell)发现的"大型不整合面"。这种不整合面在北美随处可见。如果你乘飞机掠过美国大峡谷,也许就能看到它:峡谷两侧是耸立的岩壁,你顺着顶部平坦的棕褐色岩层往下寻找,就能看到灰色的岩壁,它们倾斜向下,直至谷底的科罗拉多河。棕褐色岩壁和灰色岩壁的交界处就是不整合面,其上方的棕褐色岩层是5.25亿年前形成的寒武纪塔匹兹砂岩,下方的灰色岩石是17.4亿年前形成的毗湿奴片岩。神奇的是,它们中间缺失了约10亿年的岩石。

地质学上的大型不整合面与生物学上的寒武纪生命大爆发相对应。而且奇怪的是,它恰好发生在寒武纪生命大爆发之前——地质史上最大的间断发生在生物史上最重大的事件之前。这是一个遍布全球的岩石切痕,就像回声壁上的切痕一样。我们可以将这个切痕当作一扇窗户,透过它看向过去。

在大型不整合时期,一些地质事件的组合导致了席卷整个大陆的侵蚀现象:陆地被卷入海洋。从上到下的猛攻将陆地"劈"成了两半:上方的猛攻来自"雪球地球"时期形成的冰川,它们让岩石进入海洋。寒武纪往前两个时期被称为"成冰纪",当时地球上的冰川非常多,似乎整个地球都处于冷冻状态;下方的猛攻来自上涌的岩浆喷流,它们将罗迪尼亚超大陆分开,让新的岩石暴露在"饥饿"的海浪中。

溶解的岩石将更多的元素带入海洋,而上升的氧气水平将这些元素变成了更氧化的形式。四个关键元素(钙、磷、氧和钼)的含量增加了。特别值得一提的是,在寒武纪时期,一系列被称为骨骼矿物的岩石(方解石、文石、磷灰石和蛋白石)与维多利亚时代的岩石学家所观察到的以钙为基础的化石同时突增。

在海洋中,条带状铁建造(BIF)再次用铁和氧为海底涂上颜色,就像在最初的大氧化事件中一样,在第八章的图8.1中形成了第二个BIF峰。至少有三到四次寒流席卷了地球,就像一场逆转的高烧。海水的化学成分发生了巨大的变化,不久之后,生命也发生了巨大的变化。

生命把额外的磷当作天赐的礼物,将它放在 DNA、RNA、ATP 和膜脂中,催生出新的光合生物,它们可以吸入 CO_2,呼出 O_2。生命也把额外的钼作为类似的礼物,从氮化学和氧化学过程中成长起来,并最终让深海中充满了由生命制造出的氧气。另一方面,生命将多余的钙视为"**威胁**",将其排出体外,但在这个过程中,每个细胞外都发生了新的钙化学反应,而这正是整个寒武纪生命大爆发的关键。

在地震、潮汐和雨水冲刷的作用下,泥土被混合到海洋之中,地壳也以另一种重要的方式"裂开"了——这一次是生物学意义上的。在寒武纪生命大爆发之前不久,微生物层状化石上出现了微小的裂痕和裂缝,看起来就像小小的咀嚼痕迹。这说明一些动物发展出了掘穴的方法,打破了牢固的微生物石层连接。

这些裂缝的出现,推动了生物的多样化和专业化发展。在你的皮肤上,不同的物理区域有着不同的细菌群落,比如耳垢中的细菌就不同于腋窝里的细菌——这听上去很恶心,却是事实。在地球上也是如此,因为更加破碎的环境可为生命创造更多的空间。生物为进化创造了一个壁龛。通常,"壁龛"是一种比喻,但在这里,它就是字面上的意思。

生物通过掘穴创造了保护和维持生命的物理壁龛。

我们可以在化石层上找到洞穴,但我们无法在最早的寒武纪动物厚厚的壳或皮上找到伤疤或缺口的证据。似乎有一段时间,每种生物都是素食主义者,食物来自化石层。这是一个没有伤疤的世界,但这种情况很快就会结束。

四个事件的三种解释

在历史上的这段时期发生了四个重要变化。自维多利亚时代以来,科学家们一直想知道是什么最终导致了以下四个事件的发生:

1. 岩石告诉我们,氧气含量是在地球冻结和融化时上升的(9亿—6亿年前)。

2. 大型不整合面告诉我们,罗迪尼亚超大陆的断裂和大陆侵蚀,将钙、钼和磷酸盐送入海洋(8亿—5.5亿年前)。

3. 化石告诉我们,动物在微生物叠层石上掘穴,但动物之间不会相互捕食(5.8亿—5.5亿年前)。

4. 化石向我们展示了寒武纪生命大爆发(5.5亿—5亿年前)。

2013年9月20日出版的美国《科学》杂志刊登了两篇文章,分别对寒武纪生命大爆发给出了一系列的解释。稍后我会提出第三种解释,那是第二种解释的精华版。

先看第一种回答,它是一种不太充分的解释,来自对迈耶(Stephen Meyer)《达尔文的疑问——动物的爆发性起源与智能设计的案例》(*Darwin's Doubt: The Explosive Origin of Animal Life and the Case for Intelligent Design*)一书的评论。这篇书评与以往刊载于《科学》杂志的其他文章大相径庭,其作者马歇尔(Charles Marshall)向读者讲述了那本书给他的感觉:

> 我喜欢阅读那些与我看法完全不同的人的观点，希望发现我思维中的弱点……然而，我的希望很快化为失望……虽然我很荣幸地发现他引用了我自己的一篇综述……但他甚至没有提到这篇综述（以及其他许多论文）的中心观点：新基因并没有推动寒武纪生命大爆发。

这段话也是我的看法（除了"引用了我自己的一篇综述"这句）。迈耶将注意力放在了生物变化的庞大规模上，他不断地告诉我们什么机制**不起作用**，却从来不说起作用的**是**什么机制。迈耶认为，造成这种变化的不是机制，而是一种他称之为"智能设计"的自然运动。迈耶对任何机制的不可知论，也是对寒武纪生命大爆发的一种解释，但作为科学，这种解释还不够充分。

另一种更容易被接受的解释来自《科学》杂志的另一篇文章。这篇文章由史密斯（Paul Smith）和哈珀（David Harper）合著，它的标题很直白：寒武纪生命大爆发的原因。"原因"一词使用的是复数形式，这肯定是经过深思熟虑的。史密斯和哈珀列出了一系列令人眼花缭乱的机制，并展示了**可能**是**多种**原因引发了这一爆炸性事件。论文的配图用25个箭头，将15个代表原因和结果的方框连了起来。理解这张图就像在玩孩子们常玩的连线迷宫游戏，你需要沿着一条长长的线找到终点，中途会穿过一大堆乱糟糟的线，很容易迷失方向。

史密斯和哈珀的综述中的基本观点是合理的。关于寒武纪生命大爆发的原因，许多科学家提出了许多不同的观点。这篇综述用两页的篇幅描述了丰富的真实实验，这比迈耶那本书用两章描述的内容还要多。然而，我不禁疑惑：史密斯和哈珀的文章提供了如此多的解释，它们加在一起，不就等于根本没有解释吗？这感觉就像自己推翻了自己的理论。

作为一名化学老师,我想要把事情解释清楚,而不是让人更加困惑。我认为可以简化(或者,更具体地说,可以"**氧化**")史密斯和哈珀的那些繁杂的连线。代表原因和结果的15个方框都与前文列出的那4个事件相关,这是简化的开始。从更长远的角度来看,我认为可以把它们都进一步简化为一个元素,甚至一个字母——代表氧元素的O。

亲爱的读者,无疑你已经预见到了这一点。不过,在进行这些化简的过程中,我很容易被指责为做了过度简化。我的解释在本质上与史密斯和哈珀的不同,正如他们的与迈耶的不同一样。我认为这是回答这个问题的第三种方法,它既不依靠迈耶的"不可理解的简单",也不依靠史密斯和哈珀的"不可理解的复杂",而是依靠"**可理解的**化学"。

氧与前文列出的4个事件中的每一件都有关。地质学表明,如果你有一台时间机器,但没有呼吸装置,那么你可以回到6.5亿年前去探索地球,但不能再往前走了。(21亿年前的氧气峰值持续的时间并不长,随后氧气水平回落。在进入"无聊的10亿年"之前,氧气峰值并没有维持足够长的时间来推动进化。)

直到第二次大氧化事件大致完成之后,地球才获得了一个稳定的氧气水平(接近今天的水平),从大气到深海都有氧气存在。海洋表层的氧气含量增加了10倍,而深海的氧气含量增加了**100万倍**。1亿年后,在大型不整合事件发生之后,出现了寒武纪生命大爆发。如果我们把整个地球生命史放在年历里来看,那么第二次大氧化事件发生在11月1日,大型不整合事件发生在11月3日,寒武纪生命大爆发出现在11月10日。

化学优先是必要的,但还不够。在这里,化学作用可以帮助连接各个点。氧在逻辑上与本节开头列出的4个事件中的每一个都有联系。氧与生命在这个时期获得的每一种新的化学功能都有关。这不是一个证据**链**,而是一个证据**网**。这个网络的化学优雅性表明,氧气的增加是带来生命发展的巨大突破(寒武纪生命大爆发)的最大原因。氧气上升后,化学的可能性发生了变化,世界也随之发生了变化。我是这么想的。

内部通信网络

马歇尔在他的书评中写道"新基因并没有推动寒武纪大爆发",但新基因已经存在。早在5.4亿年前寒武纪生命大爆发之前,基因网络就已经扩张了。通过化石可看出,生命的种类增多了,但生命没有创造出新基因,而是改造了旧基因。

这些古老的基因网络使不同细胞能够在群落中共存。叠层石是迈向这一目标的第一步,但它们实际上是一个个作为个体生活的细胞,只是偶然地粘在了一起。藻类又花了10亿年的时间进化,直到接近"无聊的10亿年"的结束和第二次大氧化事件的开始。在"无聊的10亿年"看似平静的表面下,基因正在连接和发展网络,这些网络将在寒武纪生命大爆发中得到很好的利用。

这些藻类也与氧气结合在一起。这种黏稠的藻类含有一串串名为海藻酸的糖链,这种糖链带有额外的氧原子,因此带额外的负电荷。额外的氧可以吸引并吸收水分,让一串串糖链纠缠在一起形成海藻。如今,海藻酸是一种很有用的添加剂,可以为冰激凌增稠,它是纯天然的,源于大自然黏稠的那部分。

生命不断演化,终于在某一时刻,藻类的本质发生了改变,从通过氧化糖结合在一起的单细胞生物,变成了真正的多细胞生物。科学家将一种名为"团藻"(Volvox)的多细胞藻类的基因组与一种名为"衣藻"(Chlamydomonas)的单细胞绿藻的基因组进行比较后,惊讶地发现两者之间几乎没有差别:大约15 000个基因中的大多数都非常相似,难以分辨出它们的差别。不过,多细胞的团藻拥有特殊的基因,可用于制造细胞外类似海藻酸的糖,以及控制繁殖(所以单个生物可以生长出许多细胞)。这种基因组的相似性,也出现在领鞭毛虫(一种原始的单细胞动物)和简单的多细胞动物身上:单细胞生物和多细胞生物只有少数基因是不同的。

蓝细菌加入了这一转变,成为多细胞生物的先驱——正如它们率先生产氧气一样。早在第一次大氧化事件发生时,蓝细菌就学会了如何粘在一起,随着时间的推移,它们改进了自己的技术。起初,它们形成了无组织的团块或细胞串(就像由糖而不是沙子构成的叠层石,而且就像叠层石一样,蓝细菌和藻类的黏性来源于被氧连起来的糖)。后来它们形成了更复杂的结构。

在"雪球地球"的混乱时期,一种新的生物正在学习如何协调其粘在一起的细胞,提供一种可控的、凝聚的状态,就像神话里国王忒修斯(Theseus)对雅典所做的那样。这种新的细胞群可能是由于细胞无法"切断连接母细胞和子细胞的纽带"而形成的。当细胞分裂时,子代通常会分散开,离开亲代,并在环境中找到另一个生存空间;但如果分裂出来的细胞与亲代粘在一起,又产生了同样黏糊糊的子代,就会形成一个几乎同质的细胞群,然后这些细胞就能学会一起工作。

对于基因网络和由内而外的黏性,氧的参与都是间接的。有线粒体的微生物利用从氧气中获得的能量来运行大型基因组,它们的DNA"硬盘"上有额外的"磁盘空间",用于编码复杂且不断进化的网络。氧还可以保护这些网络免受穿过臭氧层的紫外线的伤害,而臭氧层在第二次大氧化事件中增加了。

然而,细胞内的氧浓度不会发生太大变化,因为细胞内部需要保持在低氧状态。不过,每个细胞**外**环境的含氧量发生了巨大的变化,所以新的氧化结构也就在那里形成了。

带有氧链的外部网络

最简单的多细胞生物——海绵,可以被看作一种被动的细胞集合,它们本身不会移动,而是等食物自己送上门来。海绵可以过滤出水流中富含碳的碎屑,并以此为食。海绵由几种不同的细胞构成,这些细胞从事不同的工作,但它们的分工并不明确,也就是说海绵没有明确的内部器官或明显的特化层。甚至海绵的"骨架"也是模糊的分支结构,它们由碳酸钙或二氧化硅制成,就像一棵树枝相互纠缠的树(其塑形很可能是基于贝詹的树状构型理论)。

海绵最显著的特征并不是肉眼可见的,而是在它们的DNA中显现出来的。令人惊讶的是,海绵的大多数基因看上去很眼熟,因为它们都能与动物蛋白(包括人类的蛋白质)相对应——不是少数,而是能对应数百种蛋白质,尤其是那些利用磷酸盐传递信号的"激酶"。海绵可能看起来是半成形的,但在深层次上,它们拥有与我们非常相似的基于磷酸盐的信号。实际上,动物只有17种主要的细胞信号通路,大多数都与植物、真菌和单细胞生物共享,这表明它们在寒武纪生命大爆发(生命的家族树发生分化)之前就以某种形式存在了。

这些信号通路的问题现在依然存在:当生物体内的细胞无视信号通路指令,拒绝正常成长,而是陷入一种始终像胚胎一样的怪异生长状态时,癌症就发生了。海绵这样简单的生物竟然和我们有相同的致癌基因和抑癌基因,甚至海绵的近亲水螅(*Hydra*)也会患上肿瘤。比如,p53基因是最重要的抑癌基因之一,它的起源就可以追溯到多细胞家族树的这一根枝杈上。癌症是动物的宿敌,它们最早随着动物起源而出现。不过,这倒不一定是坏事,如果癌症对"新环境"(环境中具有高水平的氧气)感到不适,那么我们或许可以利用氧气来治疗癌症。

海绵也有新的以氧为基础的材料,它们可以将细胞捆绑在一起。胶原蛋白(存在于我们的关节中)和角蛋白(存在于我们的毛发中)就是简单的、重复的氨基酸链。氧化作用通过3种不同的方式加固这些链状结构:(1)在链上添加氧;(2)用一种特殊的氧化酶在氨基酸之间形成超强氧化链;(3)通过氧化硫-硫键将链连接在一起。所有这些连接都是由氧促成的。

在人类身上,将氧输送到胶原蛋白纤维上的酶,受一种非常古老的氧传感网络的控制,这个网络在最简单的动物身上也能找到。在前寒武纪时期的低氧环境(氧含量只有今天的2%—5%)下,胶原蛋白的氧化作用增强了。氧传感网络可能是低氧时代的遗物,令动物体内在建立连接时必须优先使用氧气。因此,海绵也可以生活在低氧环境中。

氧加糖,这听起来会让人想到"甜蜜"而非"坚固",但这种组合利用明显与岩石无关的碳、氢、氧、氮,制造出了岩石般坚硬的材料。一些钙也被缠入了这些网状结构,其密集的正电荷可以黏附在许多带负电荷的氧和碳酸盐上(见图9.2)。

想想坚硬的鱿鱼嘴,它由一种名为"甲壳质"的物质构成。甲壳质虽然可以像刀一样锋利,但它只是由糖和氨基酸链氧化而成的、具有坚韧网状结构的高分子材料,其中并不含金属元素,只含有碳、氢、氧、氮。昆虫的卵壳也是坚硬的,由碳、氢、氧、氮组成,具有用过氧化物酶的氧化活性来连接的防水结构。今天,化学家们也会利用在细胞外发现的氧化交联机制来硬化塑料。

化学家可以利用这些交联网络,制造出令人着迷的新材料,比如,可以从西瓜开始。西瓜的红色瓜瓤具有氧化糖组成的网状结构,它能保持西瓜中的水分。通过冷冻干燥,我们可以轻松地把这个网状结构中的水去除掉,得到又轻又透气的材料,它的质地很像宇航员吃的脱水冰淇淋。这种材料轻得令人难以置信,即使把一块青柠大小的这种材

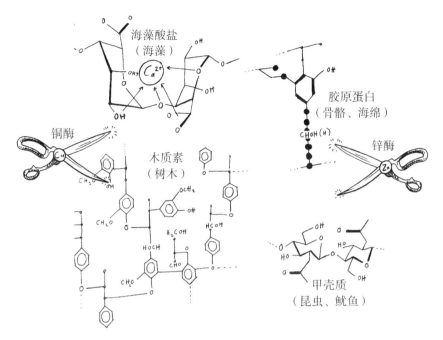

图 9.2 氧和钙结合形成动物的外部结构。图中有：壳结构、骨结构、海藻酸盐结构、角蛋白、甲壳质、纤维素结构。其中许多连接都被外部的铜酶和锌酶切断。

料放在蒲公英上，也不会压坏哪怕一粒种子。化学家们把这种材料称为"气凝胶"，并用氧化铁磁化它，制成超级电容器，但它实际上只是被小心翼翼地晒干的西瓜瓤。

海绵的化学创新，如产生氧化的胶原蛋白纤维和细长的钙/硅骨架，明显发生在寒武纪生命大爆发之前。在比寒武纪生命大爆发早一亿多年的岩石中，科学家发现了海绵化石，以及一种仅由海绵产生的特殊胆固醇。氧独特的化学作用让这些原始的多细胞动物得以在细胞间搭建"化学桥梁"，即使在低氧环境中也能起作用。

创造性的氧化破坏

寒武纪生命大爆发时，海绵的基因网络和多细胞性已经出现很久了。还有一些其他的东西开发了这些生物网络的潜力,即使像一些人说的那样,"其他的东西"只是时间而已。化学上,与氧有关的元素有能力打破细胞之间以及岩石之间的氧合连接。在寒武纪生命大爆发之前,生物和地质领域都发生了断裂,正是氧气促进了断裂过程。

任何机体,包括你的身体,要想改变、生长和对环境做出反应,都有一组酶用来切断连接细胞的氧化网络。胶原蛋白链是由铜酶构建的,它们可以将细胞锚定在特定位置;锌酶可以切断胶原蛋白链,释放被固定的细胞,让其可以移动(或下垂形成皱纹)。在动物体内,这些酶在癌细胞转移的过程中起着重要作用。在前一章中,氧释放铜,可能还有锌;在这一章中,它们共同构建和重塑多细胞动物。

要想钻到海底坚硬的微生物石层里,动物必须发展出化学策略来咀嚼这些石层。为了做到这个,动物需要:(1)四处走动;(2)打破微生物石层通过氧化这一化学过程建立的连接;(3)利用坚硬的材料来制作牙齿或盔甲。氧通过线粒体为实现第1点提供能量,通过铜和锌为实现第2点提供化学物质,并为实现第3点提供矿物(将在下一节中描述)。例如,科学家沃德和科什文克(Joe Kirschvink)认为,在大气中氧气浓度达到10%左右之前,动物无法成功地在微生物石层上掘穴。

一旦空气中含有更多的氧气,就可以通过提高线粒体内的燃烧速率及合成ATP的速度,为生命之火提供燃料。氧气提高了蔡森所说的"比功率":氧气浓度增加了,于是好氧生物在单位时间内能处理更多的能量,这也意味着单位质量的生物有了更多的能量。这维持了生命系统**内部**的有序性和复杂性,因为在系统之**外**产生了更多的混乱。地球上氧气含量的升高就像一阵狂风,煽起了生化燃烧的火焰。

即使是最坚硬的糖也会被合适的金属引导的合适的氧化途径分解。例如,黏质沙雷菌(*S. marcescens*)可以用一种氧化铜酶分解昆虫壳内的甲壳质。这种打破糖衣的能力改变了整个生态系统,因为它让一个有机体可以打开另一个有机体,掠夺里面处于还原态的碳食物。

如果有足够的时间,被攻击的生物会进化出更好的防护墙来抵御糖破坏酶——直到对手进化出一种更强的破壁酶。这就建立了一种共同进化的军备竞赛,这种竞赛可以在基因演化以及实验室中看到。通过研究遗传模式,我们可以看到植食性真菌和植物细胞壁之间那场关于"建造和破坏"的较量。当食物变得没法吃之后,捕食者也会跟着改变,从而再次吃到它们。在这种竞争的推动下,糖壁和打破糖壁的物质都在不断转变,变得种类越来越多。将糖壁聚在一起的是氧,而把它们分开的是氧化作用。

氧和氧化对地质造成的创造性破坏与物理和化学过程对地球的破坏、改造是一样的。海洋和岩浆发挥着物理力量,推动着黑曾所说的"矿物演化"。在过去的10亿年里,氧通过化学反应和生物作用直接或间接地扩展了"矿物演化"过程。

到寒武纪生命大爆发时,大部分铁已经氧化成三价铁。由氧化铁构成的矿物很容易被腐蚀。硫酸盐在水中比硫化物更容易溶解,所以富含氧气的水也会侵蚀含硫岩石。氧化作用改变了铜岩和锰岩。海洋得到了陆地失去的物质,而生命使用了这些物质。

在我家附近的皮吉特湾海滩上,一块炮弹大小的圆形岩石被劈开了。它的外部是约1英寸厚的生锈的红色外衣,内部却是橄榄绿色的。这种与西瓜外绿内红相反的颜色表明,它曾经是灰绿色的二价铁,但氧气把它的外部变成了红色的三价铁。(外层的氧化作用是否足够削弱岩石,使其更易于断裂?)氧气协助了地质分解,这发生在地球上的每一个地方。

地质风化也可由微生物介导。生命一直在缓慢地侵蚀岩石,将固态晶体分解成糊状物。微生物是陶艺师,它们自己制造黏土,将富含硅的长石分解成具有可塑性的颗粒,并在这个过程中重塑地球。黏土有着非常大的表面积,同时化学催化的一个规律是反应发生在表面,所以黏土天生具备催化作用。黏土也能吸附有机碳,为生命提供一个舒适的家园。

这就形成了一个正反馈循环:氧气喂养生命,生命分解岩石,生命填补裂缝并制造更多的氧气。与这个故事相吻合的是,越来越多的蒙皂石和高岭石等铝硅黏土被发现形成于寒武纪生命大爆发之前。当裂缝形成后,矿物质溶解在海洋中,特别是磷酸盐、硫酸盐和钙。前两种是生命的食物,并在氧的辅助下进一步扩大了藻层。最后一种是钙,与摄入体内的食物正好相反,它被放在生命的外部并在那里被使用。

钙:从贝壳到骨头

寒武纪化石有无数的形状和大小,但它们大多属于地质六大元素中的三个:钙、氧和硅。在大型不整合之后,微体化石越来越多地发展出由钙、硅和氧构成的防御性尖刺。后来,在寒武纪生命大爆发之后,生命更多地使用钙。例如,海绵把它们的骨骼从细长的蕾丝状钙结构变成了厚厚的钙层。

威廉斯指出,几种不同类型的软体动物同时进化出以钙为基础的外壳,就像不同地方的发明家同时申请相同的专利一样。总体来说,钙化在相隔离的不同物种中至少进化了28次。空气中(更精确地说,是水中)存在某种物质,让这时期的化学创新成为可能。我认为这种物质就是钙,它通过风化作用从岩石中被释放出来,并和氧结合。

海洋中钙的变化不仅反映于化石中,还反映于岩石中。黑曾表示,由钙构成的"大规模"石灰岩矿床与5亿年前的寒武纪生命大爆发相一致。断裂的地壳(表现为大型不整合)告诉我们,钙可能来自哪里,而化学暗示氧协助了断裂。黑曾还描述了生命是如何创造出新矿物的,这些矿物是由钙化的生物外壳和外壳碎片(实际上它们本身就是岩石)发展来的。地质学改变了生物学,然后生物学又改变了地质学。

构成这些岩石的外壳碎片通常非常小,有些却大到肉眼可见。位于美国佛罗里达州圣奥古斯丁的圣马科斯堡是由介壳灰岩(小小的玉黍螺壳混合在由钙、碳和氧组成的天然混凝土中)建造的。这个堡垒是西班牙殖民者为了保护自己而建造的,就像蛤蜊一样,将一堵由钙和氧组成的坚硬的墙作为护盾。用介壳灰岩建造堡垒比用普通岩石具有更多的优势:当被炮弹击中时,由于小贝壳的材料强度较大,堡垒的墙壁会变形,但不会断裂。这帮助圣马科斯堡抵御了两次围攻,而且它从未在敌人的进攻下沦陷。

钙和氧一样,帮助生命变得强大。不过,还是和氧一样,对生命而言,它一开始是有毒的。这反映在第五章提到的生命的主要化学平衡之一上:"排出钙,摄入镁。"当钙第一次在海水中达到饱和时,生命就像铲雪一样不停地把它铲出去,希望能摆脱它,以免它与富含磷酸盐的DNA发生交联。

这种对钙的排斥将钙的相关化学功能置于细胞外,并在那里变得不可或缺。带负电荷的氧化物质(如海藻酸)也在细胞外,这是为了"排出氧,摄入电子"的平衡。带正电的钙粘住了带负电荷的糖,形成坚固的钙化墙,保护生物体,并令其可以藏在更深的洞穴中。

当具有创新精神和科学头脑的厨师用"球化技术"制作分子料理时,化学被应用于烹饪之中,再现了上述反应。如今,厨师几乎能把任何液体——从绿茶到苹果汁——变成小小的球体,它们可以像鱼子酱一样在舌尖炸开。秘诀是把钙和氧化的糖链(如海藻酸)混合在一起。钙会将氧化的糖连起来,形成鱼子般大小的空心球状结构,将液体包裹在里面,看起来像一个个细胞,尝起来还是原本液体的味道。同样的反应也发生在生物体的表面,生物利用更多的钙,制造出了更硬的结构——可以被塑造成外壳。

具有这些原始外壳的细胞可以通过改变细胞外带负电荷的糖或蛋白质,来改变外壳的硬度和形状。有一种海绵本身不产生带电物质,而是把细菌切碎,然后将它们放在自己的表面,利用这种细菌表面吸引碳酸钙,促进骨架生长。这对海绵来说,或许是一种发展自身骨架的简单方法。

小心地放置负电荷就能使外壳成形。现在珊瑚有一个由36种蛋白质组成的"工具箱",就像雕刻家的工具箱一样,可以用于排列电荷和塑型。不同的物种使用完全不同的蛋白质,但它们都具有相同的化学性质:表面的负电荷会将钙和其他物质排列成外壳。

外壳形状各异,塑型方法却是通用的。两种看起来完全不同的外壳,其实是由同一个装置分泌的,只要经过一些化学调整,就能让外壳具有不同的硬度和生长速度。实际上,指纹、气道等复杂结构,可能也是同一类型的简单的可调控过程的产物。许多生物形态的多样性只体现在表面上(或外壳上),它们涉及的过程在机械上是相似的,在化学上也是相同的。这里,一个简单的作用于钙的物理过程,带来了各种各样的形式,而藏在形态多样性面具下的是更深层的统一。

一种钙化生物如果需要有效地填满一片水域,可能会用到第四章中贝詹的树状构型理论。珊瑚搭建形状可预测的碳酸钙骨架,将小单元连接到大单元上,这样既能有效地填充空间,又尽可能少地使用材料。当钙是建筑材料时,分支具有矩形的锋利边缘。(当碳是建筑材料时,为了实现同样的目的,会将圆形排列在一个逐渐变细的圆柱体中,形成松球那样的锥形。)这些生物体的一般形状都可以通过贝詹的理论预测出来。

随着时间的推移,钙被重新排列成其他形状,用于其他目的,形成鳞片、牙齿和骨头。它们都是在类似的化学过程中形成的:排列负电荷,并将钙聚集在表面。

研究人员最近发现的证据表明,一类名为克劳德管虫(Cloudina)的原始动物,在5.5亿年前寒武纪生命大爆发之前建造了钙质生物礁。这些生物礁在以下两个方面提供了令人着迷的线索:

1. 只有最初的生物礁是由一种名为文石的钙矿石构成的,文石形成于镁含量较多的水域。在寒武纪生命大爆发期间,后期的生物礁是由方解石构成的,方解石形成于钙含量较多的水域。这符合一种模式,即生物礁的形成早于寒武纪生命大爆发,并受到海洋钙含量的影响。

2. 生物礁也有保护结构,似乎是为了抵御捕食者而设计的,这表明,捕食的威胁导致这些最初的生物礁结合在一起,就像村民们筑起围墙来抵御入侵者一样。捕食者靠牙齿发起进攻,而牙齿在很大程度上依赖于钙。也就是说,钙分别为武装冲突的双方提供了进攻和防御手段,带来了创新。

生物礁是水下生命的绿洲,它们将对生命有用的元素都集中了起来。很多物种都可以在钙基的角落和缝隙中找到庇护所和生存的机会。磷也集中在生物礁上,在某些情况下它是由与海绵共生的微生物产生的。这些微生物以颗粒的形式收集磷,然后资助复杂生命网络的其余部分。

现在,最先进的钙生物材料是骨骼,它将磷酸盐而不是碳酸盐加入钙网络中。对鲟鱼和象鲨的研究表明,骨骼的进化是通过重新利用旧蛋白质完成的,就像贝壳的形成一样。其中,一种蛋白质是通过将5个带负电荷的氧基团排成一排进化而来的,这些氧基团将钙和磷酸盐排列成晶体,然后晶体就长成了一根简单的骨头。从这个简单过程开始,基因不断被复制和调整,以产生更好的钙-磷酸盐晶体,最终获得了骨骼那样的化学特性。

骨骼和贝壳是类似的材料,它们都由类似的元素构成,因此它们或许可以一起工作。这种逻辑启发研究人员将硫酸钙和磨碎的牡蛎壳混合在一起,发明了一种新的"骨水泥"。牡蛎壳中的钙和蛋白质可以促进周围骨骼的生长,并修补破损的缝隙。就这样,一个物种通过钙化学帮助了另一个物种。

骨骼是我们的理想选择,因为它具有几个独特的矿物性质。最令人惊讶的可能是骨骼可以产生自己的电场。带负电荷的磷酸盐可以轻松地容纳带正电荷的质子,所以质子会从一个磷酸盐迅速飞到另一个磷酸盐上。这些移动的电荷产生了电磁场。当骨头弯曲或断裂时,电场就会发生变化,从而将远处的造骨细胞吸引到受伤部位。

除了贝壳和骨骼,钙和氧也是生物界中其他外部材料的主要成分。比如,一篇探讨仿生材料的综述中同时提到了鲍鱼壳、鹿角、龙虾壳、海绵骨架、鹤望兰的茎、豪猪刺、巨嘴鸟的喙和羽毛,认为它们都与钙、氧或氧化交联有关。这就是钙和氧在寒武纪生命大爆发之前所制造的物质。

藻类中的神经递质

关于寒武纪生命大爆发的另一条线索是通信。人脑中的神经递质是最先进的化学交流形式之一,这种交流分子却出奇地古老。藻类甚至不是真正的多细胞生物,但它们也含有神经递质。

在神经元中,多巴胺管理着最高级的大脑功能。人们从性、巧克力等事物中体验到的欣快和欢乐都与它有关。虽然藻类没有复杂的情感,但它们也会使用多巴胺。

这种喜欢释放多巴胺的藻类是一种普通的多叶海藻。当捕食者咬它时,它体内的细胞裂开后就会释放多巴胺。多巴胺被空气和阳光氧化后,会形成一种有活性的"醌",使周围的溶液变成红色或紫色——看上去就像流血一样。这种醌对捕食者是有毒的,不过,它对藻类本身也是有毒的,所以海藻靠醌取得的胜利可能是得不偿失的。当活性醌之间相互发生反应,形成多巴-黑色素氧化网时,藻类就会变成棕色和黑色(见图9.2)。

从海绵开始往上的复杂生物都具有制造多巴胺的细胞。香蕉是一个很好的多巴胺之源。(这就是我的孩子这么喜欢吃香蕉的原因吗?)合成多巴胺只需要两步:在酪氨酸中加入一个羟基,然后切断其酸根。添加的羟基中的氧使多巴胺具有活性和网状结构,根据不同的环境,将一种普通的氨基酸变成了一种彩色的毒素或神经递质。即使储存在大脑的小隔间中,多巴胺仍然具有一定的毒性,因此神经元会持有一种保护性的硫酶作为解毒剂。因此,多巴胺激增是一种有毒的刺激。

多巴胺的黏性还有其他用途。贻贝通过氧化多巴胺,使自己可以粘在适当的位置。藻类利用另一种氧化网络来达到另一个高级目的:它们用一种看上去有点儿像多巴胺的双环硫酸盐分子来包扎伤口。它们撕下硫酸盐,制造出一个活性氧基团,然后把氧原子和过氧化物结合起来。在氧的化学作用下,这种粗糙的网状结构形成了黏稠的团块,将伤口堵在防护墙上。

血清素是另一种神经递质,它和多巴胺一样,可以通过两个步骤合成:在色氨酸中加入一个羟基,然后去除酸根。血清素的生理功能可能不同于多巴胺,但它们在化学上遵循相同的公式:氨基酸 + **氧** – 酸 = 神经递质(见图9.3)。这些不同的化学形态可以影响情绪、调节睡眠和帮助海藻修复伤口,它们的功能都来自氧的化学活性——虽然这些功能非常先进,但它们都可以追溯到寒武纪生命大爆发的时候。氧使血清素的形成成为可能,甚至让其很容易被制造出来。

用氧来传递信号

想象一下,一部关于海藻的恐怖电影可能会是这样:捕食者正在咀嚼海藻,随后周围的海水被醌染成了红色,而海藻渐渐变成了黑色,附近的一切都死了。然而,黑暗中仍有一线光明。在稍远处,醌的浓度较低,处在这个区域的一只动物接触到了微量的有毒多巴胺——剂量足以击退这只动物,却无法杀死它。于是,这只动物学会了避开多巴胺的有毒形式,并存活了下来。同样的多巴胺,在高浓度时是有毒的,在低浓度时却会成为一种信号。

这可能发生在任何明显被塑形的信号分子上。许多信号分子是旧物利用的产物,比如将含氧的基团添加到氨基酸这样的旧分子上,从而改变它的功能。一旦可以塑造不同的形状,就可以利用这些形状编写代码。依靠这些分子组成的信号网络,同一物种内部或不同物种之间可以实现通信,达到从吸引到排斥、从竞争到合作等各种目的。

利姆(Wendell Lim)已经向我们展示了,在一种明显被塑形的分子的作用下,一个基本的分泌和检测循环是如何通过简单的步骤进化成一个复杂的信号网络的。人类的腺体尤其擅长利用旧分子生成新的信号分子,从而帮助人体的各种器官和睦相处。比如,我们的肾上腺中含有大量的铁-血红素酶,它们通过将氧注入与胆固醇相关的旧分子而产生激素。

小的氧化分子甚至可以帮助来自不同王国的生物体和睦相处。比如,动物与细菌合作对抗真菌:虾通过吸引细菌来保护自己的胚胎,因为这些细菌可以产生大量看起来很像血清素的有毒氧化分子,而且也可以利用色氨酸生成——过程跟利用酪氨酸生成多巴胺完全相同。

在另一个例子中,真菌将细菌"圈养"在自己长长的、不断分枝的菌丝上,并为这些细菌群提供食物。真菌的菌丝可能是根据贝詹的树状构型理论生长的,而且可能会分泌氧化小分子,从而将细菌聚集在一起——就像放牧人驱赶羊群一样。这些通信网络是跟着随机步骤共同进化而来的,具体会使用哪些形状的分子可能是不可预测的,但是信号网络将围绕已存在分子的氧化形式构建,这一点是完全可以预测的,甚至是不可避免的。

在现实生活中,植物甚至会使用一类名为"绿叶挥发物"的小分子化学物质相互交流——而不是像电影《绿魔先生》(*Little Shop of Horrors*)中那样直接开口说话。当我们在户外散步时,这些化学物质可以随着空气将信号传递到我们的鼻子里,让我们闻到植物的清新气味。这种通过空气传播的信号分子,要比通过水传播的信号分子更小,但其中也含有氧原子。许多绿叶挥发物是添加了羟基从而获得活性的碳链。

有时这些小小的挥发物会在细胞破裂时被释放出来,就像海藻一样。举个例子,夏天用割草机修剪过草坪后,我们会闻到青草的芳香,这种气味就来自一种末端是氧原子的六碳化合物。番茄植株被虫子咬了之后,也会释放类似的碳链分子。或许是为了不浪费,附近的番茄植株会吸收这种碳链,并通过添加糖分子转变其化学功能,将它变为一种防御性杀虫剂。

因为人类和植物都通过向旧分子中添加氧来产生新的信号,所以某些植物信号可以在人体内发挥信号的作用,于是这些由植物合成的分子可以成为供人类使用的药物。比如,植物激素水杨酸是一种存在于许多植物中的信号分子,它只比阿司匹林——一种可以阻断人类疼痛信号的信号分子——少了一个基团(见图9.3),可以被用于制备阿司匹林。这两种分子都是碳框架加入氧之后形成的独特而有用的物质。

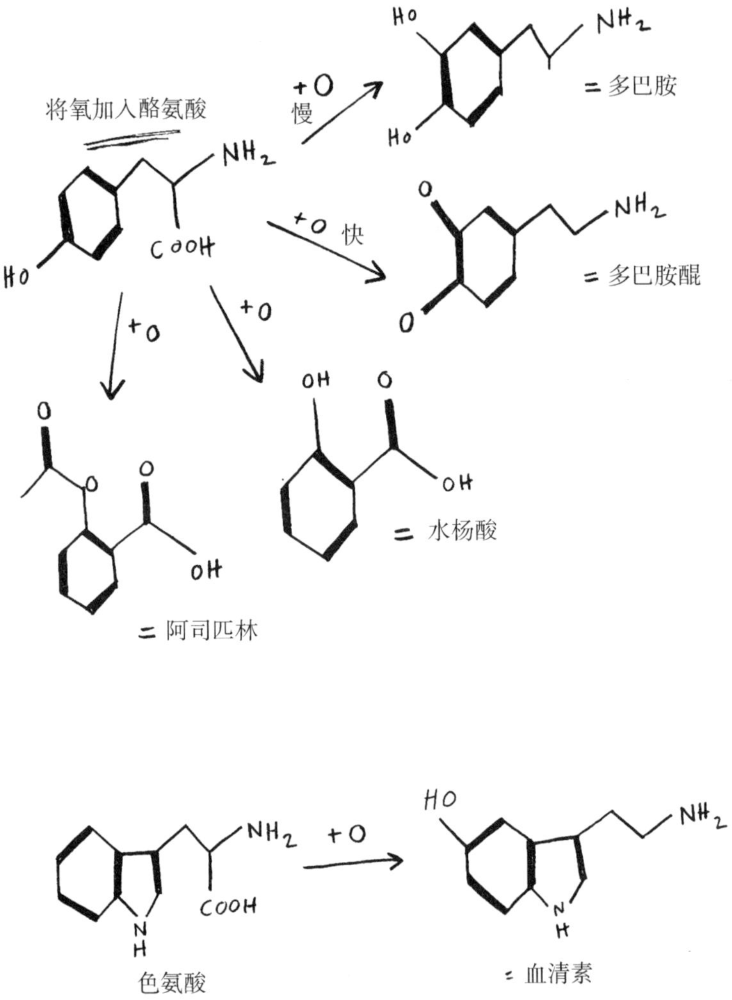

将氧加入酪氨酸

+O 慢 = 多巴胺

+O 快 = 多巴胺醌

+O = 阿司匹林

+O = 水杨酸

色氨酸 +O = 血清素

图 9.3 利用氧元素重塑旧分子,生产出新的信号分子。

人类也会释放挥发物。那些偏爱叮咬人类的蚊子,就是通过嗅出我们释放的一种名为甲基庚烯酮的碳氧链分子,来锁定我们的。遗传模式显示,那些蚊子进化出了一种受体,专门识别这种分子。一旦一个特定的碳氧链分子与一个特定的物种相关联,进化就会朝着这条碳氧链的方向进行。假如这种进化能重来一次,这条链很可能具有不同的形状,但它仍然是由碳和氧构成的,而且足够小,可以飘在空气中。

我们在烹饪时会使用各种各样的香料,其多样性来源于含氧碳分子的微小变化。植物合成这些碳分子作为信号分子,我们的舌头则从另一方面享受这些信号。肉桂的香味来自肉桂醛,它是一种拥有一个碳链尾巴的碳环,尾巴的末端还有一个具有活性的氧原子。孜然的香味来自枯茗醛,它是一种碳环,上面有一个末端是氧原子的短尾巴,另一边还有一个 V 形碳链。香草的香味来自香草醛,它也是一个碳环,上面装饰着 3 个短短的氧-碳尾巴。这些分子看上去都很像,尝起来却大不相同。所有这些分子都是同一个化学主题的变体,就好像莫扎特(Mozart)的变奏曲,只不过这里变化的不是音符和节奏,而是碳环和氧。所有植物都需要利用碳、氧和氢,来发出各种不同的信号。

生长素是最重要的植物激素之一,它使植物向着太阳生长。生长素的结构与色氨酸类似(见图 9.3),它会移动到植物背光的一面,并在那里发出生长的信号。于是,植物背光的部分会比能照到阳光的部分长得更快,整个植株也就会逐渐向着太阳倾斜。这个简单的机制建立在碳-氧分子的基础上,在该机制的作用下,植物可以最大限度地捕获光能,从而将产能效率最大化。

一些起到信号作用的复杂结构,是人类维系生命所必需的,这些物质也被称为“维生素”。不过,只有通过复杂的化学过程,才能形成这些独特的化学构型,这些过程只有细菌才能完成。人类没工夫制造这些结构,所以我们让具有特殊化学技艺的其他生物来合成这些物质,然后我们只要吃了它们就行了。例如,维生素 A 就来源于一种结构为长碳链的植物色素。如果我们吃了胡萝卜,就会吸收其中的 β-胡萝卜素,并将其氧化而变为维生素 A(一类在视网膜上起作用的分子,可以帮助眼睛感光)。再一次,碳 + 氧 = 生命信号。

再举个例子,维生素 D 是在固醇环结构(7-脱氢胆固醇)的基础上构建而成的更复杂的结构。7-脱氢胆固醇很常见，但只有当四个碳环中的一个被打破时，才能生成维生素 D。这种化学反应很难完成，只能在阳光照射下的皮肤中进行。（或者我们可以让微生物制造维生素 D，我们再吃了它。）接下来，体内的维生素 D 会先后在肝脏和肾脏中各被加上 1 个氧基团，从而被激活，准备发送信号。这些信号与我们最近讨论的话题有关：在本章中，它们涉及钙与骨的结合；在最后一章中，它们在锌指蛋白的介导下，与 DNA 结合。

"胆固醇 + 氧原子"构成了与发展和免疫相关的高级过程的化学基础。比如，一种含有特定氧结构的固醇大量存在于青少年体内，它是一种激素，可以帮助儿童长大成人。另一些激素看上去跟它很像，但是氧原子的排列方式不同，而且它们在调节免疫系统的多个分支和功能方面，起到了不同的作用。由此可见，调节这些复杂系统的，是氧原子的精确布局。

因为合成激素信号很容易，所以伪造它们也很容易，而且它们很容易被癌细胞利用。比如，有些肿瘤细胞之所以能存活，是因为它们可以通过制造氧化固醇激素，向免疫系统发送错误的信号，说服身体为它们构建新的血管，输送新鲜的氧气。肿瘤只要以正确的方式向固醇中添加氧原子，就能存活下来，并伤害人体。

这些信号也可以解释一些过去人们觉得神秘的联系。比如，数百项研究都显示，肥胖和乳腺癌之间存在关联，但一直没人知道为什么。如今，我们发现原来是一种氧化固醇将它们联系在了一起：由饮食引起的肥胖会提升血液中胆固醇的含量，为合成氧化固醇的酶提供额外的起始物质，从而产生额外的氧化固醇。其中一种产物是 27-羟基胆固醇，它可以模仿雌激素，向细胞（尤其是乳腺细胞）发出信号，告诉它们该生长了。所以过多的胆固醇会带来过多的氧化固醇，从而发出过多的信号，导致肿瘤生长。身体里的信号导线纵横交错，而这些信号导线是由氧化固醇构成的。

通过比较不同物种的激素及其受体,卡埃塔诺-阿诺里斯所在的科研团队重建了新的氧化激素出现的时间轴。他们发现,第一种氧化激素出现在那些在寒武纪生物礁上掘穴的生物身上。当氧气填满地球的裂缝时,新的信号分子就诞生了。从激素的起源开始,生命不仅进化出了固醇主干上氧原子的新排列方式,也同步进化出了触发新信号的新受体,终于有一天产生了睾酮和雌激素信号。

通过改变信号和受体的形状,氧元素极大提升了生命的化学可能性。根据卡埃塔诺-阿诺里斯科研团队的计算,氧元素开发了130个参与信号传递和代谢的新的分子结构。另一项分析得出的结论是,向细胞核发送信号的分子中,有97.5%可能是由氧和基于氧的代谢产生的。生化水平上的爆发对应着生物水平上的爆发。生命以新的方式使用氧元素,高水平的氧气可能是导致这种现象的首要原因。

进化进入新空间

我们可以从寒武纪化石记录中,看到丰富的形态实验,仿佛那时生命本身正在尝试各种新外形,并试图让多细胞的生命形式走上正轨。如此大规模的形态多样性,来自含氧分子所提供的发育信号的潜在统一性。细胞在激素和其他信号的指导下生长,于是,有些生物体中的细胞会旋转着生长,另一些生物体中的细胞会笔直地生长。

细胞不仅具有了不同的形态,它们还在演化的作用下,变得能够专门从事特定的化学工作:一些细胞可以在钙离子信号的作用下改变形状——伸展和收缩,它们变成了肌肉细胞;一些细胞可以对光或声音的刺激做出反应,它们变成了视觉或听觉细胞;一些位于生物表面的细胞更坚韧了,它们变成了表皮细胞;一些细胞专门进行棘手的化学反应,它们变成了肝细胞。于是，在信号的作用下，生命通过特化，进化出了器官。

得益于形态和形式的多样性，生命的一个分支演化出了拥有脊椎、四肢和头部的动物，就像人类一样。美国科普作家古尔德在《奇妙的生命》一书中总结说：这意味着历史的本质是偶然的、随机的、没有方向的，甚至像喝醉了一样。我认为古尔德对这一时期令人眼花缭乱的生命形态过于关注了，而我从化学角度看到了新元素（氧、钙、铜和锌）的可预测模式，这为生命开启看似快乐的新空间提供了可能性。

在物种层面，古尔德看到无序的偶然性，物种就像水一样肆意流动。在更宏观的行星层面，我看到了一个有序的实验过程，它优化出了新化学，这个过程建立在相同的旧化学基础上，不断向氧的潜能靠拢，就像河流在引力作用下向着特定方向流动。

在爆发式出现的各种新形式中，最具生存优势的必然是高效的形式，特别是在生命过度膨胀并将食物都吃完了之后。古生物学家已经确定，其中一种身体构造由于效率不够高，在这个阶段已经灭绝。即使能重新来过，生命依然会拒绝这种身体构造，因为当好日子过去之后，这种生命形式会在竞争中惨败。如果更擅长处理食物和利用氧气的生命形式存活了下来，按照蔡森的测算，它们将具有更高的比功率。因此，通过成千上万个类似的步骤，生命的比功率会逐步增加。

各种各样的形态是在漫长的生长和发展过程中形成的。器官的形态对有机体的生存有着微妙而重要的影响。举个例子：肠绒毛下方的肠隐窝有一种特殊的凹陷形态，该形态可以大大**减缓**位于凹陷底部的细胞的进化，这么做是非常有必要的，因为在这里，进化会导致癌症。在这里，进化的随机性受到了我们肠隐窝的形态的限制，这保护我们免受结肠癌的侵扰。（这种现象不仅存在于动物身上，长寿植物也可以通过类似的"结构阻尼器"来减缓变异和进化，所以这种形态或许是普遍存在的,它的出现或许也并非意外。)

如果一种细胞排列方式减缓了进化,那么另一种可能会加速进化。植物在需要的时候,尤其会加速进化。在植物基因组中,基因被复制、打乱、重组,并以动物基因组无法达到的速度被传递。植物的基因组中通常会存在一些来自其他生物的额外基因组,它们看似毫无理由地被扔了进来。因此,郁李(P. japonica)的细胞核比人类的细胞核大了好几倍,其拥有的遗传物质也是人类的50倍。

对于植物来说,许多进化过程都伴随着"全基因组复制"事件,即每个基因都有一份拷贝。一组基因将大胆地发生剧烈的变化,另一组基因则作为备份,这样就不怕出错了。全基因组复制发生在2亿年前,那时植物刚学会开花,而传送开花信号的是一个形状特殊的含氧、碳和磷酸根的分子。

植物或许是通过全基因组复制来应对环境压力。比如,在被食草动物啃食后,作为回应,受损的植物可以复制自身的基因组,提供更多的基因来进行突变实验,从而有效地加速进化,使植物能够适应那些破坏它的东西。也就是说,当环境压力因素(比如一种新的有毒物质)出现时,这种机制可以加速植物的变异。

为了应对环境压力,生物会加速进化;反之,在没有环境压力的情况下,进化可能会停滞不前。一些发现于瑞典的蕨类化石来自侏罗纪早期,大约有2亿年的历史。这些化石保存完好,足以反映出该物种的基因组规模。通过比对化石和现在的这种蕨类植物,科学家发现,它们的基因组规模几乎完全一样,这些蕨类植物是名副其实的"活化石"。

植物可以将基因从一种植物"水平转移"到另一种植物,我们动物却难以做到类似的事。即使是简单的嫁接,也能创造出基因截然不同的物种。如果植物是"脸书"(Facebook)的用户,它们在填隐私设置时,一定会毫不犹豫地选择"公开"。

看着所有这些基因组的流动性,你可能会认为植物本质上是流动的、随机的,一直在高速进化,但你错了。虽然植物可能会随机地发展一些结构,但在以下两个层次上,随机的背后也是有秩序的。

首先,在分子结构层面,生命产生的新形态在化学上不是随机的,而是相似的:它们都是边缘装饰了氧原子的碳骨架(固醇、糖或碳链)。其次,在功能层面,这些不同的信号都在重塑生命,让它们适应自己的特定生境。因为环境的变化是由可预见的化学过程控制的,所以植物以分级的,甚至有组织的方式适应环境。物种或许是不同的,但生态网络具有相似的形状。如果我们过分强调生物和遗传的随机性,就会忽视化学和环境的秩序。实际上,正是两者的相互作用,使进化得以发生。

我们可以在一项关于植物免疫的研究中,清楚地看到这种秩序。在这项研究中,科学家又用到了拟南芥(A. thaliana)——它如此受科学家青睐,其他植物一定很"嫉妒"。科学家绘制了近1万种拟南芥中含有的蛋白质的图谱,以确定哪些蛋白质是细菌和真菌的感染目标。尽管经过20亿年的进化,真菌早已从细菌中分离出来,这两种生物还是选择了相同的攻击目标——位于植物蛋白网络最中心的"中枢"蛋白。就像黑客试图攻破计算机网络一样,它们关注的焦点是相同的,因为这些都是合乎逻辑和可预测的攻击位点。

植物具有快速改变基因组以适应新环境的能力,因此进化过程中哪怕是戏剧性的变化,都是可重复和可预测的。植物最近最大的生物化学创新之一,是从旧的 C_3 光合作用向新的 C_4 光合作用的转变。新的 C_4 光合作用系统可以在更热、更干燥的气候下工作,因为它可以先将 CO_2 收集在一种新型细胞中,再将其以糖的形式连接起来。旧的 C_3 光合作用独立进化了60多次,才得到了这种新的细胞类型和新的 C_4 过程,让不同的植物和植物等级可以扩散到新的、干燥的环境中,用植物的根来分裂大地。

C_4光合作用还是一个极高效的过程,并让利用它的植物具有很高的比功率(ERD)。原始的形似植物的藻类和浮游生物的ERD只有0.01瓦/千克,后来,植物在ERD上向前迈进了好几步:3.5亿年前的常绿乔木的ERD为0.5瓦/千克,1.25亿年前的落叶树的ERD为0.7瓦/千克,储能植物如小麦和番茄的ERD为1.4瓦/千克。

蔡森认为,每迈进一步都意味着会比之前消耗更多的能量,其中的化学过程也会更复杂。3000万年前,C_4光合作用带来了玉米和甘蔗,它们的ERD约为2瓦/千克,甚至更高。能量是如此之多,因此植物能够以淀粉或蔗糖的形式将能量储存起来。我们是否可以认为这一过程让大地变甜了?

通过对植物基因的广泛研究,科学家们发现了C_4是如何正在从C_3进化而来。(是的,我说的是"正在",因为地球上的某些地方正发生着这种转变,就是**现在**。)这种模式与多个基因一起在离散"模块"中发生变化时的模式相同:首先要有一个泵,然后是电子的移动方向转变,接下来是主要光合酶RuBisCO(核酮糖-1,5-双磷酸羧化酶/加氧酶)的移动。这些模块看起来很像计算机的子程序,可以通过可预见的步骤,将它们组装成新的、复杂的过程,而那些组装步骤都是可以被回溯的。因此C_3光合作用进化了那么多次也不奇怪了。

寒武纪大爆发的新版本:石炭纪生命大爆发

在寒武纪生命大爆发过去2亿年后,植物利用氧元素进化和建造新结构的能力,几乎使地球失去了化学平衡。这段较晚的时期是石炭纪。在化石记录中,它与寒武纪一样独特,而且与氧气水平的上升相吻合。

石炭纪的岩石不像寒武纪那样显示出有壳生物的爆发,而是反映了植物和鱼类的爆发,以及各种生物体型的增大。石炭纪的森林和湿地中,满是巨大的昆虫和两栖动物,如2英尺翼展的蜻蜓。在石炭纪,即使是微生物,也长得相对较大。

这一时期的岩石中富含一种由碳构成的新型黑色物质——煤炭,因此这一时期被称为"石炭纪"。煤炭的存在从另一方面反映出当时地球上存在巨型生物:这些煤炭来自巨大的树木和其他植物收集的碳。(位于英国爱丁堡的名为"亚瑟王宝座"的小山,就是一个很典型的例子,它是由深色的石炭纪岩石构成的。)

如果树木收集了大量的碳,它们一定也消耗了二氧化碳,并释放了大量的氧气。因此,我们也可以将石炭纪称为"富氧纪"。在图9.1中我们可以看到,空气的含氧量在4亿—3.5亿年前不断上升。根据一些估算,包括直接测量琥珀中气泡的含氧量,石炭纪空气中的含氧量大约比今天的多50%。

氧气的增加,使得昆虫和两栖动物在恐龙时代到来之前就能长得很大。一些理论认为,这构成了第三次大氧化事件,并带来了相应的生命大爆发。比如,大型掠食性鱼类就出现在这一时期的化石记录中,这些鱼类需要消耗大量的氧气才能快速移动并捕食猎物。沃德和科什文克在这一时期看到了两次独立的生物扩增,并得出结论,它们都是由不断增多的氧气驱动的。这两位科学家甚至将特定的生物学创新(如产卵)与高水平的氧气联系了起来。

氧也在新的巨型植物中创建了物理连接。在石炭纪初期,一些有创新精神的植物演化出名为"木质素"的碳-氧护甲(见图9.2)。木质素的特殊之处在于,它的氧键非常多且集中,而且极难断裂。事实上,在木质素出现之后的数百万年里,没有什么能打破它。在很短的一段时间内,植物在这场关于"建造和破坏"的军备竞赛中占据上风,它们让空气中充满了氧气。

从化学上讲,连接关节的胶原蛋白链和连接树皮的木质素链,是由完全不同的起始成分组成的,但它们最终呈现的性质很相似。它们都是细胞间坚硬的、通过氧化作用连接起来的碳链,并且是相似的环状结构(含铜氧化酶)建造了它们。它们的构建过程氧化性很强,会不断产生活性氧(ROS),因此生物会在细胞外构建它们,以减小活性氧对细胞的伤害。

植物穿上了不透水的木质素护甲,意味着其他生物很难从植物那里获取糖分了。即使是现在,人类的消化系统仍然很难分解像木质素和纤维素这样坚韧的氧化链。扁桃仁、植物籽等高纤维食物中有超过10%的能量被锁在了坚硬的纤维链中,它们会直接经过我们的身体,而不被消化吸收。因此,扁桃仁等食物的热量,会比标签上宣称的要低。

木质素帮植物暂时逃离了食物链,并因此导致地球失衡:地上碳含量过高,空气中氧气含量过高,从而造成全球变冷。这种“生长和降温”模式或许在地球上发生了好几次。(第一次可能开始于4.7亿年前,那时苔藓刚变得顽强到足以在陆地上生长,然后在4.4亿年前出现了全球变冷。)就像杂草拱裂了路面那样,陆地植物使地表变得支离破碎。植物的根通过生物风化作用破坏岩石,将溶解的硅、磷和其他元素送入海洋。这让更多的海洋生物得以生长,并从空气中吸收碳,而二氧化碳的减少将导致全球变冷。

随着木质素的出现,石炭纪开始了,接着全球变冷,这种循环将在地球上不断上演。比如,它可能在3000万年前再次出现,当时出现了坚韧的草类植物,它们“打开”了地表,释放出硅,并喂养海洋中的硅藻,这些硅藻又一次拉低了CO_2并推高了O_2。

在石炭纪,由于木质素本身是一根难啃的硬骨头,所以建造和破坏之间,以及氧和碳之间的不平衡可能会持续更长时间。木质素最终还是被破坏了,这真是太好了,因为氧气水平已接近地狱般的地步,森林一旦起火就难以熄灭。地球已经难以承受那么多氧气了。

最终,生命进化出了一种蛋白质,它可以分解木质素,并将碳从聚合物中释放出来。真菌基因的对比研究显示,一种名为"白腐菌"的真菌在现有的过氧化物酶上进化出了锰结合位点,这使得它能够打破木质素的大量氧键。白腐菌进化出的这种蛋白质,就像手持利刃的大利拉(Delilah)*一样,能够切断树皮的力量来源。白腐菌利用锰将固体(木质素)氧化为气体(CO_2)。

虽然寒武纪和石炭纪经历了相同的"建造和破坏"模式,但是这两个时期生命大爆发的类型是不同的。在石炭纪,生物的显著特点是体型**巨大**;而在寒武纪,它们的显著特点是形态多种多样。也就是说,石炭纪生命大爆发重在量变,而寒武纪生命大爆发重在质变。我认为,这是因为有一个额外的化学因素(可溶性钙的增加)推动了新物种的诞生,促进寒武纪生命大爆发。

化学之案何时了结

氧不仅为高等生物提供了能量,还提供了化学能力,甚至是金属催化剂。氧化风化作用横扫整个大陆,释放出磷来促进生物生长,而新生命在产生氧气的同时也在消耗二氧化碳。同样的风化作用还释放出了大量的有毒的钙,这种元素被细胞排出,后来却成为生物外壳和内部骨骼的基石。充满活力的、坚韧的新生命形式,钻进靠氧原子连接的微生物石层,为自己建立了新的小生境,同时也为氧原子建立了新的接入点。最后,旧分子被氧改造成新形态,在细胞间、物种间、器官间传递新

---

*传说中,天生神力的参孙(Samson)经不住诱惑,告诉情妇大利拉自己的神力来源于头发。于是,大利拉在参孙睡着后割断了他的长发,让他失去力量并沦为敌人的阶下囚。——译者

的信号。氧既是反应物又是燃料,为多细胞生命提供了化学动力。

寒武纪生命大爆发后,生命在适应新常态的过程中经历了几次危机。海洋一次又一次地经历缺氧过程,物种以惊人的速度灭绝。(每一次生物大灭绝都是不同的,其中一次集群灭绝与氧气的**增加**同时发生,但那只是一个例外。)一些科学家推测,高氧环境是一个"高风险、高回报"的系统:在这个系统中,回报是可以利用以氧为燃料的能源和化学过程做许多新的事情;风险在于,分离的生物体集中为复杂的网络,很容易崩溃和波动。生命变得越来越复杂,也越来越不稳定,就像电脑的操作系统一样。

我认为氧气是这些变化背后的原因,但并不是每个人都赞同这种观点。尤其值得一提的是,英国剑桥大学的一位名叫巴特菲尔德(Nicholas Butterfield)的科学家认为,无论是在寒武纪大爆发还是石炭纪生命大爆发中,氧气的作用都被高估了。巴特菲尔德指出,我们可以从"光合浮游生物吃掉美味的颗粒物,将混浊的湖水变清澈"这一过程中,看到环境如何从缺氧状态变成含氧状态。在各种生命系统中,"基石"生物体创造了它们自己的生境,然后氧气随之而来。也就是说,氧气的增多是结果而不是原因。巴特菲尔德认为,类似的事情发生在寒武纪生命大爆发时期,高级生命形式的出现导致了氧气的增加,而不是氧气的增加推动了生命的进化。

巴特菲尔德对石炭纪大爆发持怀疑态度或许是对的。石炭纪的氧气含量上升程度相对较低,生物中和基因记录中的新化学过程也较少。石炭纪大爆发的持续影响也不如寒武纪大爆发。他还有一点说得很对:生命的扩张往往伴随着收缩,而含氧量虽然在短期内上下波动,从长期看却是缓慢上升的。

不过,最近的地质数据把氧气放在首位,这使我们能够以前所未有的精度追踪寒武纪前的氧气水平。这些数据补充了图9.1中所示的情况。一项研究表明,在寒武纪生命大爆发之前,氧气含量非常低,而在寒武纪生命大爆发之后,氧气含量提高了很多。另一项研究表明,与其说氧气含量正要达到一个新的高水平,不如说是在避免之前的低水平,不过,氧气仍然被认为是导致生命大爆发的主要原因。从化学家的角度来看,氧可能并不是单独起作用的,它可能受到了从岩石中新溶解出来的、含量不断升高的钙或其他元素的帮助和引导。将研究重点放在海洋中多种重要元素的水平上,可能有助于我们彻底解开寒武纪生命大爆发之谜。

此外,在另一项研究中,巴特菲尔德所描述的生物钻穴活动,似乎在5.2亿年前造成了一个短暂的氧气含量上升又回落的过程,这显然是寒武纪生命大爆发的**结果**。这就引出了两个有趣的推论。首先,生物钻穴似乎稳定了地球的化学。它将氧循环和磷循环连接起来,这样它们之间的反馈就会让彼此稳定下来,并减弱后来的繁荣和萧条的程度。因此,后来的第三次大氧化事件相对没有那么剧烈。

其次,生物钻穴从根本上来说是将地壳中的物质混合起来,它(通过分支模式——类似贝詹的树状结构)让更多的地壳物质暴露出来而受到氧气的影响。这为生命提供了更多的空间。我认为更多的生命空间,最终会导致释放更多的氧气和处理更多的能量,以及有更多机会通过进化提升能量效率和比功率。钻穴可能会导致氧气暂时增加或减少,但从长远来看,只要太阳照射在氧化的生命上,并且地球释放较少的还原物质,氧气含量就会上升。

我的观点就是本章的故事。它不仅是一系列有序的事件(从氧气开始),还是一个由各种证据组成的网络,比如信号分子是如何被氧制造出来的。这可以通过不同氧气水平下信号传导和细胞间连接的实验性进化来研究。

我同意莱恩的观点,即线粒体在氧气含量升高前的10亿年就为基因组的扩张提供了能量。如果莱恩是对的,那么生命在很久以前就有额外的"磁盘空间"来存储基因程序,并且在寒武纪生命大爆发之前就形成了这些基因网络。关键的一点是,尽管有这样的准备,不同形态的物种直到氧气水平上升之**后**才开始出现。

最重要的是,所有这些事件恰巧同时发生了。在氧气增加之后,几乎同时发生了几个变化,每个变化都与能量和氧气有关。在没有钙释放的情况下,钻穴会发生吗?没有了氧气的氧化反应,陆地气候足够适宜生物生存吗?作为一名化学历史学家,我追溯了这一连串的事件,发现它们都指向氧:氧既是第一张多米诺骨牌,也参与了后面的步骤。

在某种程度上,氧的反应让进化过程成为可能并有序可循,这或许是因为氧元素在周期表上的特殊位置让它具有特殊的化学性质。当复杂的生命系统在这个星球的化学背景中出现时,进化让生命充满了这个星球,并对变化做出反应。相似而有序的功能是基于同样有序的周期表上不同的生物排列而产生的。随机性在这个系统中发挥了作用,但它受到自下而上的化学反应和自上而下的环境化学的制约。

在这里,进化就像水流过河床。物种在随机变化,就像水分子随机流动一样,但是这种随机变化不论磕磕绊绊还是平稳流畅,都是由环境决定的。如果从长远来看,主要事件就会变得可以预测,甚至是美丽的,就如同水流经不变的石头,并在不断变化的阳光下波光潋滟。没有哪一段河流是相同的,但在重力的驱动下,河水总是沿着同一条路线前行,因为河水的左右两边都被河岸包围着——进化过程也是这样,它被地质学和化学的双重力量包围着。

◇ 第十章

放逐元素的回归

你将看到的大转折

连载漫画的最后一页往往会扣人心弦,因此读者才会迫不及待地购买下一册。这样的事情经常发生,以至于当我看漫画的时候(是的,我现在仍会看一两部漫画),常会一边看一边猜测最后一页会出现怎样的转折。最好的转折是在情理之中、意料之外的那种。

我们这本书在故事的最后也会出现一个化学上的转折。这个转折既具创新性,又消耗很大,但在化学上是可以被预见的——其实元素周期表"剧透"了这个转折。

在寒武纪生命大爆发之前,细胞拥有一种隐藏在细胞内信号蛋白网和细胞外信号分子网中的神秘化学势,这种化学势可以通过第五章建立的2个平衡中所涉及的4个元素,发出更快的信号。这种形式的信号传递消耗很大,但也非常快。它的本质和效用都是与"电"相关的,而且它是肌肉和大脑运转的基础。

正如水从斜坡上随意地往下流淌一样,这种由快速化学反应产生的快速信号在生命中以许多不同的方式传播。在某些时候,进化之流汇聚在一起,反复发现特定形状的分子或信号是解决特定问题的最佳方案。由于生命的流动增加了,它可以更迅速地发散和汇聚,同时可以很有预见性地适应"斜坡"的形状,并有效地向下移动。

"快化学"是快速的肌肉运动和更快的神经元信号传递的基础,它是随着寒武纪生命大爆发以及氧气和钙的使用而发展起来的。生命的爆发带来了捕食者和被捕食者。氧的能量(源于氧在元素周期表上的位置)让更复杂的食物链得以出现,其中包含更多的捕食者和被捕食者。有科学家计算出,在寒武纪晚期,更多的氧气促使地球上进化出了更多的捕食者。

作为对氧气含量上升的回应,某些物种迁移到陆地上,在那里它们与氧元素有了更多的接触。植物和昆虫同时在陆地上定居。空气中额外的氧气使呼吸空气的陆生昆虫在快速移动(奔跑或飞行)时,新陈代谢增加了10倍。在同样的情况下,甲壳类动物只能获得3倍的新陈代谢增长,所以当昆虫爬到陆地上时,大多数甲壳类动物选择留在了海洋里。于是,一个"吃和被吃"的网络很快就形成了。

莱恩在《生命的跃升》(*Life Ascending*)一书中解释道:

> 氧气呼吸的效率约为40%,而大多数其他形式的呼吸(比如用铁或硫代替氧气)的效率低于10%。这意味着,在没有氧气的情况下,可用的能量仅在食物链中传递2级就会下降到开始的1%,而在有氧气的情况下,传递6级才会降到这种程度。这反过来意味着,长食物链只有在氧气呼吸的作用下才能存在。

这种关系以可预测的模式塑造了食物链网络的整体外观。科学家用计算机对古老的寒武纪捕食者-被捕食者网络进行建模,发现它看起来跟现代的食物链网络很像,它们具有相同的可预测的形态,只是其中建立联系的生物体不同,也就是说:不同的物种在不同的时间,建立了相同形态的网络。这种规律性完全依赖于以金属为基础的氧化化学，它为这些新进化出来的动物提供了富足的能量，让它们可以快速移动，并随着时间的推移发展出新的形态。

构建生态系统的过程可以看作是一种不同的选择，它推动进化向上而不是向外发展。物种向一个生态系统中的不同微环境扩散时，会进化出新种类并形成稳定的能量和物质循环，丰富该物种的多样性，这一过程可以称为"**水平选择**"。但是当一种生物使另一种生物的存在成为可能时，那就是另一种叫作"**垂直选择**"的过程。

在垂直选择中，"高等"生物依赖于"低等"生物的能量和化学。随着食物链网络的扩增，出现了更多的"低等"生物，从而发展出了更多的"高等"生物。这就形成了一个垂直的金字塔，像一座从海洋中升起的火山岛：植物支撑着底部；食草动物在它们上面；再往上是越来越少（但越来越复杂）的食肉动物，它们依靠下层生物提供的能量生存。从低等生物到高等生物，资源消耗不断增加，最终将能量从阳光传播到熵更高的能量形式中，而最上层生物的复杂性也在增加。生物的不同层级可能与第二章中威廉斯的"化学类型"一致。

位于垂直选择金字塔顶端的生物，需要能量来进行快速运动。这种能量潜伏在富含氧气的大气和富含糖分的植物中，不过快速引导这种运动的化学过程，需要用到一种不同类型的细胞。这类细胞使用的化学元素足够强大，它可以改变蛋白质的形状；但在塑型完成后，又能变得足够虚弱，可以迅速从蛋白质上脱落。元素周期表上的一种元素满足这些条件，它既含量丰富（特别是在寒武纪前的化学过程将它释放到海洋中之后），又能对强度和速度的把握游刃有余，它就是——钙。

作为蛋白质胶的钙

钙在元素周期表上位于镁的下方,所以就像镁帮助RNA聚合一样,钙也会将物质黏合在一起。不过,钙太大了,无法像镁那样安分地和磷酸根相处。相反,钙会和DNA中的磷酸根结合成雪花状的磷酸钙。还记得吧,钙之所以会被喷射到细胞外,正是因为它黏黏的,与磷酸根不亲和。不过,钙有与镁不一样的作用。

钙和镁,都在元素周期表的左数第2列,其离子在水中有两个正电荷。这意味着,相比于左边的单电荷金属,钙和镁具有更高的"电荷密度"。(比如,钙与凝胶的结合要比它的近邻——钠与凝胶的结合紧密约1000倍。)最重要的是,钙是地球上含量最丰富的六大元素之一,所以蛋白质可以一下子使用许多钙而不用担心会把它用完。

在前一章中,高电荷密度帮助钙与碳酸根和磷酸根结合,形成外壳和骨骼。钙也被发现缠结在动脉斑块中并紧紧地粘在一起。这些显示,钙被默认应该待在细胞的外面。不过,如今在高等生物体中,这种古老的模式被打破了——钙会以波的形式进入细胞内——但这个过程是短暂的,生物不会让钙在细胞内长久停留,以免它将细胞内部交联成黏稠的固体。

钙的强度足以使蛋白质变形(见图10.1)。蛋白质表面有4—6个带负电荷的氧原子,构成了带正电荷的钙的"巢穴",钙离子可以"飞"进这里与蛋白质结合。钙与蛋白质的结合非常紧密,如果有几个氧原子排列得与钙不太契合,钙就会拉拽蛋白质,改变其形态,从而让氧原子靠近自己。这个过程就像钙离子把自己紧紧地裹在蛋白质毯子里一样。

钙可以与一个叫作"钙蛋白酶"的蛋白质切割酶家族的所有成员结合,并改变其形态。钙蛋白酶原本是结构松散的、未成形的蛋白质,钙

(a)

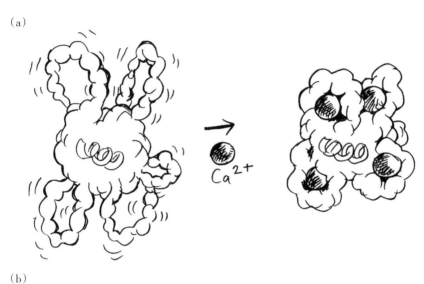

(b)

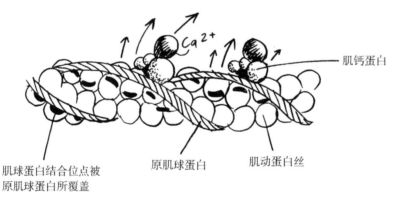

图 10.1 钙的电荷密度足以改变蛋白质。上图:钙可以使蛋白质的形状更紧凑(其中钙离子的尺寸比例被放大了)。下图:在肌肉中,钙离子可以通过肌钙蛋白拉开蛋白质链(原肌球蛋白),暴露出肌动蛋白上的肌球蛋白结合位点,促使肌丝滑动,导致肌肉收缩。

上图展示的是信号蛋白 S100B,源自:B. R. Dempsey et al.,"S100 Proteins",2012, *Encyclopedia of Signaling Molecules*, Springer, p.1711。

下图源自:J. L. Krans,"The Sliding Filament Theory of Muscle Contraction",2010, *Nature Ed.* 3(9), p. 66。

与之结合后，会将氧原子吸引到自己身边，拉拽这些蛋白质，使其重新塑型。塑型后的钙蛋白酶打开了一个口子，它能像嘴一样"咬住"蛋白质链，并把它们拆开，即切割蛋白质。也就是说，钙打开了钙蛋白酶的"嘴巴"，让其开始工作。

一旦被启动，钙蛋白酶就会做很多重要的事情。比如，我们可能会因为钙蛋白酶留下的混乱而陷入沉睡。有证据表明，复杂的大脑需要进入睡眠状态才能被清理干净。神经元是如此精力充沛，以至于它们在清醒状态下，每分钟都会积累一些碎屑，比如蛋白酶的碎片和泄漏的活性氧。尤其是钙蛋白酶，它们会留下很多蛋白质碎片，就像废纸篓里的纸片一样。

有一种关于睡眠目的的理论认为，所有这些碎片最终会使神经元的复杂工作变得混乱。于是，大脑通过在睡眠期间关闭一切来解决这个问题。睡眠时，细胞会把垃圾铲出去，而神经元之间的空间也会变大，让这些垃圾像进入排水沟一样被冲走。不过，归根结底这些垃圾是由钙的化学活性造成的。

钙的电荷密度很高，它能把两种蛋白质粘在一起。因此，细胞外的一些受体会把钙当作一个黏糊糊的爪子，用它去粘各种不同形状的分子。比如，一些抗体就会利用黏黏的钙离子去抓捕细菌分子。如果你想粘住什么东西，特别是在细胞外钙离子浓度很高的地方，你所要做的就是形成一个钙离子结合位点，让自己获得钙离子"爪子"，接下来粘东西的事儿就交给它去办吧。

肌肉、大脑、伤口和死亡中的钙波

钙与大脑和肌肉等高能量组织关系尤其紧密。当细胞需要向特定的方向移动时，钙会以脉冲的形式流入该区域，细胞也会随之移动。钙有足够的黏性,可以移动它所到之处的蛋白质,因此在许多情况下,只要打开细胞膜上的一些钙离子通道,让钙离子流入,就可以产生波动。

钙为引体向上提供了化学力量。当肌肉需要收缩时,钙离子黏附在肌肉蛋白上,改变其形状,为肌球蛋白的"行走"开辟了"道路"(见图10.1)。就这样,成千上万个微小的形态变化叠加在一起,形成了一个巨大的形态变化,最终使肌肉运动起来。钙离子能极高效地移动肌球蛋白,比镁离子、锰离子等类似的 + 2 价离子的效果更好。

肌肉细胞中有一组像泡泡一样的结构,名为"**肌质网**"(如果直接叫它"钙离子泡泡"会显得太随意了),可以将其中储存的钙离子释放到细胞内。当钙离子充满细胞时,它们会填满肌肉蛋白中由氧原子构成的结合位点,从而改变蛋白质的形状,让肌肉细胞收缩。肌肉蛋白与钙结合需要依赖氧原子,这就是为什么肌肉蛋白中会含有大量的**谷氨酸**和**天冬氨酸**,因为这 2 种氨基酸都具有带负电荷的氧。另外,肉的"鲜味"正是来源于谷氨酸,人们还创造了味精(成分为**谷氨酸钠**)来模仿这种味道。由此可见,烤牛排和酱油能具有鲜味,其实还是钙的功劳。

在肌肉收缩后,肌质网中的泵会将钙抽回来,重新装到自己的"泡泡"里——这个过程需要靠 ATP 提供能量。一篇论文指出,辣椒的活性成分辣椒素(一种碳链,提供辣椒的辣味)可以干扰这个泵,让它一直"开启",不断地分解 ATP,而不让任何钙离子通过。也就是说,辣椒素可以通过使钙波短路来消耗能量。

从整体上看,钙在细胞内释放和返回的过程,就像钙波在一阵一阵地冲刷着细胞。心肌正是通过调节肌质网的钙波,以有节奏的"钙钟"模式稳定地跳动。心脏中的其他细胞会跟上由钙钟控制的节奏,相互协调,共同奏响"起搏交响乐"。因为钙离子是带电的,所以这种化学波也是具有电属性的,可以与电子起搏器配合起作用。

在肺部,细胞间的交响乐可能会走调。哮喘发作时,肺部肌肉细胞会因收缩得太厉害而变得不同步。一种治疗哮喘的药物可以通过发送信号关闭钙离子通道,来修复这个问题。如果钙停下来,不再进入细胞内,细胞就会停止收缩,胸部也会放松下来。(奇怪的是,这些药物可以激活肺细胞上的**苦味受体**,这是一种感觉蛋白,我们将在本章后面讨论。)

当苍蝇的细胞被刺破后,钙就会涌进受伤的细胞。随后,受伤的细胞会感知到高水平的钙,并激活周围细胞中的钙离子通道,让其也充满钙。在这些细胞中,钙激活蛋白会产生过氧化氢,让免疫系统和伤口修复细胞注意到这个区域,开展修复工作。这么看来,最初触发这种复杂愈合反应的是钙波。

甚至植物也能利用钙波进行远距离的交流。受伤的植物细胞会发出电信号,以9厘米/分的速度从一个细胞传到另一个细胞。正是钙离子通道将一股钙离子波放入了细胞中,才发出了这个信号。盐胁迫*也会促使植物从根部向茎部快速传递基于钙的电信号。我们一直认为大脑是与电有关的,而植物是没有大脑的,但这一发现模糊了两者的界限。

最怪异的钙波出现在秀丽隐杆线虫身上。当这种蠕虫死后,它们的内脏(在紫外线照射下)会发出一种被称为"死亡荧光"的幽灵般的蓝光。随着这种微光从一个细胞扩散到另一个细胞,细胞开始酸化并变得四分五裂。钙是传递这个信号的死亡使者。当钙波分解囊泡时,蓝色微光就会出现,因为囊泡中碰巧包含了发光的蓝色物质。

在上述过程中,钙是死亡的信号,对这一发现的肤浅解读认为,如果你让钙信号停下来,就将永远活下去。科学家尝试过这个实验,但是效果不太好。比如,如果斑马鱼的钙信号被破坏,其结肠细胞就会开始

---

*即生长环境中盐浓度过高。——译者

生长,再生长,然后长成肿瘤细胞。这里的问题是钙信号太少了。从技术上讲,癌细胞可能是不朽的,但那不是每个人都想要的永生。

许多脑部疾病都与会产生钙波的钙离子通道有关。一项大型研究分析了6万名精神疾病(精神分裂症、双相障碍、孤独症、重度抑郁症和注意缺陷多动障碍)患者的基因,试图寻找造成这5种精神疾病的共同基因。研究人员找到了5个候选基因,它们是这些疾病的患者所共有的,而且其中2个基因是对应钙离子通道的。研究人员推测,尽管疾病和其他信号在大脑中存在差异,但一种阻断钙离子通道的药物或许可以治疗上述精神疾病中的某几种。

最后,新研制的荧光传感器也反映出了钙的重要性。这种传感器可以追踪神经元,显示出神经元在何时何地被激活。这些传感器只要与钙结合就会启动,因为如果你知道了钙波的位置,就知道了神经回路的开启位置。在这里,化学元素与生物事件重合在了一起。

为什么钙是完成这些工作的最佳元素

钙之所以在信号传导中扮演着独特的角色,是因为它在元素周期表上的特殊位置赋予了它独特的尺寸、电荷数和丰度。用另一种元素替代钙将面临产生毒性反应的风险。虽然还有两种元素也能扮演与钙类似的角色,但它们在信号传导中的化学作用不如钙那么好,所以它们的作用总是有限的。钙不需要担心被篡位。

一开始,人们认为元素周期表上钙元素所在的那一列(从左数第2列)中的几种元素似乎能成为钙的化学替代品。比如,位于钙上方的铍和镁,以及钙下面锶和钡。在实验室里,它们可能会被用来替代钙,但我们不是活在实验室里——维持着我们生命的细胞是与环境相连的。如果一个分子可以在某种元素的作用下拉动肌肉纤维,那么要想肌肉运动,就需要从环境中获取大量的这种元素。

对丰度的要求击败了除镁以外的所有替代品。锶和钡的命运与元素周期表下半部分的大多数元素相同,它们太大了,在宇宙中不可能大量存在。在过渡金属中,锰的大小和形状与钙相似,但它同样因为太稀有而未被大量使用。

铍呢? 它的原子核里只有4个质子,理应是含量最丰富的、在这场竞赛中最具优势的元素。然而,铍的原子核太不稳定了。我们从在第三章的图3.3中就能看出,铍和锶、钡一样稀有。

我们在前文中已经提到过镁,因为它与磷酸根有关。也就是说,有大量的证据表明,镁被用作第二信号元素而嵌入钙的结合位点。比如,在一种凝血蛋白中,有7个排成一排的钙结合位点,而镁也可以与它们结合(不过镁只会占据外部的位置,而将中心位置留给钙)。

被称为"T细胞"的免疫细胞,可以通过泵入镁波来发送信号。报告这一发现的论文作者认为,补充镁可能会增强免疫能力。鼻神经或许也在使用锌波来交流。然而这些只是零散的例子,钙才是传导这类信号的默认元素。

钙比镁、锌或任何其他元素都更常被用于这种信号传导,这不仅是因为有**许多**钙可以结合,还因为它结合和脱落的速度都很**快**。毕竟,当肌肉运动时,它既需要快速运动,又要能快速停止运动。只有钙的结合时间能满足肌肉的需要(见图10.2)。

首先,钙离子是带2个电荷的离子中结合速度最快的那一个。虽然钠离子、钾离子和氯离子结合目标的速度比钙离子更快,但它们只携带一个电荷,所以它们几乎没有持久力,很快就会脱落。对肌肉而言,镁、锌和磷酸盐的结合速度太慢了,会浪费宝贵的几毫秒。图10.2显示了一种离子竞赛,在这场比赛中其他元素都比不上钙。

铜的结合速度跟钙一样快,但图表的下半部分显示了铜的问题。

铜会紧紧地粘在结合位点上，永远不会掉下来。锌的黏性只比铜差一点点。因此，按照细胞的时间标准，只有钙具有"快速结合＋中速分离"的正确组合，能够提供一个既强有力又短暂的信号。

　　所有的高等动物的肌肉都使用钙，而一些无脊椎动物的肌肉在相同的地方使用磷酸盐。磷酸盐不像钙离子那样可以自动脱落，它的结合依靠一种更持久的化学键，需要切断它才能让磷酸盐离开。在一个没有那么多钙的世界里，磷酸盐或许可以带来不是那么理想的蛋白质

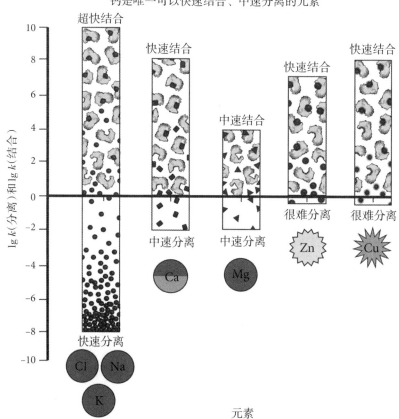

图10.2　不同元素的结合速度。在所有可用元素中，钙是唯一满足"与蛋白质结合速度快、分离速度适中"这个条件的元素。

数据源自：R. J. P. Williams and J. J. R. Frausto da Silva, *The Chemistry of Evo-lution*, p. 72, Table 2.12。

变化——以后这会发展成钙引发的变化。

在这场临时的化学信号奥运会上，金牌得主是钙，银牌得主是镁，铜牌得主或许应该是锌。任何生物将化学元素用于以水为基础的系统中时，都会得出相同的结论，所以我认为使用钙信号是生命的普遍特征。

线粒体理解钙密码

钙在信号传导上表现得如此之好，以至于早在发展出肌肉和神经元之前，甚至在导致寒武纪生命大爆发的全球钙波出现之前，生命就已经在用它来发送信号了。在动物和真菌从进化上分开之前，钙信号就已经存在了。我们可以通过观察谁具有钙离子通道来追查这件事。动物有许多钙离子通道，真菌要少一些，而在细菌中发现的钙离子通道非常少。另外，动物和真菌都拥有线粒体，它们用钙和自己的线粒体交流，而细菌没有线粒体。考虑到线粒体有 15 亿—20 亿年的历史，这意味着生物使用钙信号的历史也差不多有这么久。

线粒体将钙作为燃烧更多碳和产生更多 ATP 的"启动键"。钙可以直接改变线粒体内至少 7 种不同的蛋白质。在收缩的肌肉细胞中，钙在移动肌肉蛋白的同时，也启动了为这些蛋白质制造 ATP 燃料的机制。

肌肉细胞内部是一个运动的大漩涡，随着钙波的运动，线粒体开始运动，肌肉蛋白纤维也开始运动。所有这些的共同因素是钙。因此，控制钙也可以帮助治疗相关疾病。比如，帕金森病与神经元内超负荷的线粒体有关，而那些已知可以阻滞钙离子通道的药物已被批准上市，这些药物可以通过平复翻腾的钙波来减轻线粒体负荷。

我们仍然在寻找，钙在不同的生命形式里会被藏在什么地方——就像寻找被藏起来不让吃的零食。螯虾壳中的磷酸钙晶体，有时是由正常新陈代谢过程中的富含磷酸盐的产物制成的。这些外壳既保护了螯虾,又储存了钙和磷酸盐代谢物以供未来使用——就像建了一个装甲储藏室。固体磷酸钙晶体可能是第一个储存钙的"泡泡",是肌质网的简单形式。

当钙移动的东西是细胞内的其他储存泡(囊泡)时,它移动东西的化学能力就会倍增。钙波可以释放出一批其他分子,从而让信号重新聚焦和放大,带来可以改变整个有机体的效果,比如胰岛素的释放。

释放胰岛素的胰腺细胞将胰岛素保存在微小的膜状泡泡中,直到出现钙脉冲。这些囊泡开始向外膜移动,就像一群小船靠近码头一样。囊泡状小船将蛋白质绳索抛向膜状码头。钙不断重构和稳定这些蛋白质——就像它在收缩肌肉时所做的那样,直到小船到达码头。随后,囊泡内的胰岛素被推出细胞,离开胰腺,进入血液。

同样的事情也发生在神经元(突触)的间隙。钙脉冲推动神经元内含有神经递质的囊泡,直到囊泡与细胞膜融合,并将神经递质释放到突触。神经递质具有足够的耐受力,能够跨越间隙,将信号传递给下一个神经元。

因为神经元会释放大量的神经递质,所以它们需要许多钙离子通道,这在许多神经元相关疾病中也会出现。只有钙才有足够的力量使蛋白质和细胞膜发生如此剧烈的融合。虽然多种分子都可以作为神经递质,但钙的化学强度是不可取代的。

钙确实有它的局限性。它的结合速度很快,但不是最快的。其他元素更快,但化学强度比钙弱。只要我们不让这些元素移动重负荷,它们能走得更快。很久以前,这些元素中的两个以维持电平衡的名义被逐出了细胞,但现在,就像被流放的领导人又回来了一样,它们回到细胞中发挥关键作用。

其他放逐者的回归：钠、钾和氯

人们谈论神经元时，常常会用到"放电""闪烁"等与电有关的容易让人误解的词语。当然，我们也会用化学词汇来谈论它们，无论是具体的"多巴胺激增"还是一般的"化学失衡"。使用化学和电的语言来谈论神经元都是正确的，其实最佳语言是将电和化学相结合，因为神经元的**电**压来自**化学**离子。神经元依靠以下三种化学元素放电：钠、钾和氯（溶解的、带负电荷的氯离子）。

在所有细胞中发现的 5 个化学平衡中的最后一个是"内部是钾，外部是钠和氯"，这个化学平衡提供了电平衡。神经元很擅长保持这种平衡，它们利用最先进的钠钾泵，每向细胞外输出 3 个钠离子，就向细胞内运送 2 个钾离子。细胞通过燃烧 ATP 来维持钠钾泵的运转。

这个钠钾泵在医学上和能量上都很重要。从医学上看，这种泵的突变会减慢离子的通过，从而导致神经疾病和高血压。从能量上讲，神经元将其丰富的线粒体资源投入到了这种蛋白质类型中。当你休息时，钠钾泵会消耗你 25% 的能量。如果你认真思考，它们将消耗更多能量。在活跃的神经元中，这种泵使用了神经元 2/3 的能量，因为每当神经元放电时，泵必须重新让钠和钾的浓度平衡（或让其重新失去平衡）。

钠钾泵造成了细胞膜内外的钠和钾浓度存在明显差异。在这种情况下，如果细胞为钠离子打开一扇门（即一个钠离子通道），钠离子就会自由地流入并产生一个快速的正电波；钾离子则自由地流出，所以打开一个钾离子通道会产生相反的效果，从而消除正电波。钠离子通道在细胞内产生正电波，钾离子通道将这些波带走。这些电波发出的信号与钠和钾一样快，正如图 10.2 所示，钠和钾是这场离子竞赛中速度最快的两种元素。

这些通道对周围的电荷很敏感。当一个通道打开并让电荷进入时,它的邻居会感知到这一点并依次打开。首先,一排钠离子通道打开,让电荷进入,然后第二排钾离子通道打开,让电荷流出。每个通道都对相邻的通道做出反应——就像合唱团此起彼伏的歌声或一群人舞起人浪一样,然后正电团将在神经元中沿着一个方向移动(见图10.3)。

一个正电脉冲(由钠离子流入神经元触发,由钾离子流出神经元消除)通过了神经元。当它到达图10.3中神经元的最右边后,一个不同的过程接管了它。钙离子通道感知到了正电波,并随之引入一个强大的、较慢的钙波。钙波将充满神经递质的囊泡移动到突触,将电化学信号传递给下一个神经元。

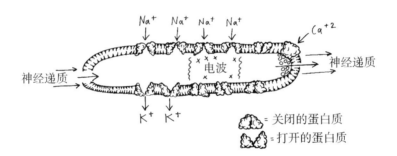

图10.3 思考的化学过程。首先,神经元会对细胞外的化学神经递质(如多巴胺)做出反应,让钠离子通过钠离子通道进入细胞,导致正电荷波从细胞的一端向另一端传递。随后,钾离子通道瞬间打开,向细胞外喷射正电荷,结束了刚才的电荷波。最后,在细胞的末端,钙离子的进入将促使囊泡运动,使神经递质涌入突触。

细胞内留下了一大堆钠离子,等待钠钾泵来清理。伴随着钠钾泵的持续运转和ATP的不断燃烧,细胞内会恢复平静,直到另一个神经递质从图10.3中神经元的左边传过来,化学波又开始了。

这些细胞利用钠和钾有条不紊地打破电平衡,产生了快速的正电波。在某种程度上,这个过程只是水中的盐产生了电压,但在离子通道的协调下，它活生生地动了起来。在经历了由来已久的驱逐后，钠通过相应的通道返回细胞中，并发出了快速的、具有方向性的信号。

钠、钾水平的问题关系着整个机体的健康。医生会通过测量人体的钠、钾含量来诊断疾病，因为两种元素离子通道的微小变化，都可能对机体产生重大影响。比如，破损的钠离子通道会导致红斑性肢痛症，这是一种遗传性的疼痛综合征，四肢会因为神经不正常而产生剧烈的灼痛感。用一种特殊的药物阻断引起疼痛的离子通道，或许可以缓解疼痛。

对于所有复杂的生命形式而言，钠和钾的问题将导致神经元和肌肉出现问题。一些证据表明，人们撒在路边的盐向生态系统中引入了太多的钠，这影响了蝴蝶的发育，包括神经元和肌肉细胞的发育。在海洋中，石油泄漏会伤害海洋动物，因为原油中的一种成分会堵塞海洋动物心脏中的钾离子通道。

另一个被细胞拒之门外的元素是氯，它不应该被忘记。氯离子通过氯离子通道被放回细胞中，形成负电波，与正电波以复杂的方式发生相互作用。氯一定很重要，因为与其相关的蛋白质一旦出现功能障碍，将引发多种大脑疾病。举两个例子，氯离子通道与肿瘤如何引起大脑痉挛有关，也与孤独症小鼠模型有关。在小鼠实验中，研究人员用针对子宫中氯离子通道的药物，治疗孤独症模型鼠，结果显示这些小鼠将不再表现出严重的孤独症特征。科学研究表明，氯在生命体中有它自己的重要领域，但我们目前对此还知之甚少。

感知环境并重塑大脑

这些电波脉冲解释了单个神经元是如何工作的，但这只是理解的开始。人类的大脑中含有成百上千亿个神经元——几乎就像银河系中的星星那么多,如此多闪烁着的、不断活动的细胞一个挨着一个排布,它们在神经元自身的分支结构、其他支持细胞和多种神经递质的作用下,交织在一起。你若是看到这些,就会知道什么是真正的复杂性。这种复杂性使人类大脑成为宇宙中已知最复杂的物体。

随着儿童大脑的发育,神经元之间不断产生连接,形成由蛋白质引导的网络。甚至在婴儿出生前,一些模式化的波就已经从视网膜传至大脑,这些波与孩子出生后眼睛环顾四周时大脑中出现的波很像。似乎神经元交响乐团在提前为出生后的表演进行调音和练习。

孩子出生后,当神经元反复放电时,神经元之间的连接就会增强。我认为每次放电都会使这样的连接更紧密。维持这种动态的网络需要消耗大量的能量,所以我常告诉我的学生,如果他们在学习后感到累了,说明他们学得很好,因为努力思考确实会消耗一些热量。

大脑可以被日常经历的事情所重塑,神经回路也可以在实验室中被"重新布线"。当小鼠被剪掉胡须后,它们感知环境的能力就会下降。于是,为了补偿这一点,它们的大脑将把神经元连接重塑为可预测和可重复的特定模式。

为了调查和了解周围的环境,大脑会根据感觉数据来绘制地图。在一个稳定的环境中,大脑会检测到有规律的模式并记住它们。数十亿年来,我们的行星环境一直非常稳定(见第四章),我们的银河系环境也非常稳定,足以让我们看到可以追溯至宇宙诞生时的模式。人们很容易将这种稳定性视为理所当然的(就像人们自然地认为水具有流动性一样),但如果没有这种稳定性(就像水的流动性不存在了一样),大脑将甚至无法运转。大脑还需要一些化学物质,它们的工作速度要比环境变化的速度更快,这使钠、钾和钙成了必需品。

我们的五种感觉*都被输入到了大脑模式中,作为环境的内在地

---

* 视觉、听觉、嗅觉、味觉和触觉。——译者

图。尽管这五种感觉看起来不同,但它们都建立在相同的基于钠、钾信号的化学过程上。一旦一种感觉被触发,它的信息就会由类似的神经元从身体传递至大脑,然后在大脑中被编码和组合。如果信息是有用的,它的大脑区域就会扩大和增强,让更多的感觉细胞来检测和辨别其他模式。

例如,相比食肉动物,草食动物有更多针对苦味分子的味觉感受器(有毒分子通常是苦的,因为这可以发出一个明确的信号:"别吃我!")。植物非常善于进行进化实验,所以植物总是比动物产生更多的新毒素。味觉增强的草食动物能更好地辨别食物和毒物。

依靠快速元素运行的快速神经元,让快速变化成为可能,甚至让进化的速度快到可以用十年而不是千年为单位来测量。在20世纪80年代,制造商开始在蟑螂药中加入葡萄糖作为诱饵,吸引蟑螂吃下毒药。但很快,即使是从未尝过这种药的年轻蟑螂也不愿碰这些东西。不知何故,就在从里根(Reagan)当总统到奥巴马(Obama)当总统的这段时间内,这些蟑螂迅速地进化了。

具体来说,这些蟑螂的神经元进化了。普通蟑螂在品尝葡萄糖时,其甜味神经元会被激活;进化后的蟑螂在品尝葡萄糖时,其苦味神经元会被激活,甜味神经元反而会被抑制。在短短的几十年间,蟑螂的基因发生了变化,让葡萄糖感受器从甜味神经元变成了苦味神经元。于是,它们的孩子会自动避开诱饵,存活下来。神经元发出的快速信号具有可塑性和适应性,因此让这种快速回应成为可能,使蟑螂群体获益——却让人类非常懊恼。

神经元同样塑造了生物体的物理形态。若是果蝇一直以酵母为食,其肠道中就会生长出名为气管的血管,它们是根据贝詹的树状构型理论建造的分支通道,用来吸收更多的食物。最先建造这些食物通道的细胞,是感知氧气的**神经元**。(这是否意味着果蝇在用它们的肠胃思考?)食物或氧气匮乏会通过钙来驱动神经元信号,促使果蝇的肠道生长出气管分支。神经元的快速信号将使肠道向着一个方向长出分支,而不是向另一个方向。这是一个生理过程,还是心理过程?

在大脑的复杂环境中,解除连接的机制可能和产生连接的机制一样重要。大脑中名为"小胶质细胞"的免疫细胞不攻击病原体,而是攻击它们的邻居——神经元:扯下游离的神经元分支,并解除不牢固的连接。这么做可以加强留下来的连接,所以被好好"修剪"过的大脑才是一个强大的大脑。

当你的神经元被修剪后,你的感官信息也减少了,因此储存在大脑里的信息比大脑实际体验过的要少,而体验过的信息又比探测到的要少。只有最简单的生物体才能避免这种编辑过程。迪拉德写道:"其中的哲学趣味是以一种相当悲哀的方式呈现的,因为这意味着只有最简单的动物才能感知宇宙的真实面貌。"我倾向于从另一个角度来考虑这个问题。聚焦和大脑"修剪"让我们可以透过表面的混乱和日常经验的喧嚣,看到规则与变化相互作用的有序基础。

大脑、肌肉和鸟类都需要快速的能量

一旦这些神经元在大脑中缠绕在一起,它们就变得不可思议地复杂。大脑中神经元(突触)之间有100万亿个连接。如此看来,我们可以说:银河系"只有"3000亿颗恒星,真是太少了。根据这样的测量,大脑可以被认为是宇宙中已知最复杂的物体。鲁宾逊(Marilynne Robinson)写道:"如果让我们来和天穹相比的话,我们的意识具有如此宏伟的能量,它使我们在街上遇到的任何人,都比我们的银河系伟大得多!"

有了蔡森的比功率(ERD)理论,我们将发现银河系和大脑实力悬殊,根本用不着比赛。银河系每千克处理能量的功率是50**微瓦**,而你的大脑每千克处理能量的功率是 15 瓦，所以按照这个标准，大脑比银河系复杂成千上万倍。如果银河系的 ERD 有 1 毫米长，那么你大脑的 ERD 就有 300 米长。

这是因为恒星虽然非常明亮，但也很轻。太阳庞大的体积由氢和氦组成，它们或许是现存最轻的元素，因此在任何宇宙尺度上，太阳都更接近"蓬松"而不是"沉重"。如果将一块太阳碎片放在浴缸里，它几乎会浮在水面上。

在比功率和复杂程度的另一端，人类大脑被设定在一个整体上每千克每秒处理 2 焦能量的身体里，这对动物来说是一个完全正常的数字。总之，你（还有你的宠物狗）就像一个大功率的灯泡，会被热能点亮，而这种能量在你的头骨里发出的光最多。（动画片里经常有灯泡在卡通人物头上闪烁的画面，或许现实也是这样？）

你和你的狗的不同之处在于，你把更大比例的能量投入到了大脑的神经元连接中。大脑是一个高耗能单位，它虽然只占你身体质量的 2%，但其耗能占静息能量的 20%—25%。大脑中的神经元消耗能量（ATP 和糖）的速度，要比一般细胞快 10 倍。为了做到这一点，神经元不断地运动，甚至连其中的线粒体也是如此。最新的成像技术显示，老鼠神经元中的线粒体会向最需要能量的地方移动，就像机场停机坪上的卡车。

尽管神经元是一种特化的、高度适应环境的细胞，但其线粒体的燃烧反应与生日蛋糕上的蜡烛一样——只是线粒体燃烧得更多。肌肉中有"更多"的线粒体，它们产生大量的 ATP 能量来驱动肌肉的伸展和收缩。线粒体提供能量，维持大脑思考和肌肉运动，这是区分动物和植物的两个特征。（虽然植物也有线粒体，但它们不像动物那样大量地使用线粒体。）

所有这些线粒体活动使大脑与氧气之间建立了一种特殊的关系。

当氧气水平下降时,大脑将是第一个停止工作的器官。这带来了许多意想不到的后果。举个例子,潜艇中必须保持低氧水平,以降低发生"失控"燃烧反应(如火灾和爆炸,一旦发生后果将不堪设想)的可能性,但这种安全措施也会影响神经元中线粒体的"**受控**"燃烧反应。在漫长的潜艇航行过程中,大脑的反应速度会变慢,做决策也会变得犹豫。大多数潜艇指挥官都经历过非常不合逻辑的事情,当大脑消耗的氧气远少于它应该消耗的时候,这种情况就会发生。

一般来说,拥有更多或更高级神经元和肌肉的动物具有更高的比功率,从而在ERD中形成了一个与进化史平行的层级结构——跟上一章提到的植物在ERD上的迈进相似,但动物的ERD更高。鱼类、两栖动物和爬行动物是较早出现的动物,它们的ERD约为0.5瓦/千克,而哺乳动物的ERD为4—5瓦/千克。不过,哺乳动物并没有赢得ERD比赛的桂冠,至少是未能独享——鸟类处理能量的效率高达约10瓦/千克。这与结构的复杂程度相吻合,因为鸟类把更多的复杂性转化为更轻的体重,使质量最小化,这样它们才能飞行。这也与进化的先后顺序相吻合:爬行动物的出现早于哺乳动物,而哺乳动物早于鸟类。

根据ERD的标准,我们哺乳动物比爬行动物要复杂一点,但是鸟类的身体结构是最复杂的,因为飞行对能量和结构上的要求很高。这似乎也适用于会飞的昆虫,如果恐龙具备足够动力飞行(如果我知道怎么做的话,我很想进行这样的实验),想必也适用于会飞的恐龙。

贝詹的树状构型理论也适用于此,因为空气也是一种流体,它支撑着飞行物体——无论它是否有生命。贝詹预测,我们能在所有动力飞行的设计上找到相似的结构,它们能最大限度地提高飞行效率,也就是最大限度地减少空中飞行所需的工作量。因为它们虽然是从许多不同的点出发的,但都朝着相同的目标(高效)进行了优化,所以在最大飞行速度与质量的关系图上,可以画这样一条直线:左边是昆虫(质量最小）、中间是鸟类、右边是飞机（质量最大）。无论将设计工作交给进化过程还是波音公司来完成，每一个具有一定质量的物体，都具有特定的最佳飞行速度。

生物需要消耗很多能量才能将身体保持在空中，这意味着鸟类在精细结构上一定比哺乳动物更复杂，但说到新陈代谢的"**焦点**"，我们哺乳动物确实比鸟类更复杂。人类将能量流和结构复杂性都集中在我们的头脑中，而不是四肢或翅膀上。我们发展出了如此复杂的神经元，以至于我们的大脑每秒用大约1.5千克的物质来处理20焦的能量。最终，这种内在的复杂性导致了文化和社会的外在复杂性，蔡森也用能量单位说明了这一点（我们将在下一章谈到这个）。

这里列出的所有动物的ERD都是静息状态下的数值，所以马在奔跑时或短吻鳄在跳跃时，其ERD会短暂地升高。蔡森写道，人在"悠闲地钓鱼、拉小提琴、砍树和骑自行车"时，ERD分别为3、5、8和20瓦/千克，这是大脑运转和肌肉运动的结果。

这些活动的化学基础都被列在了食品标签上。标签上的卡是热量单位，就像瓦是功率单位、尔格是功的单位一样。当你吃了高热量的食物后，食物储存的能量会被氧气释放出来，然后被用来完成上述活动。小提琴演奏家将体内的碳水化合物转化为旋律，以5瓦/千克的节奏，将能量以热能和声波的形式传播出去，最终让世界变得更美丽、更复杂。

除了将能量用于神经元和肌肉，哺乳动物、鸟类与其他动物相比，还具有第三个能量消耗特征——内温性，这是一种控制体内温度的能力。爬行动物需要通过晒太阳来提高体温，而人类有一个生化恒温器，可以把我们体内的温度保持在温暖舒适的37℃。鸟类和一些昆虫也能做到这一点。

这种让体内变热的能量也是由线粒体提供的。我们身体中的一些产热脂肪组织是棕色的，而不是白色的，因为它们中具有含铁的线粒体。新生儿的心脏和肾脏上沉积着棕色脂肪,它们可以为这些重要器官保温。在棕色脂肪组织中,铁化学分解了脂肪,并将质子从线粒体中泵出——但是这些线粒体并没有利用这些质子制造ATP,而是让所有的质子通过膜上的孔,重新进入线粒体。于是,来自质子的能量以热的形式随机发散。这不是一个特别优雅的产生热量的方案,但它是有效的。

一般来说,动物通过更多、更大、具有更多褶皱的线粒体,来为自身产生热量。有些鱼在眼睛和脑组织的附近形成一个充满温暖线粒体的囊,使自己成为"区域性"温血动物。这些线粒体内的生化过程是不变的,而且对线粒体而言,增加数量相对容易,因为线粒体曾经是细菌,它们甚至可以自己繁殖。

以这种方式产生热量,以及制造出能够启动和关闭这些"杂牌"反应的蛋白质,代价是昂贵的。一篇论文计算出,人体为了精确调节热量,需要用到数万个分子,作者将这种冲击称为"蛮力"的表现。对于温血动物来说,只要能保持血液温暖,付出再高的代价也值得——这些能量被用来支持复杂的生物学过程。

一旦能量被制造出来,能量之流就会通过一个复杂的血管网络来进行自我安排,而这个血管网络是贯穿整个有机体的。贝詹的树状构型理论表明,血管的横截面和长度设计都非常精妙(可能是最佳的),可以高效地将温暖的血液输送到生物体的最末端。这种热流模式预示着哺乳动物的体重必须由一个特定的、最优的代谢率来支撑。观察结果与贝詹的理论相吻合,因为尽管动物的外形和种类多种多样,但仅根据身体大小就能计算出温血动物的代谢率。

吸收氧气的结构似乎也为了提高效率而进行了优化。第四章中的图4.3展示了肺部的分支模式,这种模式几乎在最大限度地输送氧气,将氧气带进血液,而且这种模式与树木和河流的构型模式相匹配——

因为这些模式都是为了让能量或物质扩散,遍及整个空间。

　　氧气的高效增强了进化的可预测性。即使鱼的形状和大小完全不同,其鱼鳃内的某些结构之间也会存在相同的空间布局,因为这样布局可以最大限度地提高氧气摄入量。科学家在人造的"芯片鳃"上尝试了不同的空间布局,结果发现最好的布局就是鱼类正在使用的那种。看来,关于这个问题,答案不在书的最后,鱼类已经帮我们进化出了最佳的答案。

　　生命体慷慨地将能量用于支持神经元、肌肉细胞(尤其是飞行时)的运转,以及维持血液的温热,而线粒体是这些过程的核心。氧气的丰度和反应性,以及线粒体中的铁和铜,共同造就了如此巨大的能量。因此,动物大力"投资"这三个方面是非常有必要的。

为什么大脑比DNA更优秀

　　随着生物的进化,资源涌入了复杂的系统,比如:保持血液温暖的系统,让动物行走、飞行的肌肉,当然还有大脑。但是,为什么大脑比之前的信息处理系统——DNA要好得多呢?神经元连接和DNA都经历了扩展和丢失的模式,它们都对环境做出反应,也都记录信息,但在所有这些事情中,大脑都表现得更复杂、做得更快,它明显比DNA更优秀。

　　例如,大脑赢得了"数量竞赛",因为人类拥有的神经元数量比DNA碱基数量多。另外,DNA碱基只有四种状态,而神经元可以呈现近乎无限种状态,响应许多不同的神经递质,连接许多其他神经元,甚至能以不同形状的电波放电。

　　因为DNA的改变源于生存和选择,为了改变它,某个地方必须有某种东西死去。克拉考尔(David Krakauer)写道,当使用DNA时,"为执行一个优先功能而获得的信息量,与生命所损失的成正比"。大脑就不一样了,它可以在单个有机体的生命周期里,动态地改变和记录信息。大脑通过更快地处理信息来减轻基因组的负担。

那些非常关心个人命运的人更愿意用大脑记录信息并活下来,而不是使用DNA然后死去。当然,大脑有较高的ERD,因为泵送钠和钾需要耗费大量的ATP。但如果你能负担得起,使用大脑就是让有机体适应环境的最佳方式。

就大脑而言,人类的大脑或许是最优秀的大脑。我们的神经元可以利用最佳的化学过程,通过可用的元素(钠和钾)发出快速信号。我们的大脑还可以建立最佳的连接。人脑之所以特别,不是因为其尺寸大(大象和鲸鱼的大脑更大),也不是因为具有特殊的神经元(虽然其中存在一些奇特的神经元,但它们不足以改变整个大脑),而是因为神经元连接的数量非常多。

神经元的尺寸并不大,或许经过了优化。它们在变得运行缓慢或发生离子泄漏之前,只能生长到这么大,由此可见,它们无法通过不断长大来增加复杂性。它们能做的是和更多的邻居建立联系。一种假设认为,"系绳细胞"将灵长类动物的神经元绑在一起,但在进化中,人类大脑的扩张将这些"系绳"扯断了,使得越来越多的远距离连接成为可能。这或许意味着,神经元只能建立现在这么多连接,它们已经达到极限了,以后也无法建立更多连接。

感官接收到的信息越多,需要大脑处理、整合和编辑的信息也就越多。因此,随着新感官的发展和融合,大脑的负担也在相应增加。目前,人脑所能处理的感官信息可能已经达到了极限。当然,考虑到我们的大脑现在已经能够分辨超过1万亿种气味,我们还不清楚如果能再多分辨1万亿种气味,又能带来多大的好处。

萨克斯(Oliver Sacks)在《心智之眼》(The Mind's Eye)一书中讲述

了赫尔(John Hull)的故事。赫尔在四十几岁时失明了,随着时间的推移,他甚至失去了视觉思维。然而,赫尔的大脑开始通过新的、令人惊讶的非视觉思维方式,处理来自其他感官的信息,以此弥补视觉损失。虽然得失不可能完全平衡,但赫尔的经验表明,大脑具有流动性和适应性,它可以重新编辑信息处理过程,重新优化来自更少感官的数据流。

快速元素带来快速动物和快速进化

大脑是由快速神经元组成的,可以利用快速元素,对环境变化做出快速反应。神经元中的离子波来自改变细胞内外的旧平衡,甚至细菌也能产生微弱的钠离子波。有证据表明,早在寒武纪,大脑本身就迅速进化成了一个复杂的结构。或许这并不令人惊讶。

2012年,人们发现了一个有5亿年历史的动物化石,这种动物可能来自螃蟹和龙虾的家族。该化石保存完好,可以看出大脑的细节。这些细节中的多层组织,也出现在该家族现代成员的大脑中。(对斑马鱼大脑的研究也支持了这种早期复杂性的观点。)并不是越简单的大脑就出现得越早。一些简单的大脑可能是后来出现的,是原始的、复杂的、快速进化的大脑的改进版。

一项基因分析显示,自从我们动物从真菌中分离出来之后,大脑蛋白质就一直在进化。(还有另外两个对免疫很重要的组织也极具创新意识,它们是脾脏和胸腺。)这将有助于找到进化的加速器,并发现加速生物变化的机制,特别是在环境变化的时期,例如在一种新的有毒元素挑战生态系统的时期。大脑是一个充满压力的地方,因为它是高耗能的,而压力很可能会促进大脑的进化。

一个很有可能的解释是,生物体可以在一些机制的作用下,通过操纵自己的基因来应对压力和伤害。如果不做改变就将面临死亡,如果冒险是有价值的,那么此时这些机制就会加速进化。最容易检测到的变化就是最大的变化,所以我们应该在植物经历的大规模DNA复制中寻找这样的例子。植物甚至复制了它们的整个基因组,这是由环境压力引发的。

这可以在与钾相关的基因中看到。对于植物来说,钾是夏季元素,也是压力元素。当夏季的高温和干旱给植物带来压力时,它需要额外的钾来维持渗透压的平衡。产生额外染色体的植物有更多的"遗传空间"来进化基因,从而使钾元素四处移动。额外的DNA使植物能更好地控制钾,以及更好地应对环境变化。

动物没办法这样做,因为我们不能处理额外的染色体,但我们可以靠其他小规模的机制,来加速特定基因和基因区域的变化。动物将只复制一个基因,但与植物一样,将一个基因用作备份,复制出的另一个用于快速的实验性改变。当复制的基因悲惨地失败或不再被需要时,它们就会像旧的计算机文件一样被覆盖。基因复制采取随机变化,但如果它是由环境压力引起的,那么我们可以从化学上推测出这种压力。

先进的遗传细节显示了不同生物在不同环境和压力下的不同进化速度。当你了解到短吻鳄进化缓慢而老鼠进化迅速的时候,当你了解到细菌在感染新生物时会进化得更快(这可能是由新环境带来的压力引起的)的时候,你可能不会感到惊讶。但是,当科学家看到北极熊近年来的进化情况之后,确实感到了惊讶。之所以会惊讶,是因为人们低估了进化的力量和速度,即使是那些非常熟悉自己研究课题的进化生物学家也会如此。

环境的革新刺激了进化,进化又反过来让环境产生了更多的新变化。进化在共生和更复杂的环境中会加快脚步。当环境被占满、生物体处于争夺铁的战斗中时,进化会放慢脚步。转录因子可以启动DNA,使DNA组织成一个强大的网络,这个网络本身将更容易进化。也就是说,进化过程本身进化了,而最常见的加速进化的因素是环境革新和压力。在本书的故事中,氧气既提供了革新,又提供了压力。

我们可以在对比钠离子通道基因和其他离子通道基因的过程中,看到进化,因为这些基因显示出明显的复制和丢失模式。较老的基因具有暴露出其年龄的遗传特征,因此我们可以在物种与物种之间,追踪基因的复制模式。科学家由此得出结论,钠离子通道是最年轻的"孩子",相比钾离子通道(很久以前就被用于渗透调节)和钙离子通道(很久以前就被用于产生钙波,与线粒体交流),钠离子通道是更晚进化出来的。当然,这里的"晚"指的是大约8亿年前,也就是寒武纪生命大爆发之前的几亿年。从那时起,钠离子通道的基因成了最常被复制的基因,以此加快进化,弥补失去的时间。

令人惊讶的是,一种通道很容易转变成另一种通道,这种转变可能发生得既快又频繁。只要改变一点点,就能将特定的钠钾通道转变为氯离子通道。同样,只要稍微调整一下,钙离子通道就可以转变成钠离子通道,有证据表明,这至少发生过一次:当钠离子通道基因被破坏后,钙离子通道替补了它,并维持了其重要的功能。我们可以追溯蛋白质泵的进化历程,从钠钾泵到铜泵,到锌泵,再到质子泵,一直追溯到很久以前。

钠离子通道和钙离子通道实际上是可以相互转换的,钠离子通道或许就来源于钙离子通道的突变。一些单细胞生物有一种钠离子通道,它不仅能传导钠离子,**还能**传导钙离子。这可能是一种转变到一半的钙离子通道,其状态处于旧的钙离子通道和新的钠离子通道之间。少数细菌(其中一种来自莫诺湖)的钠离子通道,可以通过单个突变转变为钙离子通道。在8亿年前,钠离子通道诞生的时候,它完成的可能就是这种突变。

从钙离子通道到钠离子通道的转变很容易,它可能发生过很多次——看起来确实如此。海葵的钠离子通道看起来很像一种古老细菌的钙离子通道,有一些明显的特征表明,这种类型的通道是自己独立地从钙变成钠的。

这种变化很容易发生,或许正因如此,各大洲的生物之间才会存在一些显著的相似之处。比如,钠离子通道迅速复制,进化出了电鱼——这发生了两次。非洲的电鱼和南美洲的电鱼相距半个地球,但它们都进化出了通过浑浊的水来感知环境的电机制。它们甚至以相同的方式发展了这种机制:复制钠离子通道基因,把额外的版本放在一个特殊的器官里,然后以比正常速度快10倍的速度让这个版本的基因发生突变,产生超强的变化波动。

当这一过程完成后,在地球的另一处,同样的通道在相同的位置,以相同的方式进行了改造,于是,它们成了相距半个地球的"双胞胎"——科学家将这称为"惊人的相似"。从基因复制到形成功能齐全的电器官,基因在两个大陆上以同样的方式流动。不仅是基因,广泛的基因结构也被进化重新创造。最终的结果是,产生了一种基于原有钠离子通道的新型电流感受器。这种平行进化或许是可以被预测的。

吸血蝙蝠如何在黑暗中视物,大熊猫又是如何丧失肉类味觉的

通过快速、流畅的进化,连接到神经元的感觉器官迅速发展出对环境不同方面的敏感性。在众多感官中,让人毛骨悚然的是,吸血蝙蝠能在黑暗中感知到热血,这是离子通道进化的结果。就像电鱼复制钠离子通道以获得"电感"一样,吸血蝙蝠复制离子通道以获得红外线"热视感"。

吸血蝙蝠的改变过程,开始于一个普通的热敏钙通道。你的指尖就有这种通道,当你碰触一个温度超过38℃的物体时,通道就会打开并发出钙波信号。这个通道也存在于舌神经细胞中,它在那里对滚烫的食物做出反应。辣椒素也能开启同样的通道,这就是为什么辣椒尝起

来"火辣辣"的,因为它们发出的本就是"热"的信号。

吸血蝙蝠通过切掉了一部分基因,使通道蛋白变得不完整、不稳定,从而将这个"热敏"通道改造成了一个"温敏"通道。也就是说,该通道是略微受损的,这降低了激活它所需的温度——低至30℃。因此,靠近温血动物,比如体温是37℃的人类时,这个通道就会被激活。就这样,蝙蝠利用一种损坏的蛋白质获得了第六感。

生物可以获得新感官,也可以失去已有的感官——正如我们在大熊猫的遗传史中所看到的那样。如今,大熊猫基本上是食草动物,为了满足肌肉和大脑的能量需求,它们每天都要吃掉大量的植物(尤其是竹子)。大熊猫是由食肉的熊进化而来的,现在它们却是彻底的素食主义者,连感知肉味的基因都丢失了。

前文提到过,肌肉使用富含氧原子的谷氨酸来结合钙,而谷氨酸是鲜味的来源。大熊猫吃的竹子中几乎不含谷氨酸,也没有鲜味,所以习惯吃植物的大熊猫可能丢失了鲜味感受器,甚至不会觉得可惜。科学家证实了这种可能,他们发现大熊猫的确曾经拥有鲜味感受基因。

大熊猫不是唯一丧失了某种味觉的动物。蜂鸟也尝不出鲜味。企鹅同样不甘示弱,它们早就无法尝出甜味、苦味和鲜味这三种不同的味道。一般来说,一些普通的苦味感受器似乎就可以胜任品尝味道这项工作了,但生命针对不同饮食习惯,进化出了专门的感受器。于是,口味果真改变了。

这种基因的快速移动几乎可以在每一个感官基因中看到,包括视蛋白——它可以感知眼睛里的光。在动物王国里,视蛋白随处可见,而且经常出现在那些眼睛以外的地方,这表明它们最初具有更普遍的信号作用。比如,水母的刺细胞中就含有视蛋白。在光线明亮时,视蛋白使这些细胞不太容易发射它们的毒刺。水螅的感光刺细胞中还含有"**味觉**"感受器。发现这一现象的研究人员推测,这些细胞是一种集多种感觉功能于一身的感觉细胞,它们对各种刺激(从光到苦味)都有反应,并向大脑发送一种非专门的信号,这种信号直到后来才分化为不同的感觉。

得与失的故事贯穿整个自然史,特别是在基于快速元素(钠、钾)的快速感觉神经元的作用之下。我们越是仔细观察,就越会觉得进化比我们想象的更快、更奇特,也越能在其中发现更多相似之处和规律。

基因和神经元都生长得很快,并会迅速被修剪,能量需求、离子速度(化学因素)、机体(生物因素)和环境(地质因素),共同左右着它们的分支构型。大脑和基因树都是根据实际环境被修剪的,就好像有一名园丁在自然法则的指导下为其修剪了造型。这让它们很好地融入环境,就像河流融入峡谷那样。

所有金属结合位点都比较类似

面对所有这些生物学变化,化学依然保持不变。每当一种蛋白质与金属离子结合时,进化就使一种有机体做出改变,以适应不变的化学过程。离子恒定的化学作用,决定了离子结合蛋白的构型。因此,无论蛋白质本身的形状有多奇怪,其中的金属结合位点看起来都是一样的。

所有的锌结合位点都有着适合“锌结合”这一化学过程的形状,比如将四个硫原子排列成一个四面体。我们可以在许多差异很大的蛋白质中看到这种排列,它们结合着锌,而且这些位点正是为了结合锌,才排列成这种形状的,这些形形色色的蛋白质也是为了结合锌,才不约而同地采用了这种排列。

钙更喜欢和六七个氧原子结合。在许多不同的蛋白质中,都可以发现相似的钙结合位点,可见不同策略最终收敛成了这个单一的解决方案。一类被称为“膜联蛋白”的钙结合蛋白,虽然它们的整体结构可以差异很大,但它们都具有一种独特的氨基酸排列模式(即K/R/HGD模式),这是为了与钙结合。这些形态迥异的蛋白质各自独立进化,然后它们发现,这种特定的氨基酸序列能赋予它们钙结合能力,从而让它们利用钙化学进行变形。

同样,钠离子通道和钠钾离子泵,都与它们运输的钠离子和钾离子的化学形态相匹配。这种化学需求不是秘密,所以针对这种需求设计出的毒素,将对离子通道造成伤害。

如果一种生物想要杀死另一种生物,它可以产生一种化学物质,这种化学物质可以刚好与目标生物的离子通道相吻合,从而阻断通道并改变电波。在极端情况下,1毫克的这种通道阻滞剂就可以杀死目标生物的神经元,从而将目标生物置于死地。这种化学物质被称为"神经毒素"。因为产生毒素的有机体也有自己的离子通道,所以它必须以某种方式保护自己的通道不受毒素的侵害,否则它历尽千辛万苦才研制出来的武器反而会变成复杂的自杀工具,岂不可笑?

这就是为什么在蝎子的基因组中,制造有毒分子的基因会有如此大的扩展,因为基因需要不断地变异,以试验新的化学毒素。在观察蝎子的生物学家看来,蝎子没什么变化;但在遗传学家看来,蝎子的有毒基因会随着时间推移不断变化。

蝎毒与目标通道在进化过程中是紧密相连的。随着时间的推移,毒素会改变形状以结合目标钠离子通道,而钠离子通道为了摆脱这种结合,也会跟着改变形状,然后毒素再次改变,钠离子通道又跟着改变,如此往复。从长远来看,毒素的形状可以反映出离子通道的形状。

由于这些神经毒素针对的通道形状相似,所以神经毒素本身看起来也很相似。比如,两栖动物会用河豚毒素来抵御捕食者。河豚毒素是一种小分子物质,它能阻断捕食者的钠离子通道,让它们的嘴里产生一种很糟糕的味道。后来,捕食两栖动物的蛇重塑了它们的钠离子通道,这样河豚毒素就不能很好地发挥作用了。世界上3个地方的6种蛇,都以完全相同的方式重塑了它们的钠离子通道,降低了通道运输钠离子的能力,但提升了其抵抗毒素的能力。也就是说,这些蛇为了捕食有毒的两栖动物,牺牲了钠离子通道的效率。能够抵抗毒素的通道形状也是可以被预测的,就像运输钠离子的通道形状可以被预测一样。

另一类名为"强心甾"的药物,也遵循同样的模式。这种化学物质是由一些昆虫和植物产生的,比如有毒的毛地黄。从化学上看,强心甾是一种四环固醇,看起来像一种由奇怪的含氧五边形和糖构成的激素。当动物试图吃掉含有这种毒素的植物或蝴蝶时,这种毒素会阻碍动物的钠钾泵,造成令人不快的死亡事件。

鸟类或其他捕食者通过改变钠钾泵的形状,来抵抗强心甾的毒性。尽管似乎有许多方法可以重塑这些泵,但在一项研究调查的14种不同生物和另一项研究调查的18种不同生物中,都发现钠钾泵在相同的地方发生了相同的形状变化。虽然改变形状的机制存在随机性,但是这些形状变化是可预测的。也就是说,走什么样的道路是不可预测的,但目的地——抗毒泵的形状——是可以提前写下来的。

最后,你一定注意到咖啡和茶都含有咖啡因。这两种饮料来自完全不同的植物,但这些植物产生了相同的小分子化学物质:它们"**独立**"进化出了相同的形状,作为一种化学防御手段。咖啡因的形状跟腺苷(能量分子ATP中A就是指腺苷)的形状非常像。植物中的咖啡因可以与腺苷受体结合,让腺苷无处结合,从而杀死昆虫(就像可可树那样)。在我们这些更复杂的动物身上,这种可以杀虫的化学物质只会阻断部分大脑受体,让我们在早上精力充沛。或许还有其他植物也采用了类似的防虫方案,它们正等着我们去发现,然后被制成功能饮料。

预测进化的模式

在生物学层面上也出现了生化层面的趋同进化现象：不同的器官和有机体为了实现相似的功能，会不约而同地进化出相似的形状。这是因为进化会不断自我重复，反复尝试各种方法以解决环境带来的问题，而方法最终会趋于相同。有机体所面临的问题很简单：如何能最有效地利用有限的物资(资源、能量和自身体积)？在每一种生存环境中，凡是解决了这个问题的生物，都能更好地生存和繁衍。神奇的是，过了一段时间，生物给出的答案开始变得相似。

一项关于软体动物基因的广泛研究显示，表面看起来相同的有机体可能具有迥异的基因，反之亦然。想想蜗牛、蛤蜊和章鱼。你认为哪两个最相似？如果你说蜗牛和章鱼，那么恭喜你，你得出了和生物学家一样的结论，但这或许是错的。尽管蜗牛和章鱼在生理上有许多相似之处，但蜗牛的基因与章鱼的相差很远，反而与蛤蜊的很相似。

那么，为什么基因迥异的蜗牛和章鱼都有头，而蛤蜊没有？基因显示，这种神经元汇聚在头部的现象独立进化出来过两次，生长出外壳的现象也多次、独立地出现过。我们对基因研究得越多，就越会发现，随着物种的进化，复杂的性状既可能被多次开发，也可能被抛弃。无论模式是趋同进化，还是快速进化后将某些基因丢弃，进化的速度都比我们想象的要快。

莫里斯(Simon Conway Morris)是一位杰出的科学家，他的职业生涯开始于发现了寒武纪生命大爆发的证据，随后他将大部分时间都花在了寻找趋同进化的案例上。类似于蜗牛和章鱼分别进化出头部这样的趋同进化现象并不少，莫里斯在《生命的解决方案》(Life's Solution)一书中列举了同样表现出趋同进化的地方："发展出胎生动物、温血动物，更大、更复杂的大脑,非凡的发声能力,回声定位能力,电感知能力,先进的社会系统,农业。"其中许多依赖于神经元,而神经元又依赖于快速元素。

我们可以从感官的进化过程中,发现许多看着奇怪,但明确无误的趋同进化案例。比如,蝈蝈儿和我们很不一样,它们的耳朵长在膝盖上。但是,蝈蝈儿的"腿耳"像人耳一样,由耳膜、平板放大结构和声波传感神经这三部分组成,而且它们的"**形状**"也跟人耳的一样。关键在于,这些相同的结构和形状,实际是从差别很大的起始材料发展而来的。

其他的感官也会趋同进化。视觉感官至少独立发展了六次,才趋同进化出结构像照相机那样的眼睛。章鱼的眼睛看起来很像哺乳动物的眼睛,虽然这两类生物在生命之树上相距甚远。眼睛并不像达尔文认为的那样难以进化,而是在整个生命历史中不断发展着。

通过比较在不同大陆上进化而来的生态系统可以看出趋同进化,在这些系统中不同的物种扮演着相似的角色。还记得吗?非洲和南美洲的电鱼独立地进化出了相同的电感知能力。澳大利亚的哺乳动物和北美洲的哺乳动物看起来也一样,仿佛它们已经重塑了自己,以填补生态系统网络中类似角色的位置。这两块大陆甚至都有"飞鼠",比如澳大利亚的袋貂和北美洲的鼯鼠。不过,这两块大陆上的动物有一个很大的区别:澳大利亚的哺乳动物是有袋类动物,它们把幼仔装在育儿袋里;而北美洲的哺乳动物和我们一样,是胎盘类动物,它们不这样做。对这种模式最简单的解释是:第一个出现在澳大利亚的哺乳动物是有袋动物,而第一个出现在北美洲的哺乳动物是胎盘动物,然后这两个生态系统独立地向着同一个方向发展。

被水隔开的岛屿上,也会出现发生在大陆上的这种趋同进化,只是规模较小。比如,一个研究加勒比四岛上蜥蜴进化的科研团队,发表了一篇论文,标题就是"岛屿蜥蜴的适应性辐射在宏观进化景观上展现出超常的趋同性"。科学家不会随便在他们论文的标题中加上"超常"这个词,除非他们真这么认为。这四个岛屿上的蜥蜴都平行地发展出了类似的特征,这表明"大规模辐射的许多特征或许是惊人地可预测的"。

每年,科学文献都展示出更多关于进化可预测性的例子。在过去的十年里,我一直在收集这个主题的论文作为课堂练习,我通常毫不费力地就能收集几十篇。

有几个研究小组找到了进化开始阶段和结束阶段的蛋白质,并制造了中间过程中的所有变异结构,以观察蛋白质的功能是如何一步步从功能 A 变为功能 B 的。一个研究小组分析了这些实验,发现这些蛋白质的变化路径是平滑和可预测的,以至于他们想要修改"进化景观"的旧概念,因为有时候"景观"中的路径是如此明确,以至于"景观"的其余部分并没有太大的改变。在这里,进化更像是一条狭窄的河流,而不是一片广阔的、水流可以四处流动的湿地。

其他研究小组则在实验室里对细菌或酵母施加压力,观察它们的基因如何通过进化做出回应。通常情况下,这些实验具有可重复性,也就是说,进化是可预测的。(一篇论文甚至预测了实验室中细菌进化的可预测性!)很多时候,即使是 DNA,在不同的群体中也会发生相同的变化。这些论文中的数据显示,随着时间的推移,基因就像流动的河流一样起伏,随着随机变化的增加,通过选择,最终汇聚到相同的解决方案上。

这对医生来说是个好消息,因为我们或许可以预测病毒和其他疾病会如何进化。一个研究小组正在预测疟疾的进化路径,并正在设计新的药物,希望在疟疾发展的过程中包抄它,伏击未来的耐药菌株。另一个研究小组发现,一些进行化疗后的癌症患者,均以让抑制肿瘤的 PTEN 基因失活的方式产生了耐药性,并导致癌症复发。由于我们可以预期肿瘤将朝着这个方向发展,因此在第二次治疗的过程中,PTEN 基因也许可作为靶点。

这些实验通常研究群体,而不是个体,因为趋同是一个宏观的结论,源于集体的努力。虽然单个基因会随机变化,但环境设定了基因选择的规则,而环境是由恒定的化学规则所塑造的,其改变是可以被预见的。

微生物进化的速度非常快,所以微生物为我们提供了最多案例,展示了在新环境中进化如何快速汇聚为可预测的路径:

1. 一种将电子添加到汞上的酶,只需发生10个突变(一个较小而可预测的数量),就能从正常温度状态变为热稳定状态。

2. 来自不同生命界的两种截然不同的微生物,都生活在高盐环境中,它们拥有相似的基因,并且为了在高盐环境中生存,它们趋同进化出了相似的化学解决方案。

3. 高温和正常环境中的细菌的遗传信号表明,它们能迅速适应高温环境,然后重新适应温度正常的环境。它们一旦进化(或重新进化),它们的基因就会与环境相匹配,无论环境是热的还是温和的。

这甚至对人类也有效。或许这听起来有些吓人,但环境确实会给你的DNA带来新基因。不过,这里所说的"你的DNA",不是指在细胞核中受到良好保护的DNA,而是指生活在你肠道中的微生物的DNA。每当你改变饮食习惯的时候,它们也会跟着改变。

相比于不吃海藻的北美人,吃海藻的亚洲人的体内拥有更多能分解海藻的微生物。肠道细菌从海洋细菌那里获得了海藻分解酶的DNA,所以这个DNA序列从海洋转移到了人类的肠道中。也有证据表明,这种类型的微生物可以通过母亲的乳汁传给孩子。

进化快速运行着,这不仅能使生物获得基因,也会导致基因的丢失。如果在特定的环境中不需要某种功能,微生物就会把它对应的基因扔掉。比如,如果酵母生长在一个稳定的环境中,它们就会抛弃**所有**

信号蛋白。当环境中不存在变化时,这些细胞就不用传递信号,于是它们会燃烧自己的信号蛋白,并扔掉相关基因。此外,在某些时期,细菌至少丢弃了两个蛋白质移动系统。由此可见,如果一个蛋白质网络无法适应环境,这个网络的基因就会从基因组中被删除。

基因的丢失和趋同都很难被检测到,这是我们花了这么长时间才看到其中一些模式的原因之一。最初,人们认为鱼类的脂鳍进化了一次,然后失去了多次,但现在生物学家重新检验数据后发现,脂鳍显然进化了多次。

另一个鱼类的例子涉及体内和体外受精。最初,我们认为先出现的是较简单的外部受精,后出现的是较复杂的内部受精。但是,人们发现有一种外部受精的鱼,是由内部受精的祖先"退化"而来的。这就像人类重新开始生蛋一样不可思议,但它确实发生了。当这种新鱼趋同进化出一种古老的受精方式时,复杂性就消失了。从上述案例可看出,进化比我们想象的更有创造性,尽管它的创造性明显具有重复性。

进化比我们预期的更快,更容易理解。在实验室里,我们可以观察到,生物在遭受巨大损失后,可以重新进化回原来的状态。一种细菌在其制造鞭毛的基因被破坏后,失去了整个鞭毛。鞭毛的功能是帮助细菌运动,所以这就像是有人偷了你的车(如果你也像细菌那样,需要自己造车的话)。但在实验室里,这种细菌用了**不到四天**的时间,就重新进化出了制造鞭毛的能力。这种细菌通过两步过程,重新连接了它的内部通道,并利用一种蛋白质启动了正确的基因,最终花了大约一个长周末的时间重新获得了鞭毛。

所有这些加在一起构成了这样一幅画面:在这幅画面中,进化更像是一条湍急的河流,而不是充满不确定性的赌场。水的化学流动对生命历程是如此重要,它孕育了基因的生物学流动。正如水自然地流下斜坡一样,进化也会可预见地流入环境之中,用多种多样的生物网络将环境填满。单个物种可能会来来回回地进化,就像水分子在急流中旋转那样,但进化的整体流动会符合它所在的环境,就像河流会可预见地填满山谷一样。

当大灭绝带来了生命

生命流动中的得失模式,清晰地表现在化石记录中频频出现的物种灭绝事件之中。地球生命史上共发生过5次物种大灭绝事件,其中最突出的(也是距今最近的)一次是恐龙大灭绝事件,不过规模最大的是2.5亿年前的二叠纪大灭绝事件。大量的物种在这些事件中消失了,并且再也没有重新出现在地球上。在每次大灭绝之后,生命都通过进化重新汇聚,并重建地球生物圈。灭绝的压力实际上可能加速了这一过程。

这些灭绝事件通常与那些从氧化区域外引入的岩石有关,无论它们是来自氧化区域的下方(如火山),还是上方(如陨石)。第三次(也是最严重的一次)大灭绝事件,即二叠纪大灭绝,是紧跟在一连串火山爆发事件之后发生的。熔岩反而是这里最不需要担心的因素,因为更糟糕的是遮天蔽日的火山灰,以及使大气变暖、扼杀生命和酸化雨水的二氧化碳和二氧化硫气体。火山活动可以被看作是旧的、还原的地球侵入了新的、氧化的生物圈,它的结果表明,在氧气出现之前,地球是多么不适合我们这些复杂的生物居住。但从化学上看,这似乎是不可避免的,一个活跃的星球总会周期性地使它处于还原态的内部与处于氧化态的外部接触。事件发生的时间是随机的,但事件的本质是地球流动性的化学结果,所以它是必然会发生的。

在二叠纪大灭绝期间,海洋温度上升到了40℃。火山气体与具有保护作用的臭氧层发生反应,并将其耗尽。结果,70%的陆地物种和

96%的海洋物种都灭绝了。在珊瑚礁的化石记录中存在一个"珊瑚礁间隙",因为这时候珊瑚礁都被毁灭了。前几章提到的元素再次出现了,包括镍,它在第六章中利用自己结合氢的能力为产甲烷菌提供氢。一个研究小组认为,火山喷发让足够多的镍进入海洋中,促进了产甲烷菌的生长,从而让大气中充满甲烷,让依赖氧气的生命窒息而亡。镍饥荒被暂时逆转,于是,危险的化学怀旧风潮席卷了整个世界。

大约在风暴过去500万年后,生命开始复苏。新的珊瑚礁形成了,虽然它们与以前的物种不一样,但仍然可以被识别为"珊瑚礁"。在二叠纪大灭绝之后,复杂群落生存得更好了,数量上是简单群落的三倍,而在大灭绝之前,复杂群落和简单群落的数量是差不多的。在这次大灭绝事件过去2000万年后,恐龙和巨型两栖动物开始大量繁殖,并遍布地球。

如今,消灭或威胁生态系统的一个分支所产生的影响,可以帮助整个生态系统。以现代热带雨林为例:由于病原体的存在,热带雨林形成了丰富的生物多样性。真菌疾病在雨林中大量肆虐,无论哪种植物,一旦占据了主导地位,病原体就会通过进化来变得可以攻击该物种。最终,疾病会成功消灭这个物种,创造出一个其他物种可以填补的生态空位。灭绝事件在全球范围内创造了类似的空位,而趋同进化让这个空位重新被其他物种来填补。

9400万年前发生的一次规模稍小的物种灭绝事件(或许我们可以将它视为第4.5次物种大灭绝),展示了还原性化学物质如何通过还原氧,导致了大范围的死亡。来自地球内部的硫冲入海水中,并与氧气竞争,创造了低氧区域。起初,科学家根据化石记录的损坏程度判断,这个事件让整个海洋都处于低氧状态,但后来更精确的测量显示,这个事件造成的低氧区域只占海洋的5%。不过,即便如此,这也足以打乱氧气水平,并造成一次小型的全球物种灭绝。海洋生物对富含硫的海水非常敏感,甚至超乎了人们的想象。值得庆幸的是,如今含硫的水域已经减少到海洋的0.15%,而地球本身也已经从硫化学中脱离出来了。

最后一次大灭绝发生在6600万年前,在古生物学家看来,这是他们心爱的恐龙的末日。一颗小行星的撞击让地球被尘埃笼罩,陷入黑暗,这摧毁了依赖光合作用的植物和吃植物的动物,包括恐龙。很显然,这对恐龙和那些喜爱它们的人来说是件坏事。但是,这一偶然事件在多大程度上引导了地球自然史的发展,就不太好说了。

首先,引发大灭绝的不只是,甚至根本不是小行星的撞击。越来越多的研究发现,早在白垩纪那颗致命的小行星出现之前,地质动荡就已经加剧了。现在的印度德干地区,在小行星撞击地球的25万年前,就开始向生物圈喷涌玄武岩,这个过程持续了大约100万年,共喷发了100多万立方千米的玄武岩。对生命而言,这种喷发来自不可避免的、无法预测何时会发生的内在压力。

接下来的问题是幸存者会如何应对压力。植物、哺乳动物和鸟类都从这场灾难中恢复了过来。植物选择了“快速”生长策略,以求更快地收集更多的阳光。根据一项研究,这将导致“更高的生态系统功能速率”——可能与更高的ERD和更复杂的内部结构有关。简而言之,就是发生了更快速的进化。

尽管在灾难发生之前,哺乳动物就已经存在了,但它们是在灾难发生之后才开始变得更具多样性的。这意味着哺乳动物的ERD增加了,并超过了更重、更低效的恐龙。莫里斯等人认为,恐龙当时已经在走向灭绝,而小行星的撞击只是加速了这一进程,因为它把不太可能继续进化的恐龙从争夺资源的竞争中赶了出来。莫里斯认为,每一次物种大灭绝都将人类的进化时钟提前了5000万年。灾难加速了变化,但不一定会改变方向。正如莫里斯所说,灭绝“自相矛盾般地具有创造性”。

我们可以从鸟类身上看到这种创造性。根据对腿骨化石的仔细测量,科学家发现,最终成为鸟类的恐龙分支早在2亿年前就开始缩小体型。(身材越小,ERD越大,所以这意味着ERD的增加。)以后会成为羽毛的结构,也开始利用早于恐龙的古老基因,趋同进化。实际上,在小行星撞击地球之前,鸟类的身体改造计划就已经逐渐形成了,但是直到大灾难发生之后,其结果才显现出来。

这种形态上的进化还反映在更深的层次上,即反映在了某些(而不是所有)基因上,特别是本章所涉及的基因(如大脑基因、脊髓发育基因和骨吸收基因),它们进化得特别快。相比之下,其他章节涉及的基因,如血红蛋白基因,则保持着明显的静态。当灾难来临的时候,那些生命分支之所以能幸存,或许正是得益于这些高级功能基因进化速度的加快。

对48种不同鸟类的全基因组分析表明,在6500万—6000万年前,也就是在6600万年前的那次小行星撞击事件之后,鸟类基因出现了一次巨大的进化创新,这被称为"进化大爆发"。在撞击之前,我们有鸵鸟的祖先;500万年后,我们有了与之不同的鸟类祖先,它们是企鹅、猫头鹰、杜鹃、鸽子和猎鹰等鸟的祖先。我们或许可以把鸟类的存在归功于恐龙的消失。当恐龙离开时,鸟类填补了它们留下的空位。(另外,昆虫可能恰好是在二叠纪大灭绝之后,获得了自己的"进化大爆发"。)

最重要的是进化的可预见性。拥有高ERD的哺乳动物能够成功篡位,取代拥有低ERD的恐龙暴君吗?在逐渐变冷的地球上,没有温暖血液的恐龙是否注定会灭亡?如果灵长动物没有获得智慧,那智慧最终会出现在鸟类或海豚身上吗?现在,我们不得而知。但是随着时间的推移,ERD有逐渐增加的趋势,所以我支持莫里斯的观点,认为无论撞击事件有没有发生,哺乳动物终归会慢慢地胜出,因为它们的能量处理能力和复杂性都在提升。

如果这是正确的,那么杀死恐龙的大灭绝事件,就是本章开头提到的那种令人惊讶的大转折,因为伴随毁灭而来的是:新生命填补了空位,并进行了创新,因此后来的生命形式会比先前存在的更复杂。生命就像水流顺坡而下填满了洼地那样,一次次填满地球,它将来自阳光的能量与地球上的空气、海洋和土地资源结合在了一起。

(化学)进化的结束

在这段时期的某个时候,氧气驱动的化学进化结束了。自石炭纪以来,空气中的含氧量不再发生剧烈变化,它先是下降到15%左右,然后上升到今天的21%。一些科学家认为,这种增长导致了大型动物和胎盘动物的出现,但我不这么认为。在这个变化过程中,含氧量的增长最多不超过50%,与之前超过90%的增长幅度相差甚远。这种规模的变化或许可以让更快的捕食者消耗更多的能量,但还不足以从地球内部带出新的化学物质。接下来将从地球内部带出新化学物质的因素是人类。

正是因为进化在提高效率方面做得很好,所以在某个时期,它将效率提高到了极致,再做改变将毫无意义。这就像攀登者到达了山顶,接下来除了下山以外将别无去处。虽然足球教练常要求队员"付出110%的努力",但一个人最多只能付出100%的努力。因此,如果进化将效率提升到了极致,它可能会找到重复100%努力的机制,然后保持住这种高效状态。

这可以从不同动物的觅食模式中看出来。数学分析表明,最有效的觅食模式遵循"莱维飞行"的规则,就是将许多的短距离移动与极少的、随机的长距离移动结合起来。5000万年前的海胆化石显示了近乎完美的莱维飞行模式,而更古老的化石也显示了类似的形状,尽管它们更难辨认。这项研究的作者认为,莱维飞行模式是由多种动物多次实践出来的。大灭绝事件使遵循莱维飞行模式的生物得以存活,没有采用这种高效方法的生物则灭绝了。

最终世界改变了，进化本身也改变了。大多数人的大脑，包括你的大脑，现在都被置于一种"智力和大脑功能的强弱**不会**关乎生死"的生物学环境中。"适者生存"并不适用于当今社会，因为人们互相扶持，每个人的生命都得到了重视。然而，当悬在万物之上的达摩克利斯之剑*消失后，自然选择就会无法发挥作用。在下一章中，我们将看到今天人类的基因仍在发生变化，但是这些变化产生的效果，已经被单个大脑通过学习带来的影响所超越了。

这无疑是一件好事。现在我们有了衡量人类成就的其他标准，而不仅仅是看后代的数量。不过，如果我们和我们的大脑都已接近最佳状态，那么人类的潜力也是如此，因此，我们将无法进化出新的优等种族或超人。从这个意义上来看，进化已经结束了。

然而，世界在变化，甚至在加速变化。今天，比功率以更快的速度增长，复杂性也在增加，但这些大多不是生物学变化的产物。人类大脑进化后所发生的，并不是由DNA构建的生物学进化，而是由人类大脑的能量和力量构建的一种变化模式。在加速变化的过程中，元素周期表中的化学规律仍然在属于人类的时代发挥着作用。只要找到正确的角度，我们就能看到化学是如何继续塑造生物学、心理学、社会学甚至人类文明的。

---

* 源自希腊传说，用于比喻随时都可能出现的灾难。——译者

◇ 第十一章

化学如何形成历史

群落的演化

如果说音乐像一群蜜蜂，那么每一个音符都在按照自己的
方式适应整首乐曲。一个伟大帝国的驱动力，取决于最终将其
瓦解的那些因素。对于一个城市来说，要想在历史中留下自己
的印记，就不仅要充满活力，而且要危机重重且难以治理。

——赫尔普林（Mark Helprin），

《冬天的故事》（*Winter's Tale*）

进化在1.25亿年前完成了它最后的重大创新。这个重大创新不是
大脑，因为复杂的大脑已经存在了几亿年；也不是飞行，因为有飞行能
力的动物和大脑的历史一样古老，尽管真正能飞的鸟类正是在这一时
期发育起来的。这个重大的创新是蜂巢。现在看来，进化创造出来的
蜂巢十分平常，它与其说是令人震惊，还不如说会令人讨厌。

虽然只有2%的昆虫种类会建造蜂巢，但是这些会制造蜂巢的昆虫
却和其他98%的一样重。最复杂的蜂巢制造物种表现出"强制的真社
会性"特征：它们的基因在生理上编码不同的水平，或称"等级"，每个等
级都有特定的工作，由负责整个蜂巢繁殖的蜂王领导。蜂巢外在的一

面很容易看到,但真正的创新是其内部被保护着的生命网络。可以说,蜂巢就是蜂群思维的外壳。

真社会性的出现是一大进步,可以媲美线粒体和多细胞生物的出现。这后两个伟大的进化创新分别创造了细胞内的特殊细胞器和生物体内的特殊器官,而真社会性是在生物体之**外**创造了特殊的角色。

真社会性物种在外部的保护、特化和交流方面发生了变化。蜂巢用于保护;蜂王专事繁殖(就像肌肉擅长运动、大脑擅长快速感知);外部化学信号(如信息素)与内部化学信号(如激素)同步形成。

真社会性最显著的标志可能看起来很普通:有组织性、共同抚养幼体。在特别的日子里,有些白蚁会照顾非己所生的孩子。这种互惠的白蚁不能直接将基因传给下一代,但是损失就是收获——个体后退了一步,而物种前进了两步。蚂蚁和白蚁通过丧失繁殖能力而在进化上取得了成功。

这种专门化分工是通过一种化学交流来协调的,这种化学交流是通过蜜蜂或白蚁之间的小分子信息传递来调节的。蜂王会制造一种碳链"香水"分子,这种分子会抑制周围蜜蜂的繁殖,而周围的蜜蜂会用自身的分子与蜂王通信。这种化学语言可以用有机化学来模拟:研究人员将特制的碳链分子涂在不同的昆虫身上,观察它们的行为变化,结果发现这些昆虫出现了相同的行为,就好像听到了蜂王的指令一样。

把同样的分子涂抹在不同的昆虫(蜜蜂、黄蜂和沙漠蚂蚁)上,产生了同样的效果,这意味着相同的化学信使在不同的昆虫身上传递同样的信息。由此推断这些昆虫一定是独立地发育成了真社会性动物。同样的这些分子对非真社会性近亲物种而言,却是繁殖信号。随着真社会性的进化,昆虫不出所料地选择了相同的信号来发送相同的造巢信息。

化学传递的专门化也出现在其他物种中,比如切叶蚁拥有特殊的菌圃,可以从空气中吸收惰性氮,并将其分解成氨肥。(一些科学家认为应该称它们为"切叶育菌蚁"。)化学物质构成了物种之间沟通的桥梁。白蚁拥有相似的"农场",它们非常小心地控制着菌圃,甚至真菌的基因也保持不变。用遗传学语言来说,菌圃是克隆的。

另一个物种也可加入这个网络并增加其复杂性。切叶蚁通过给菌圃涂上由**第三种**物种(一种以蚂蚁为食的细菌)制造的抗菌化学物质来保持菌圃的原始状态。蚂蚁喂养微生物,真菌制造肥料,细菌制造杀虫剂。这些物种之间的"三角恋"通过化学物质来维持。

蚂蚁已经习惯了这种安排,以至于这种安排被写进了它们的基因里。蚂蚁已经失去了制造精氨酸(一种含氮氨基酸)的所有基因,因为它的菌圃提供了它所需的所有的氮。尽管蚂蚁没有精氨酸就无法生存,但它们已把精氨酸的生产托付给了菌圃。其他基因也发生了变化。蚂蚁获得了切割蛋白质的基因,它们用这些蛋白质来覆盖菌圃。

蚂蚁的神经和大脑也发生了变化。切叶蚁有许多新的神经递质生成基因,这些基因是内部的化学信使,在它们的共生网络中翻译外部的化学信使。不同的等级有不同的受体模式,对化学信号的反应也不同。随着基因围绕化学信使重塑自身,失去基因和获得基因之间相互作用,复杂性也随之进化。

有趣的是,大多数真社会性物种之所以具有真社会性,与其说是通过改变它们的DNA,不如说是通过改变DNA旁边的组织分子,或者是通过在DNA中添加几个原子,就像蛋糕上的糖衣一样(遗传学家称之为"表观遗传学"的改变),甚至是通过改变共生细菌的DNA来实现。这可能是因为DNA对于真社会性所要求的复杂的来回网络来说进化太慢了。从某种意义上说,DNA就像计算机的硬件,DNA周围的分子则像可以安装和更新的软件。

这些变化也可以直接由环境引起,作为动物应激反应的一部分,然后遗传给后代,而不需要等待DNA随机突变成有利的结构。在人类大脑发育和人类进化过程中也发现了许多表观遗传变化。这样，进化可进化到一个不同的更可调的水平。

真社会性物种建造的蜂巢对当地环境具有稳定作用。白蚁丘有助于缓解气候剧烈变化对周围环境的影响。在那些资源有限的地区，白蚁丘可谓是提供生产力和稳定性的绿洲，就像地上的珊瑚礁一样。珊瑚礁内有多种多样的物种，虽然真社会性蜂巢保护的物种少，但物种内部的复杂性更大。(珊瑚礁在经历气候压力后的进化速度也比预期的要快，其机制看起来就像拉马克学说——我很快就会解释这个术语。)

纵观历史，真社会性的复杂性经历了多次发展。真社会性以不同的等级和保护性的蜂窝状结构的形式在不同的动物身上进化了至少24次，比如蚜虫、寄生虾和两种不同的鼹鼠。一群动物一次又一次地自我组织成不同的等级，并开发出一种化学代码，使其中的每个成员都能保持一致。可以预测，在某个地方，另一个物种将很快重新进化为真社会性动物。

意识影响下的自然创造

《马太受难曲》和中国的长城之类宏大的作品，除了能表达宇宙的能量，还能表达什么呢？……不过，那些足以描述第一个人工制品出现之前的时代的语言，将不得不被诸如"能动"和"意向"之类的概念、诸如"创造"之类的词语所扩大，而这些概念将对宇宙本身提出质疑。作为宇宙中已知的最复杂的生物，人类的大脑是否也经历了质的变化？

——鲁宾逊，

《心不在焉》(*Absence of Mind*)

切叶蚁的群落对我来说几乎是**太熟悉了**。我能理解一只蚂蚁护着它的花园。蚂蚁比我更擅长园艺。然而,我反对把自己放在蚂蚁的位置上。为了群落的利益而让我绝育,这种想法是一种不人道的自负,让人想起20世纪的优生学。白蚁在生活中不会被自己的命运所困扰,但人类却会。我们幻想出具有蜂巢社群特征的敌人,在闪烁的电视屏幕上来吓唬自己,比如《星际迷航》(Star Trek)中的博格人,《神秘博士》(Doctor Who)中的沉默人,《安德的游戏》(Ender's Game)中的虫族。

我并非完全是一个化学层面上的人,你觉得呢? 人类是真社会性动物吗? 像威尔逊(E. O. Wilson)这样杰出的真社会性支持者认为答案是肯定的,但是不少人并不赞同,这完全取决于能动性问题。

难以预测的是人类的大脑。这个极其复杂的器官超越了以前所有的生物范式。即使我的行动完全是由身体决定的,任何无法改变的命运也都被埋藏在如此复杂的层次之下,至少是持续存在的能动性错觉之下,以至于目前,我就像拥有真正的自由意志一样不可预测。(无论如何,我选择表现得好像我有自由意志,你因而无法阻止我。)这种复杂性意味着社会性人类的出现是一个改变地球的创新。

也许人类是社会性的,但可以选择退出。我们的社会性是通过语言而不是化学物质来传达的,我们的特殊性是由我们的大脑而不是基因决定的。人类的社会性复杂而呈流动状态,这与白蚁的真社会性不同,两者的不同如同水与冰。人类通过大脑内部复杂的感觉记忆来驾驭外部复杂的社会结构。

令人着迷的是,大脑内部的复杂性本身就是一个复杂的、网络化的网,甚至就是一个**社交**网络。毕竟,这个复杂性不是因为神经元的数量之多,而是神经元之间的社会联系之巨超过了银河系中恒星的数量。就像蜂群思维把我们吓跑一样,每个想法都是一个神经元群落的行为,因此每个想法都是蜂群思维。意识的统一性来自许多共同作用的神经元。

　　这可以通过扫描人们从睡梦中醒来时的大脑来观察。神经元总是活跃的，但是为了保持清醒和自我意识，大脑的不同区域必须相互交流。当一个无意识的人听到一个声音时，大脑中央的神经元就会活动，将信息传递到大脑的前部。但是，只有当信息再次传回大脑中央，关闭回路时，人才会意识到声音。意识是一种双向交流。

　　关于意识的另一条线索来自使用异丙酚麻醉剂对大脑活动影响的研究。当这种化学物质浸入大脑，使你失去知觉时，所有的大脑区域都参与了同步的波动。当意识丧失的时候，一个低频的神经元放电波会扫过大脑，大脑大部分区域内的神经元会继续在它们自己的区域内有连接，但是不同区域之间的连接会丧失。随着意识的分裂，大脑的连通性也随之分裂。

　　意识将所有来自大脑的信息整合成一个单一的视角，那就是自我。镜像识别测试是一种常见的测试，用来测试其他物种是否也有自我意识：在动物的脸上涂上一点胭脂，看它们是否通过镜子能看到胭脂是涂在"我"而不是"其他动物"上。通过这项测试的动物并不多，但喜鹊、海豚、大象和类人猿都能认出自己。一些猴子通过了测试，而一些却通不过。就像真社会性一样，自我意识分散在不同的物种中，必须是独立发展了好几次才形成的。人类这个物种既有真社会性又有自我。

　　喜鹊、海豚和类人猿，尤其是人类，与类似物种相比，大脑的额叶有显著的扩大。这种对大脑的关注是需要付出昂贵代价的。随着孩子的成长，身体将新陈代谢的资源从躯体转移到大脑，实际上是牺牲肌肉来换取大脑的发育。相比而言，我们只有灵长类表亲一半的强壮组织（这是经体型大小的校正后得出的结果），更多的能量集中在大脑这个复杂的器官上。即使在很短的时间内，也能看到这种牺牲躯体的资源分配方式的影响：自发明农业以来，人类的骨密度在7000年里显著下降。

　　在过去的500万年里，进化的过程极其复杂。这个区域的生命之树已经被擦除和重写了很多次,以至于树的比喻本身似乎是错误的。我们的基因组是不同来源的混合体,包含一些尼安德特人基因和其他分支(如丹尼索瓦人)的基因。我们的家谱更多的是一个细小的分支。基因就像一条流动的河流,不断分支,又重新汇合。

从尘埃中浮现出来的是人类:一个单一的定义明确的物种,拥有一个单一的定义明确的大脑。我们使用和所有生物(甚至如细菌)一样的遗传密码,我们和其他动物是如此相似,以至于我们感染了它们的流感。我们的大脑和动物一样,充满恐惧、饥饿和欲望的原始情感。

但是人类有一些不同之处,一些和水变成蒸汽的相变一样明显的东西。我们可以改变自己的观点,在精神上暂时走出自然,去研究自然和我们自己。这一刻正是自然被创造出来的时候,心灵感知到自然是另一种"不是我"的东西,一种可以预测甚至可以控制的存在。

当意识出现时,进化随之发生改变。在意识出现之前,达尔文的生物竞争与合作机制是生命中唯一的改变途径。后来,增强的记忆力和能动性增加了新的可能。我们可以学习、改变并以前所未有的规模在地球上建造出我们自己的蜂巢。

这是拉马克(Jean-Baptiste Lamarck)为自然界提出的进化模式,而达尔文却否定了这种模式。现在,拉马克的进化模式通过一个由达尔文规则构建的大脑回归了。这种新型进化模式建立在旧有进化模式的基础上,受其制约,比它更快。

从那时起,文化开始进化,科学和技术也首次出现。非洲的考古结果发现,人类可能在15万年前首次进行所谓的化学反应。无论是制作食物、油漆还是金属,最基本的化学反应是加热。由化学物质制成的工具和颜料都是在非洲南部海岸一个叫"尖峰"的地方发现的,其历史可以追溯到那个时期。先进的石器都是经过火的化学锤炼而成;附近的赭石颜料也是来自同一时期(这或许是艺术的首次出现),也一定是经过基本化学反应和加热而纯化的。周围散落着贝类的碎片,这表明这些人喜欢吃海鲜,而且很可能也是煮熟后吃的。

尖峰是生物多样性的焦点,因此是等待冰河时代结束的理想地点。数千种植物,包括富含淀粉的块茎植物,都生长在这一地区。海洋为贝类提供蛋白质,但要收获它们,就必须**记住**潮汐的时间。这片区域不够大,不足以供养许多大型哺乳动物,但对像我们这样的中型哺乳动物来说,这是一件好事,尤其是那些能够用复杂多变的大脑绘制复杂多变地貌的哺乳动物。

这个小生境在冰河时代为一小群人提供了庇护,当冰河时代结束时,人类发明了火工工具和颜料。这也回应了早些时候生命发展的运动。首先,氧气在被用来燃烧之前,作为一种毒素对地球造成了压力。然后,在氧源和由氧引起的冰川作用的推动下,地质风化作用对地球产生了压力,使其开裂,并在寒武纪大爆发之前将钙带入海洋。这一次,与冰河时代有关的物资稀缺性,给灵长类动物的数量增长带来了压力,并开启了大脑进化的可能,由此创造化学过程和文化。

文字和音乐构成了文化

> 对于托尔金和巴菲尔德(Owen Barfield)来说,语言不是一套像油漆涂层那样随意应用于现象的抽象概念;相反,它是对生活现实感知的所有表达形式。
>
> ——弗利格(Verlyn Flieger),
> 《碎光》(*Splintered Light*)

在一个大脑描绘出尖峰周围的入口后,它用文字把这个内部过程传达给外部的观众。内部器官与特殊形状的激素"交流";在外部,大脑通过重塑声音而不是碳原子来交流。声音和文字通过隐喻与内在形象相联系。当人们通过语言交流时,听者的大脑活动呈现出说话者大脑活动的某些形态。这种复制比任何严格意义上的化学或生物过程都要快得多,它是一种顶层的生理活动,即社会性活动。

托尔金凭直觉知道,文化是由文字构成的,因为只有在他发明了想象中的语言之后,他才建立了自己的想象世界——中土世界。托尔金的语言是如此细致,以至于它们几乎是自动地汇聚在一起,成为讲这些语言的民族的故事,并构成这些故事中星球的地理位置。托尔金的创新在于他进行了反向思维,先创造了语言,再创造了世界,不经意间显示出语言与地图有着强烈的相互重叠

语言一定是与大脑共同进化的,因为我们的大脑是由语言所赋予的优势所塑造的。与语言最接近的类比可能是鸟鸣,鸟鸣塑造鸟类大脑的方式与语言塑造人类大脑的方式相同。人类大脑中的语言中枢和鸟类大脑中的歌唱中枢在形状、结构和遗传模式上都很相似。证明鸟类“大爆炸”式进化的大规模的基因组研究,也表明了鸣禽的基因进化速度加快了3倍,这可能导致了它们神经和我们的相似。一些证据甚至表明,隐夜鸫构造了一个与我们相匹配的音阶(与不和谐的音程相比,它们更喜欢和谐的音程)。人类和鸟类有一种通用的音乐模式吗?

在音调、节奏和旋律之间形成了一种复杂的对话,它在音乐和语言之间游走,并帮助不同大脑间的连接大脑。人类的节奏感是罕见的,只有少数其他物种(比如鹦鹉和马)似乎有较好的节奏感。这种节奏形成了音调和语音的辅音。想想看,当你和婴儿说话时,你是如何拉长元音并强调声调的。当你在教别人说话时,你下意识地使你的话更富有音乐性。

就这样,音乐限制了语言的可能性。物理学在其他方面也塑造了语言。声波是由大气的物理作用形成的,所以高海拔地区的语言有更多的“爆发辅音”,以便在干燥的空气中发出响亮的声音。(这要么是为

了让声音传播得更远,要么是为了减少水分流失。)当声波传到另一个人的耳朵里后再传到大脑,形成的脑电波的形状与声波的形状相匹配。即使是所有语言中用来表示单词的字母,也与环境中的自然形状相匹配,而自然形状本身是由化学、地质学和生物学形成的。

音乐和语言作为一种更有活力的交流形式,孕育了一种更有活力、更快的文化形式。乐声叠加成和弦,承载着大量和谐及不和谐的信息,它们随着时间的推移而改变,建立动态的和谐和旋律。期待和决心,期望和惊喜,把你带入音乐中,感动着你。

当你听音乐的时候,你能感觉到这种基于时间的复杂性。音乐推动你的期望前进,通过和弦的推进带着你的感知前进。音乐需要时间的流动。它是你的大脑(由过去塑造)和你听到的声音(现在)之间的对话,发生在你进入未来的时候。纵观历史,在不同的文化中,音乐从简单的时期循环到复杂的时期,它的发展在本质上绝不是达尔文式的。

一页纸上的一串音符是多维经验的一个维度,必须训练大脑去欣赏它。19世纪,瓦格纳(Richard Wagner)写了一部四小时的歌剧《特里斯坦与伊索尔德》(*Tristan und Isolde*),在这部歌剧中,直到最后一个音符,和弦才完全消失。当我欣赏这部歌剧时,所有的期待都把我吸引到瓦格纳的音乐中,让我精疲力竭。(身体上的疲惫比你想象的长时间坐着不动要累得多。)

我不得不学会听歌剧,重塑我自己的大脑对音乐的感知,直到我能沉浸于瓦格纳的音乐体验——紧张、未尽的和弦中透露出的动态的"召唤和反应"。我调整了神经元的快速化学反应,以便能欣赏不和谐的"特里斯坦和弦"。在歌剧中,语言、音乐、布景和演员都以一种重叠的社会模式共同工作,在观众的意识中创造一种统一的体验,就像大脑的神经元一起工作,形成你独特的意识一样。

听歌剧的体验是一种新的事物,它是通过重新塑造和结合旧事物

(音乐、戏剧和诗歌)而建立起来的。在历史的某个阶段,大脑也做了同样的事情,它重新设定了原始的奖赏路径,对声音如何组合在一起的复杂物理波做出反应,并随着时间的推移发生变化,来讲述一个旋律优美的故事。在其他动物的大脑中,这些相同的通路回路为饥饿、口渴和性等简单刺激提供奖赏。这些路径被音乐奖赏路径所吸收。这也许可以解释听歌剧中所能感受到的饥饿、口渴和性——这些也是退化现象。

就像音乐随着时间推移而改变一样,文字也随着时间推移而改变。因为单词不会叠加在和弦上,所以它们比音乐更简单,可以表示为一维的信息字符串。一旦能寻找DNA基因之间的相似性(由4个核苷酸字母组成的字符串)、追溯它们的共同历史的软件被编写出来,将该软件应用于语言单词(由大约20个字母组成的字符串,取决于语言的种类)就是相对简单的转换。

几个世纪以来,语言学家通过学术辩论和逻辑重建了语言的进化。到目前为止,计算机分析已经证实了语言学家们推导出的通用语言树,表明尽管他们有不同的方法,但语言学家和生物信息学专家都认同这个通用语言树。生物信息学方法将现代语言追溯到15 000年前的先祖语言。这一时期也恰逢冰河时代的结束,再次表明稀缺资源促进了创新。

几场辩论使语言学家们产生了严重的分歧,比如语言树之根是发源于安纳托利亚还是庞蒂克大草原。大量的计算机分析结果支持安纳托利亚发源说。如果这个发源说成立,那么计算机可能有助于解决历史上关于文字分布形态的争论。(尽管我的猜测是,不久之后,持庞蒂克大草原假说的人也会发现其具有竞争力的计算机模型,从而将这两个假说带回静态的思想冷战中。)

然后我们就可以从像阅读基因一样阅读单词转移到像阅读单词一样阅读基因。基因讲述着它们自己的历史故事,这与我们从历史文字和考古学废墟中了解到的是一致的。大多数的基因发现证实了历史学家的观点。在英国居民基因中讲述的移民故事反映了我们从历史中了解到的移民情况。基因证实了民族特性:苏格兰人和爱尔兰人虽然生活在不同的岛屿上,但在基因上非常相似;而德系犹太人和西班牙系犹太人尽管分散,但在基因上非常相似。(在他们的例子中,希伯来语词汇塑造了文化,并在很大程度上保留了相同的遗传词汇。)

甚至我们的宠物也有清晰的遗传历史:狗的DNA记录了狗是如何以及在哪里被驯化的历史,我们现在可以用同样的方式解读马、西红柿、大米等。在大多数情况下,记录在基因中的驯化以特定的方式改变了不同动物物种的外在特征。人类也是这一过程的一部分——当我们驯服自己时,人类的形态已经根据"驯化"模式发生了变化。

古老的患者遗骸里含有古代瘟疫的基因,这些基因是我们所熟悉的。中世纪的麻风病基因看起来和现代的很像,6世纪的查士丁尼瘟疫就是由14世纪导致黑死病的耶尔森菌(*Yersinia*)引起的。瘟疫一直保持不变,因此瘟疫引发的免疫反应也是一样的。不同的人类群体发展出相似的免疫系统来对抗相同的瘟疫,所以这是进化收敛的另一种方式,可以预见,在不同的时间(即不同的瘟疫期间)会产生相同的结果(即相似的免疫系统反应)。

语言加速了比功率

> ……创新的引爆点不是显微镜,而是会议桌。
>
> ——约翰逊(Steven Johnson),
>
> 《好点子的源泉》(*Where Good Ideas Come From*)

文字所带来的物理复杂性可以(最后一次)用蔡森的比功率(ERD)理论来描述。如果你测量系统处理的能量并除以它的质量,那么可以采用蔡森方程,这个方程适用于任何系统:不仅适用于植物、动物、大脑,也适用于植物、动物和大脑的集合,还适用于整个社会及其能源使用设备。如果它变热并有质量,它就有ERD。从史前时代的烹饪之火到我用来打字的笔记本电脑,每一项技术都会变热,而且可以称重。随着时间的推移,ERD技术也在不断发展。

火是第一个被利用的技术,我们看到在南非尖峰地区用火锻造石器,火也帮助产生了高级的人类活动——烹饪。火能分解食物的坚硬部分,使之更容易消化,同时能杀死微生物。这意味着可以从煮熟的食物中获取更多的热量,以满足更大的大脑中更多的渴求能量的神经元(以及围坐在篝火旁的人们),有些人甚至把火的发展与语言的进化联系起来。因为夜间有火,提供额外的时间用来交流发展语言。

社会通过文字、故事和音乐,用集体的脑力来控制这种能量。使用火的文化促使人类越来越多地通过燃烧植物以提供更高的热量,增加了ERD。蔡森估计,觅食者每天消耗2000千卡的热量,而用火的猎人大约消耗4000千卡(包括火的能量)。对于一个没有火的人体,这相当于2瓦/千克,而对于有火的人体,这相当于4瓦/千克。

ERD的下一步发展发生于农业社会,距今11 000—7000年前,农民通过灌溉、犁地和饲养牲畜来控制热量。农业社会通过有控制的燃烧和强大的牛来引导能源,以耕地和研磨谷物,这两者都增加了ERD。总的来说,更多的能量以热量和汗水的形式释放出来。

所有这些使得农业ERD最高达到10瓦/千克(见图11.1)。随着这一事件的发生,文字也变得越来越复杂,产生了《伊利亚特》(Iliad)、《摩西五经》(Torah)、《新约全书》(New Testament)和《可兰经》(Koran)等著作,尽管它们的影响无法量化。

ERD的下一个重大进展是工业革命。越来越热、越来越活跃的事物包括蒸汽机和家用暖气,而这些东西大多是由化石燃料驱动的。定义更复杂的社会是一个更复杂的计算过程,但蔡森坚持认为,"重要的是通过聚集的社会网络的能量流动"。他估计工业社会的ERD增加到50瓦/千克。

今天,似乎所有的东西,包括我的手机,都变得很热,并传播能量。甚至冰箱也通过向外部散发热量来冷却内部,汽车、电脑和飞机现在是主要的能源处理器,它们处理的能源更多,而且比以前的设备更复杂。随着时间的推移,新设备变得更小或更轻,这就通过缩小分数的分母来增加ERD。波音梦想系列飞机的尺寸和以前一样,但是能量使用更高效,质量更小,所以ERD增加了。

所有这些计算都是关于复杂性,而不是价值。如果你的iPhone的ERD比你高,那就意味着iPhone用更少的质量处理更多的能量,并不是

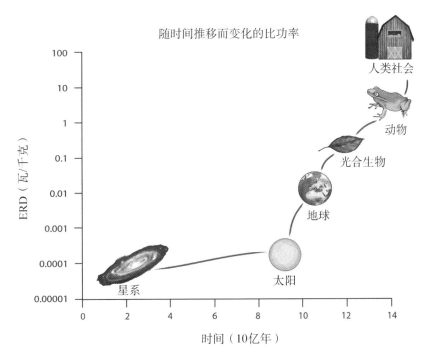

图11.1 比功率随时间的推移而增加,从大爆炸到现在。

数据源自:E. J. Chaisson, "Energy rate density as a complexity metric and evolu-tionary driver", 2011, *Complexity*. 16(3), p. 27, Figure 1, DOI:10.1002/cplx.20323。

说它比你更聪明或更有意识。还要记住,鸟类的ERD比哺乳动物要高,因为它们必须保持轻盈才能停留在高处。难道说你不比那些麻雀值钱吗?显然,动物的ERD也与价值无关。

意识比信息更重要,智慧比能量更重要。ERD是一个系统的物理量,它用一个数字来表示有多少运动部件在一起工作,并且随着时间的推移,ERD会增加——只要系统能够保持在一个循环的能量处理状态。死亡将ERD降为零。

在这些限制下,ERD的优点是简单。它提供了一个数字,我们可以用它来比较从矮星系到蓝鲸再到农业社会的系统,随着时间的推移,这个数字会增加。这与人们认为世界正变得越来越复杂的想法相吻合。通过将复杂性与能量联系起来,它与热力学第二定律相平行,因为增加ERD与第二定律的陈述相一致,即宇宙的熵必须增加。一个向外扩散更多能量的稳定系统会在其外部产生更多熵,即使它降低了内部熵。

贝詹在这个领域也有自己的想法,尽管和往常一样,他的重点是社会流动的结构。贝詹把城市和国家之间的交通网络视为树木。从城市地图的树状特征更容易看出我们是否建立了关于它们的两个新东西:一是交通树是由道路**环路**而不是单向分支构成的;二是一个城市将有多个目的地,每个目的地都有自己的交通树,使用相同的道路。(贝詹的理论关注的是道路上的流动交通,而不是道路本身。)如果是这样,城市地图实际上就像是由许多根系复杂的树木叠加而成的。

贝詹的理论是,经济分布网络也建立起了物质流,其分支结构由较小的部分组成,就像河流或有枝丫的树一样。每一个都是一个高效的自下而上的复杂性的例子。随着社会变得越来越复杂,通过最大限度地增加当地的人口流动,它的结构也变得越来越复杂。贝詹将此与经济学家所称的最经济法则联系起来,这意味着他的理论甚至把经济法看作是由小的、改进的部分组成的分支结构。

显然,事实比贝詹和蔡森的想法更复杂——但令人着迷的是,他们的想法具有预测性。对两者来说,增加复杂性的过程并不完全是达尔文式的。适者生存和基因改造的遗传在生物学领域起作用,但是大脑通过被称为拉马克式的模式来学习和理解变化。人类没有被编码成建造蜂巢,但他们选择建造城市,不再受限于以捕食者和猎物来定义世界。历史的发展变得越来越不可预测。也许达尔文的进化是可以预测的,所以它显得很无聊,而我们不可预测的大脑帮助我们保持生活的趣味性。

我们一直在吃化学物质

> 一个研究人们公开的、可见的、明显的群众生活的历史学家,若不能在一定程度上也洞悉人们隐蔽的、深藏的生活,便不是一个优秀的历史学家;而他若不能在需要时成为外部事物的历史学家,也就不可能成为一个良好的内在事物的历史学家。
>
> ——雨果(Victor Hugo),
> 《悲惨世界》(Les Misérables)

> 一个人一边弹奏着里尔琴一边说:"生活是真实的,也是认真的。"之后,他走进一个房间,把奇特的东西(食物)塞进头部的一个洞(嘴巴)里。我想,在这些事情上,大自然的幽默感确实有些宽泛……大自然有其闹剧,比如进食的动作或者袋鼠的形状,都是为了满足更残忍的食欲。她把星星和山峦留给那些能欣赏到更微妙好笑之物的人。
>
> ——切斯特顿(G. K. Chesterton),
> 《诺丁山的拿破仑》(The Napoleon of Notting Hill)

蔡森的ERD理论之所以有效,是因为你身体内部的产能和耗能网络与外部的产能和耗能网络相连接,使用的是根据贝詹的树状构造理论构建的流动。外部能量测量可反映生物体或设备内部的复杂性。化学层面上,内部和外部是相互联系的。

日益高效的能源处理网络已经改变了人类基因组中的基因词。其中一个故事来自当农业将牛奶引入人类饮食时。牛奶中含有乳糖,这是一种特殊的糖,必须用一种称为乳糖**酶**的特殊的酶来分解。因为我们是哺乳动物,我们生来就有一个活跃的乳糖酶基因来消化牛奶,所以我们可以吸收牛奶中的钙、蛋白质、脂肪和糖。断奶后,乳糖酶基因被身体的不浪费则不匮乏的机制关闭。成年哺乳动物因关闭了乳糖酶,因此产生了乳糖不耐症。

当社会从狩猎过渡到农耕时,驯养的动物为成年人提供牛奶(以及在一些细菌的帮助下生产的乳制品)。这种新的热量来源增加了ERD,帮助人类生存。任何携带乳糖酶基因的成年人,由于偶然留下了乳糖酶基因,就可以摄入更多的热量,并将基因传给他们的后代。

我们可以从人类和牛的基因中了解到这一点。在不同的社会中,乳糖耐受性基因和哺乳动物驯化基因多次同时启动,这些基因根据达尔文的生存理论被写下来,但延续下去是因为人们选择驯化奶牛并喝牛奶。大脑引导基因改变的方向,并导致人类和牛的基因一起改变了好几次。

乳糖酶在1万年前的中东被激活,然后在6500年前从东北部转移到中欧。这些基因的年龄与牛奶使用的考古证据(像古碗中乳制品的痕迹)的时期相吻合。这个故事要求遗传学、生物化学、地理学和考古学领域的广泛努力。这种协作是专业科学家自己的社交网络,科学家们在这种似蜂巢的网络中一起工作。

社会可以以消极的方式塑造人类的内在化学。在《孩子是如何成功的》(*How Children Succeed*)一书中,作者图赫(Paul Tough)描述了那些学业不佳的学生所面临的教育挑战背后的化学反应。几十年前,这意味着要关注含铅的涂料等外部毒素,但现在图赫关注的是皮质醇等内部"毒素"。

皮质醇是一种应激激素,与其他固醇激素类似,具有四碳环加氧的结构。皮质醇使身体处于"红色警报"状态,在这种状态下,资源从长期建设转向短期应急和能源使用,但这种激素只应在短期压力下产生。如果压力是慢性的,那么皮质醇长期发出的警报状态会侵蚀身体。

在低收入的环境中,贫困带来的压力以及外界的言语和经历会提高体内的皮质醇水平,因此,一个来自社会的无形的思想网络会侵蚀机体健康。压力大、皮质醇水平高的儿童长大后易患上一系列疾病。图赫认为升高的皮质醇水平会损害身体复杂的能量消耗系统,比如免疫系统,因此皮质醇会把外部压力和内部健康联系起来。不过,图赫也带来了一个好消息:皮质醇的损害可以用一种无形的社会力量来抵消,那就是父母的爱和参与。(另一项研究发现,一种名为CRP的压力标记物也有类似的结果。)

皮质醇和CRP的作用表明,我们体内外都是化学物质。这是一个很大的优势,因为来自外部的化学物质可以操纵、固定和增强我们的内部。甚至吃也是一个化学过程,由此我们分解食物中的化学物质,并利用它们的能量。一条化学物之河流经我们的身体,其中的化学物质有好有坏,造成更好或更坏的结果。

将社会分析简化为化学分析总是存在过分简化的风险,但是社会地位和化学在某些层面上确实是相关的。比如,你赚多少钱与你血液中的重金属毒素有关。穷人血液中的镉和铅含量较高,这些金属来自某些有毒物质(如含铅的涂料),而富人血液中的汞和砷来自昂贵的食品(如海鲜)。

当然,并非所有金属在所有浓度下都是有害的。许多老年人需要锌,第八章介绍了锌的化学性质是如何与晚期进化、复杂的生化过程(如衰老)相关联的。化学解决方案是食用富含锌的食物,甚至用一匙硫酸锌粉来补充饮食。最难的不是有没有化学物质,而是**社会对此的接受度**。有文章建议,我们不要用维生素片来补充发展中国家存在的许多常见的化学物质缺乏,而用一种便宜的含有铁、锌、碘和维生素 A 的盐粉效果更好。这篇文章承认,最大的问题不是没有能力支付这些费用,而是要让人们习惯食用。(我自己也有一瓶尚未打开的维生素 D 药片,我打算从周一开始服用。)化学物质的影响不是立竿见影的,人类倾向于抛弃没有带来立竿见影效果的习惯,就像我们的身体在断奶后抛弃了乳糖酶基因一样。

我们所吃的化学物质的变化可以从历史中追溯。骨骼,尤其是牙齿中的化学物质可用来分析。因为当人类从母乳转向其他食物时,牙齿中的钡含量会发生变化,这些变化告诉我们,尼安德特人的孩子 1 岁时就断奶了——这是尼安德特人与我们有类似行为的又一个例子。

稍晚一点的历史时期,在农业发展阶段,牙齿里的锶含量表明,中东的农民迁徙到了欧洲,并把农业文明带到了欧洲,一波又一波的中东移民积极传播农业文化,而不是欧洲人先到中东并带回农业文化。

除了牙齿,我们再来看看古老的牙石,它里面还保存有完整的细菌DNA。(就我个人而言,这让我对牙刷的发明心存感激。)比较新石器时代、中世纪和工业时代的人类牙石,发现新石器时代和中世纪的人类口腔里含有 1000 多种微生物,这些微生物以口腔内的各种糖和脂肪为生。这种情况在工业时代发生了变化,因为工业精制糖和精制淀粉降低了饮食中化学物质的多样性。口腔内的微生物也随之进化,种类也跟着简化。

这听起来像是一件好事,然而**哪些**微生物在工业时代的人的口腔中最活跃？最擅长吃单糖的细菌是变异链球菌（S. mutans），一种能产生酸的微生物，它是龋齿的祸根。变异链球菌的基因在1万年前随着农业的出现而开始改变，特别是它的耐酸和糖代谢基因。变异链球菌进化出吃糖和产生酸的能力，这种酸能腐蚀牙齿，从而产生龋齿。

这些例子表明，我们身体和食物中的金属、糖和微生物与化学逻辑相互作用。由于化学的规律一直是不变的，甚至人类的历史也被化学以可预测和可理解的模式所安排。

在追随化学规则的同时改变世界

人是半人半马的怪物，是肉体与心灵、神圣灵感与尘埃的结合体。

——莱维，
《元素周期表》

我怀疑每一个化学家在内心深处都热爱《星际迷航》中的"竞技场"（我假设这里所有的化学家都是《星际迷航》的粉丝，如果你能找到一个不喜欢《星际迷航》的，你可以挑战我这个假设）。在"竞技场"中，柯克船长（Captain Kirk）不得不用他的智慧与一只叫作戈恩的大型蜥蜴战斗。柯克用化学方法征服了戈恩，他用黄色的硫磺、黑色的煤和蓝色的硝石自制了火药，并用竹子制成的火箭筒向戈恩发射钻石。（别在意流言终结者们说这行不通，因为柯克发现了一些钛制太空竹子之类的东西。）

化学家们希望通过巧妙的化学方法来引导能量，从而改变世界，就像柯克船长一样。我们仍然被环境联系在一起，并被环境所塑造，但现在我们将重新塑造环境。首先是用火，然后是用其他类型的化学物，古代的化学家们改变了地球的颜色,并从地球中提取了具有新性质的新金属。

在一定程度上,从化学物质的性质可以预测新金属被提取的顺序。无反应活性、黄色的金,是最容易从地球上提取出来的。银的反应能力比金强,且和其他化学物质混合在一起需要被分离,所以银是第二个被提取出的。金位居金属之首,它与赋予生命的太阳有关,而银与对应的月球有关。

金和银之后是5种金属,它们在硫化矿里被发现。用化学方法去除硫的过程都是类似的:先加热矿石,再去除硫,然后冷却。锡、铅和铜就是用这种方法被开采、提纯,接着是汞(水银)和锌。这5种金属与希腊神话及早期炼金术中可见的5颗行星有关。

这7种金属代表了人类首次利用集体的脑力和社会的能量,冒险进入元素周期表的其他部分。从金属的化学性质可以看出它们被提纯的大致顺序。如果元素周期表是根据金属的氧化还原电位排列的,那么黄金排在最左边,其次是5种经典金属,只有丰富的铁是例外(见图11.2)。由于人类生活在一个氧化环境中,必须**逆转**氧化,并向金属矿中添加还原电子来获取这些新元素。这对于氧化还原电位更大的金属更容易做到。

正如第八章中的图8.4所示,金属按照其氧化还原电位的排列顺序释放到环境中,但这次是人类,而不是氧气在推动释放。这些金属的释放是为了满足社会对高能源、更轻、更结实材料的需求。当矿工们挖出矿石并进行冶炼时,污染就开始了,这是用新的化学物质破坏环境的平衡。

铁对氧的亲和力意味着它是氧化物,而不是硫化物,从矿石中提取铁需要一种不同的化学物质。在中东,赫梯人发现了制造铁的秘密,并用它制造了战车。当赫梯人制造铁的秘密被发现,铁的使用变得广泛,人类由此从青铜时代转向了铁器时代。

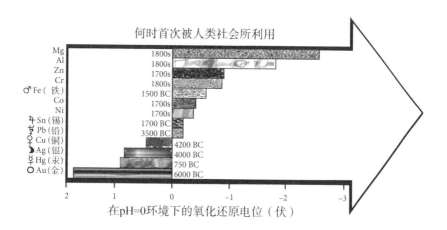

图11.2　人类首先使用氧化还原电位较高的金属,因为这些金属较容易从矿石中分离出来。这些金属被放置在靠近图表底部。最古老的金属与植物有关,并具有炼金术符号。

数据源自:R. J. P. Williams and J. J. R. Frausto da Silva, *The Natural Selection of the Chemical Elements*, 1997, Clarendon Press (Oxford)。

最右边("被还原"的一端)是镁和铝,它们现在很常见,但直到19世纪它们才从地球上开采出来。因这两种金属都被牢牢地附着在矿石中,只有工业时代的电力才能打破这种束缚。于是,镁和铝就成了现代的神奇金属。拿破仑三世时代用铝做的器皿比纯金更值钱。现在,拥有铝器皿稀松平常,因为电力已经使铝司空见惯,而倘若能穿越时间隧道回到那个时代,带上一卷铝箔纸,你就会变得很富有。

化学氧化还原电位决定了形成历史的化学物质发展的顺序。如果有类似地球的拥有智慧生物的星球,黄金和白银在那里都应该是贸易货币,青铜时代应该先于铁器时代出现,早期帝国不应该发现镁和铝。化学决定了金属被发现和使用的顺序。

其中一些化学发展的顺序可以通过岩石地层或微生物垫层的物理证据得到证实。有一个科学家团队挖掘了法国地中海沿岸的微生物垫

层,发现每一层的汞含量都与历史相符:

1. 最早的汞层可以追溯到公元前500年,当时罗马人在西班牙开矿,并将汞扩散到大气和海洋中。在帝国的鼎盛时期(公元前100年—公元200年),微生物垫层中汞含量是"自然"背景水平的2倍,然后随着帝国的崩溃,汞含量又回落了。

2. 在公元1000—1350年的地层中可以看到第二次汞含量的峰值,它比背景水平高4倍。第3个高峰出现在16世纪,汞含量比背景水平高5倍。按照这个标准,文艺复兴只是比中世纪晚期稍微"工业化"了一点。

3. 过去250年的微生物垫层显示,汞含量是背景水平的10倍,这一污染的加速符合工业时代的需求。

其他罗马时代的化学分析表明,罗马帝国时期的城市水含铅量至多是附近泉水的100倍。也许他们确实用铅水管毒害了自己。如果是这样,那就表明当人类改变环境时,环境也会反过来改变我们。

现在,我们正在向原有的生态系统释放新的化学物质,并在化学层面上改变地球。在一些地方,大量的塑料被收集起来,正逐渐转化成一种叫作"塑小球"的新矿物。大多数城市的废水中都含有高水平的碳氧源药物,而我们尚不知这些药物会对生态系统产生什么后果。我们施用的化肥在海洋中释放了大量的硝酸盐,海洋可能会从氮限制变成磷限制。如果说蓝细菌改变了世界的化学平衡,那么也有理由推断人类也会改变世界的化学平衡。

不可预测的且复杂的混乱

[延续本章的第一次引语]……对于一个城市来说,要想在历史中留下自己的印记,就不仅要充满活力,而且要危机重

重且难以治理。一个有着良好法律、精美建筑、干净街道的宁静城市，就像一间满是顺从的呆板学生的教室，或者像一片牧养着阉割公牛的田野——而一座无为而治的城市则是充满希望的城市。

——赫尔普林，

《冬天的故事》

化学的可预测性是广泛的，而不是具体的。为什么是赫梯人而不是以色列人学会了如何冶炼铁呢？（以色列是不是太书生气了？）一种文化通过提供资源和保护冒险者来促进创新，但任何一次进步的时机总是取决于复杂的事件。化学上的预测仅仅是青铜时代先于铁器时代出现。

生物学和历史都是如此。化学可以预测哪种**类型**的物种能够存活，但它只能预测**特定**物种存活的概率。此外，复杂的系统比简单的系统更脆弱。寒武纪大爆发导致了周期性的物种大灭绝。生命在秩序和混乱的分界线上徘徊，复杂的系统更容易偏离这条线。

生命在不断适应中前进。美国州际高速公路系统的建设造就了无数的立交桥，无意间影响了崖燕的演变。当这些燕子离开原来的家园，在立交桥下筑巢时，新的人工栖息地造就了燕子翅膀和身体的新形态。例如，它们的翅膀变短是为了躲避快速行驶的汽车。这种进化性变化的根源是人类社会。

人类社会已经把某些物种一分为二，由于这些物种已经适应了新的城市环境，因而产生了同一种物种的城市版和乡村版。一个例子是一种已经适应生活在伦敦的狐狸，它们和生活在乡村的狐狸之间的基因流大大减少，以至于不久的将来两者可能无法交配——这是界定一个新物种的关键。

城市生活提供了一定的优势,如牛津豚草。由于它们能忍受铁路沿线的恶劣环境,它们获得了通过移动的火车实现远距离传播花粉的好处,并因此传遍了英国。不再只是鸟和蜜蜂能传播花粉,现在是鸟、蜜蜂和火车都可以。

并非所有的物种都能很快适应。一项大规模的研究绘制了在泰国森林被道路和城市破坏前后的动物物种图谱。在人类活动破坏森林不到25年后,几乎所有的小动物都灭绝了。希望"几乎所有"在未来25年内不会变成"所有",但很可能会的。

历史上充斥着人类导致的物种灭绝。在12世纪,十字军战士穿过现在的波兰向北推进,带来了大量的文化上和生物上的变化。威武的欧洲野牛灭绝了,大型野生种(如狼和野牛)被大量捕杀,新的驯化物种被引进。(注意,最大最复杂的哺乳动物往往是最脆弱的。)这些变化有些是有意为之,有些是环境变化引起的无意后果,比如砍伐树木导致的一些后果。

一些证据表明,人类甚至在石器时代就改变了环境。在非洲南部和西部海岸,靠近尖峰的地方,石器时代晚期的贝类化石明显变小了,这表明随着人类变得越来越像人类,他们为了获取更多热量而"过度捕捞"了贝群中个体较大的。此外,8000年前和5000年前的人类活动可能分别向空气中添加了大量的二氧化碳和甲烷,使地球升温了1℃。如果是这样的话,作为ERD增加的直接后果——全球变暖早就开始了。

如果技术让我们陷入这种混乱,那么我们可以改变技术方向来清理混乱。其中一个步骤是以量化方法客观地比较我们所面临的选择。另一个是提供足够的资源和精力来帮助有前途的想法变为现实。敬畏之心提醒我们,以前的社会在无意中毒害地球时起初也是怀着最好的意图,今天的我们可能和那时的他们没有什么不同。我们应该谨慎而客观地采取行动,努力解决我们的混乱局面。

　　地球的化学故事表明,广泛的化学变化已经发生,而且可能会再次发生。当这种变化来袭时,许多美好的东西都将失去,直到新的生物化学将毒素转化为维生素(如第八章和第九章中所说的那样)。我们可以追溯这条道路,找到化学问题的化学解决方案,并限制我们的生物网络、化学网络和社会网络中的混乱。

◇ 第十二章

熟悉的副歌

火箭基地北面的6个岛屿

不过，将磁带多播放几次。我们会发现，每一种音乐中都出现了相似的旋律元素，而且整体结构可能非常相似……把磁带作为一个整体来看，它在某些方面类似于交响乐，尽管它的编曲是内在的，主要是由许多旋律相互作用引起的。

——瓦伦(Leigh Van Valen)对古尔德的
《奇妙的生命》的评论

小时候，我住在佛罗里达州肯尼迪航天中心附近。对我来说，科学全都是关于火箭的：飞往前人未去之地的大火箭，由炽热的氧化剂驱动，以精确的测量为导向。我可以看着航天飞机上升，相信它会回来，它把地球的轨道和我脚下的地面连接起来。我们能在如此浩瀚的旅程中发送空心金属舱，对我来说是难以讲明白的奇迹，即使曾经有两架航天飞机未能成功返回地球。

我曾经对进化有不同的看法。它看起来凌乱、随意、残忍、浪费，完全不像航天中心中那些造型优美的火箭。最重要的是，我觉得研究它看起来很无聊。为什么要研究不可预测的事情？为了确定某件事，你需要看它多次重复进行，对吧？

在我的家乡，我就错过了很多次看到进化起作用的机会。有一个蚊子潟湖，与我曾经为我的科学项目挖掘硫磺淤泥的潟湖相邻。那个潟湖上有6个小岛，"生命的磁带"在那里播放了6次，都得到了同样的结果。进化可能是混乱的、随意的、残酷的、浪费的，但它也是可预见的。

1995年，科学家把产于古巴的沙氏变色蜥带到蚊子潟湖的6个小岛上，那里当时只有绿安乐蜥。每一次，科学家都会观察所发生的事情，并将结果与附近5个只有绿安乐蜥的岛屿进行比较。

经过3年的竞争，绿安乐蜥改变了它们的行为，在树上栖息的高度是原来的2倍。2010年，科学家们回来检查蜥蜴的脚。在被沙氏变色蜥入侵的岛屿上，绿安乐蜥的脚指甲比未被入侵的岛屿上绿安乐蜥的大，有更多的皱褶层。这种脚上的差异也在绿安乐蜥的基因上得以体现。在15年的时间里，绿安乐蜥进化了。（在同一时间跨度内，我对进化的看法也发生了变化，因为我了解到了生物混乱演化背后的化学顺序。）

在许多其他复杂的生态系统中，可以预见的在小时间尺度上的演化差异已经显现出来。可预测性存在于寄生在不同植物上的加州竹节虫的基因中，以及实验室培养的酵母的基因中（酵母培养物以一种性的基础形态重组了基因）。这些实验涉及彼此会相互作用的不同生物体的共同进化，或者广义地说，就是涉及以一个物种为中心的**生物学**复杂性。

与一个物种相关的**地质学**和**化学**作用，也可以通过短期的并行发散或长期的汇聚在进化中引起规则的、可预测的模式。这些模式可以深入进行下去。比如，土壤深处的基岩类型决定了土壤的化学性质，也决定了哪些物种将在这些土壤生长。例如，巨大的红杉生长在富含磷的基岩上,因为它们需要磷来繁衍。(别忘了第二章中叶子中含金的树。)这样,你就可以利用复杂的树木分布图来绘制出基岩的分布图。

随着这些树木的进化,降雨量可以决定它们的发展路径,有时它们只有很少一些选择。当针叶树适应干燥的气候时,它们需要关闭叶片上的气孔以保持水分。它们采用了布罗德里布(Brodribb)等人所称的"惊人的简单性"策略,从两种可选项中选一个,以便快速有效地适应环境压力。

一个研究小组甚至发现,充满压力的新环境可能早就导致了鱼类的行走。瘦长的多鳍鱼(*Polypterous*)能在陆地上生存,所以研究人员在陆地上养了一群多鳍鱼,在水中养了另外一群多鳍鱼。生活在陆地上的多鳍鱼经历了压力更大的生活方式,那真的就是"鱼儿离开了水"的生活。

那群生活在陆地上的多鳍鱼学会的移动方式不像游泳,而更像是行走。它们在实验室里也进化出了不同的形状,其中一些鱼的形状与演化史上第一条可行走的鱼的化石中的形状相匹配。这些科学家重放了"生命的磁带",它的曲调听起来很熟悉。

关于生命进化的争论

> 我们头顶一片天空,繁星闪烁。我们常常躺在地上,仰望群星,讨论它们是被造出来的,还是碰巧出现的。吉姆(Jim)说它们是被制造出来的;但我认为它们是碰巧出现的,因为我认为制造这么多星星需要太长的时间。
>
> ——马克·吐温(Mark Twain),
> 《哈克贝利·费恩历险记》(*Huckleberry Finn*)

在马克·吐温撰写这部小说的一个世纪后,我第一次在布雷思德(Berkeley Breathed)的连环画中看到这段话。它和长期以来人们的讨论相呼应,与古雅典时期斯多葛学派和伊壁鸠鲁学派的辩论没有太大区别。我们所处的宇宙是什么样的?它是根本上有序的还是无序的,是形成于必然还是偶然?

我以本书与古尔德的《奇妙的生命》进行对话。古尔德站在哈克(Huck)的老派观点这边。古尔德强调了寒武纪生命形式的奇异性,并推断只有极少数的路径可以从那时通向人类的出现。让我们回到古尔德在第一章中的所写的那段话:"把生命的磁带倒回伯吉斯页岩所代表的古老时期;让它从一个相同的起点重新播放,任何像人类一样的智慧生物出现的机会变得很小很小。"

但在过去的1/4个世纪里,更多的证据已经浮出水面。我们发现了更多的寒武纪化石,并发现生命大爆发的时间比仅仅由伯吉斯页岩显示的时间要**长**。经历的时间越长,进化就有更多的时间去选择最有效的方式。我们已经在第十一章中看到环境压力加速进化,同样使最有效的方式更有可能出现。对伯吉斯页岩化石形态进行更深入的比较,揭示出更多的图案,显示出很多化石实际上类似于我们眼熟的生物。然后,生物形态之争主要成了古尔德和莫里斯之间的辩论。

一个不同的角度源自实验室里的研究。科学家利用烧瓶里的细菌,反复播放"生命磁带"。这个领域由伦斯基(Richard Lenski)创立,被称为实验进化。自从《奇妙的生命》出版以来,伦斯基的实验一直在持续进行,产生了6万多代细菌,并发现了在特定情况下预测进化方向的规则。古尔德的"生命磁带"理论与这些实验结果相悖。伦斯基在最近的一篇文章里表示:"古尔德声称,如果再给一次机会,进化可能会走完全不同的道路,这是错误的。"

伦斯基的实验表明,即使在摇晃的实验室烧瓶的恒定条件下,进化也会持续地向前推进。当生物分化出一个新的功能时,我们很容易看到进化的发生;但当这个新功能和以前发现的功能趋同时,或是使代谢网络正常化时,就很难辨别是否发生了进化。第十章所示的趋同现象,意味着我们周围的进化比25年前想象的要多,而且比最初设想的更快、更有效。

当微生物演化为更大生物的背景发生改变时,这个故事就会重演。马勒(Mahler)等人通过一项研究发现,加勒比海岛上的蜥蜴(在第十章中曾被简要提及)出现了极端的趋同现象,他们直截了当地说:"古尔德认为,由于历史的偶然性,在长时间尺度上的进化是'完全不可预测和相当不可重复的'。大安的列斯群岛上安乐蜥属动物群体之间的广泛趋同现象驳斥了古尔德的说法,并表明适应性可以克服偶然事件对进化过程的影响。"科学上的相互"批驳",就是哈克和吉姆所称的"斗嘴"。

可预测的化学制约着生物学

另一位与古尔德进行"斗嘴"的科学家,是趋同理论的主要代表人物莫里斯。在《奇妙的生命》中,古尔德赞扬了莫里斯的科学美德,但后来莫里斯对古尔德的"生命磁带"假说提出了质疑。莫里斯的许多文章都列出了一长串的生物特征,这些特征经过多次进化,最终趋向一个共同的结构或功能上。他甚至也写了一本关于伯吉斯页岩的书,叫作《创造的坩埚》(The Crucible of Creation),这本书驳斥了古尔德的观点。

在最近的一部文集中,莫里斯列出了一些典型的记录,说明复杂性是如何从进化趋同中产生的。但在该文集的下一篇文章中,考夫曼扮演了哈克,以针对莫里斯扮演的吉姆。考夫曼是一名生命起源研究者,他首次详细描述了可能发生于本书第五章所描述的生命起源中的自催化多肽循环。我认为,考夫曼关于复杂循环如何从混沌中自然产生的研究,可能是我们推进生命起源研究的最佳选择。在这篇文章中,他强调了在一个复杂的体系中,循环是如何从许多可能的路径中产生的,这可能导致了他那哈克式的观点。

和古尔德一样,考夫曼指出了生命可能占据(但实际上没有占据)的巨大区域,以及生命可能发生于那些区域的难以预测的路径数量。大量的氨基酸可以串在一起,形成单个蛋白质分子。类似蛋白质这样的生物结构可以被利用起来,然后以多种方式重新利用。考夫曼认为,由于这些可能性无法事先列出,我们无法知道一个物种将如何使用一种蛋白质,也无法预测它将如何进化。

具有讽刺意味的是,考夫曼的论据与迈耶等智能设计倡导者的观点相呼应。迈耶也关注了蛋白质中的可能氨基酸的巨大数量,但迈耶这样做是为了说明蛋白质一定是经过合理设计的,而考夫曼这样做是为了说明蛋白质是一定没有经过设计的。

考夫曼把重点放在了一些例子上,比如"扩展适应"。他说,当鱼鳔演化成肺时,谁能预测到呢?我也是不可能预测到这一现象的人中的一员,但那不是我们所倡导的那种可预测性。化学演化不是进行特定的预测,而是选择范围的缩小和领域的倾向性。我**可以**预测,在某个地方,某些物种会进化出在一个开放的空腔中收集富氧空气的能力(不管这种能力是来自鱼鳔还是其他气囊)。暴露于氧的化学势中的细胞将进化出耐受其毒性的机制,然后利用它燃烧碳的能力。

进化可以预测地重塑生物体内收集氧气的空腔,使其能量处理效率更高。可以让更多氧气接触更多细胞的更好形态的空腔,可以处理更多的能量,并表达出对环境的选择性优势。这个空腔的形状可以从多个起点开始,可以随着时间的推移而变化,就像河流中的水分子一样。正如水分子在重力的作用下向低处流一样,生命的集气空腔和其他部位也演化为可增加氧气利用量的形态。

托迪(John Torday)提出了另一系列逻辑有序的事件,这些事件可能在氧气压力的驱动下,将鱼鳔演化成肺。这一论点使用了氧气这把"双刃剑"的另一面。无论选择哪条进化路线,肺的演化似乎都是可以重复发生的,因为鱼鳔基因在真骨鱼体内进化和趋同了4次,提供了可以进化为肺部的许多结构。有人估计,鱼类独立进化出呼吸器官的总次数是68次。这些鱼的进化路径在细节上有所不同,但它们可以预见地达到了相同的目的地几十次。

考夫曼的问题过于集中在起源的一些点上,争论的是一个特定的物种及其呼吸器官。当一种模式植根于更大尺度的生态系统,并受到化学的制约时,就可以在目的地发现它。生命构造的起源可能是不可预测的,但功能化学是由多个这样的起源汇聚产生的,是可预测的。比如,由于氧是最高能量效率的点,多种生物都因氧气出现的不可抗力而逐渐适应并使用氧气。大的演化路径都差不多,精彩的细节各有不同。

考夫曼写道:"我们不仅不知道**将**发生什么事情,我们甚至不知道**可能**发生什么事情。"他太专注于生物个体,而在生态系统的化学中可以看到模式。为什么会有那么多化学上**可能**发生的事情从来没有见过?从化学上讲,锶可以代替钙,为什么我们看不到呢?吸收溴离子的通道可以像排出钾离子的通道一样容易地消除正电荷,为什么我们看不到呢?

即使一些科学家认为砷酸可以替代莫诺湖中微生物的DNA中的磷酸,其他科学家也知道这不是一种化学可能性。化学家们知道,尽管砷酸与磷酸相似,但它不能在水中形成持久的化学键。化学预测磷酸(而不是砷酸)可以塑造莫诺湖中微生物的生物特征,这缩小了这些微生物如何构建DNA的可能性。化学缩小了**可能**发生的和**将要**发生的事件的范围。

自由程度

　　塞利娜(Céline)：好吧,过去的就让它过去吧。世界本来就是这样的。

　　杰西(Jesse)：什么,你真的相信一切都是命中注定的?

　　塞利娜：嗯,你知道,这个世界可能没有我们想象的那么自由。

　　杰西：是吗?

　　塞利娜：是啊,在特定的条件下,每次得到的结果都一样。两份氢加一份氧,你每次得到的都是水。

　　杰西：不,不,不,我是说,如果你的祖母多活了一个星期,或者早一个星期去世,甚至早几天。你知道的,事情就可能会不同。我相信是那样!

　　塞利娜：不! 你不能那样想。

——选自林克莱特(Richard Linklater)导演、

德尔皮(Julie Delpy)和霍克(Ethan Hawke)

主演的影片《爱在日落黄昏时》(*Before Sunset*)

　　如果所有这些关于可预测性的讨论都让人感到窒息,那么在生命和历史的一些层面上,允许偶然性和不可预测性规则出现,或许会让你感到轻松一些。遗传学家林奇(Michael Lynch)已经说服了许多人(包括我)认可基因组中的随机基因漂移。林奇对生命变化的非适应性的强调不太适用于生命的其他层面,比如蛋白质的对称性,或者其他更高层次的过程,这些过程可以通过化学和物理来进行排序。林奇提出的基因随机性可让生命进入环境和生态系统的可预测化学系统中。

化学选择(或环境选择)和随机基因漂移都决定了进化的路径。当生命穿过元素周期表所设定的化学序列时,时间尺度越宽,化学选择就越能确定路径。

在较小的时间尺度内,随机基因漂移可以通过改变作为细胞开关的基因来加速进化。大量漂移的基因可重新组合,从而让生物产生大规模的变化,并且基因漂移与大脑进化的某些步骤有关。即使如此,一旦你退后一步,看看基因漂移形成的网络,也会发现它们显示出可预测的模式。这些模式可以导致进化的不同速度:哺乳动物会很快进化出一种称为"增强子"的DNA序列,但会慢一些进化出被称为"启动子"的DNA序列。尽管老鼠和人类在特定DNA序列上存在小规模的差异,但将老鼠的DNA序列和人类的进行比较后发现,两者的大尺度特征"惊人地相似"。如果进行短期观察,可发现基因表达模式发生了改变;然而,长期来看,核心调控程序保持不变。

越过DNA和RNA的层面,从蛋白质的层面进行观察,某种不可预测性仍然存在。桑顿(Joseph Thornton)和他的同事进行了一系列的实验来重建激素结合蛋白的进化路径。一些蛋白质通过一个特定的序列进化,在这个序列中,两三个对结合没有影响的稀有变化必须在对结合有很大影响的最终变化之前出现。这些最初的变化是罕见的,对生物体没有任何益处,所以它们一定是随机出现的。桑顿解释说,蛋白质的进化是偶然的,因为如果没有这些罕见的初始突变,那些激素根本就不会起作用。

从小尺度来看,比如研究某个**特定**的激素,桑顿是正确的。但即使这个特定的激素,也遵循本书第九章所述的**可预测的**化学模式。和其他固醇类似,这个激素也是由在胆固醇的不同位置加上氧原子而形成的。一个蛋白质要发展出这种氧原子的特定排列的结合位点,其进化的路径很狭窄,但很显然,其他蛋白质会由于各种突变,让氧原子以其他排列方式结合。通用的化学模式是可预测的,而氧原子的具体排列方式不可预测。但是,过分关注特定激素的不可预测性,就像过分关注特定物种进化的不可预测性一样。这就像是说,由于单个水分子随机移动,我们无法预测水会向下流动。

关于蛋白质相互作用的其他研究发现了一定的预测性。这些研究的困难之处在于,你必须解释一种蛋白质所能选取的每一条可能的途径。但有些人已经做到了。一项对 RNA 与蛋白质相互作用的研究发现,81%的时间里,一个蛋白质会选取前30%的可能路径。本质上来说,这条路径只有一个简单的无定向理论所预测的1/3宽。其他时候,这条路径甚至更容易预测,因为单个蛋白质的变化将开启酶的全新活动。

达尔文的斗争与蒲柏的奇迹

我倾向于把所有事物都当作设计规律的产物,其细节不论好坏,都留给我们可以称为机遇的东西去解决。当然,我对这个说法也不是完全满意。

——达尔文

达尔文的内心同时包含着类似哈克和吉姆的两种声音,在写给格雷(Asa Gray)的信中,两种声音针锋相对。达尔文也在与进步的概念作斗争。鲁斯(Michael Ruse)指出,在达尔文的思想中,"绝对没有必要向上改变,达尔文对此一直很清楚,他想在自己和日耳曼式的不可避免的向上进步的观念之间建立一条牢固的界线"。然而,达尔文不能否认,后来的生命形式似乎在某种程度上会随着地球复杂性增加而逐渐发展。

　　过分强调进步,会导致一种脆弱而固执的决定论。一点也不强调进步,则会导致科学研究模糊、混乱、随心所欲,且缺乏预测能力。两者之间有一个特定的角度,即可强调生命流动,又可获得可预测的秩序。这个位于两者之间的点,就像是第四章中位于固体和气体之间的液体,也像是生命的河流。正如河流在下坡时以可预测的模式优化它的分支,生命用可预测的树状模型优化其流动发展的网络。在此处产生更大的复杂性,则在彼处产生有更大的熵。

　　问题不在于随机性和有序性是否都存在,而在于哪一个在主导另一个。答案可能在于客观判断力。我曾经参观过一个耳朵艺术装置:在一个空旷的房间里,40个扬声器围成一圈。在每个扬声器中,都有声音演唱着塔利斯(Thomas Tallis)于16世纪时所作的唱诗班歌曲《寄愿于主而无他》(Spem in Alium)的一部分。走近每个扬声器,您可以听到单独的声部;也可以走到中间,聆听合唱的歌曲。40个声部合起来的复杂性,超越了大脑的处理能力。

　　想象一下,如果这首音乐是"生命的磁带",每一个扬声器都为不同的进化水平贴上了不同的标签。一个扬声器是"基因组结构",产生一个几乎难以听到的低音。旁边是"蛋白质结构",它具有明显的形状,但似乎有些曲折。另一个是"氧气水平",沿着一条上升线歌唱,就像雷德帕斯博物馆氧气图上的那条线。还有一个是"生物类别中科的数量",它经过一些改变后,以自己上升的旋律跟随着"氧气水平"构成复调(见第九章的图9.1)。一个标有"比功率"的扬声器也可能会与整个房间的其他扬声器融合在一起,发出"升高"的声音(见第十一章的图11.1)。

　　我的假设是,化学"扬声器"发出的声音,尤其是"氧气水平",是先于其他音乐的声音,为其他音乐开辟了道路。重要的是,化学变化先于生命进化,化学变化可以从周期表的规则数学模式中预测,包括氧、钙、钠、磷酸盐等的相关变化。

你听到我听到的声音了吗？这听起来有些像吉姆会凭直觉知道而哈克会争论。

类似哈克和吉姆之间的矛盾，或者如何解释秩序和混乱，弥漫于历史之中。在18世纪，人们关注的重点是秩序，正如巴菲尔德所写的那样：

> 诗人和哲学家都对他们认为宇宙被安排的完美**秩序**而感到高兴。他们到处寻找这种秩序的例子。举例来说，蒲柏（Alexander Pope)* 赞扬温莎森林，是因为它是这样一个地方：
>
> **不像是带着碎片和伤痕的混沌之处；**
>
> **而像是一个和谐混杂的世界：**
>
> **在那里，我们目睹了多样化的秩序，**
>
> **在那里，事物不尽相同，却和谐共存。**
>
> 这种对自然规律性的欣赏，如今已是司空见惯。我们并不那么容易从中获得诗意的灵感，而且很难体会它在那个时代带给人们的新鲜感。

在21世纪，我们无法重获蒲柏思想的新鲜感，但我们可以认识到，历史上对秩序和混乱的重视程度有所不同，并且两者都在我们探索这个可理解的宇宙中发挥了作用。在对生命历史的解读中，有一种平衡需要恢复，也有一种对话需要继续。在自然历史的讨论中，对话被非理性地倾斜，以强调随机发展的层面。我们需要再次认识到合理的可预见性之美。

---

* 18世纪英国著名诗人。——译者

超级有序似乎是偶然的

> 罗斯科:等等,站近一点。你得靠近点。让它跳动。让它
> 对你起作用……让它展开。
>
> ——洛根(John Logan)的话剧《红》(Red)

我甚至不承认这一点,但我曾经认为艺术博物馆不值得去看。我认为大部分图片都可以在网上看到。我通过沙玛(Simon Schama)的《艺术的力量》(The Power of Art)发现了罗斯科(Mark Rothko),我为自己的误解而后悔。在那之后,我开车去了隔壁州,只是为了在波特兰艺术博物馆看罗斯科的画展,我还后悔没有去两次。

罗斯科创作了一幅长方形的彩画,有两扇门那么大。当它们缩小到适合于挂历或电脑屏幕时,它们是令人愉快和美丽的。但是亲自近距离看,会感到这些画犹如活物一般。罗斯科知道这一点,并制定了具体的规则,说明他的艺术应该如何呈现。周围的灯光应调暗,并用自然光照亮画作。画作周围不应该有太多的墙(这通常不是问题,因为罗斯科的作品往往会填满一堵墙)。观看者必须来来回回地走动,以便让画充满双眼。这些画令你离它们越来越近,似乎要潜入它们的色彩池中。一名保安告诉我,每半个小时她就得阻止那些忍不住想要触摸这些画作的参观者。

要体验罗斯科的作品,你需要放慢脚步,改变你的视角,前后移动。只有到那时,你才能看到许多层次的颜色、笔触的纹理和逐渐淡入背景的矩形界面。当你移动时,颜色似乎会和你交谈。

罗斯科的绘画是一种体验、一种对话和一种观察练习。它们随着你的视角变化而变化。当你退后一步时,它们像云或水晶一样飘浮;但

当你向前靠近时,它们像水一样流动,随着颜色和笔触旋转缠绕。它们就像化学方程式一样,既具有宏观的平衡,又具有微观的混乱。

科学也有需要变换视角的地方。着眼于物种或种群的生物学视角,关注环境中基因的流动;着眼于数十亿年来海洋和空气变化(以及生物如何响应)的化学视角,则给予同一过程另外一种解释。在生物水平上,基因是随机变化的;在化学水平上,氧气在不断增加,而利用氧气的自然过程也随之增加。哪些物质将成为固体或液体,有哪些物质将会溶解,有哪些物质或结构可提供能量? 这些化学可能性将限制和引导生物的随机性。

在化学上,选择是有限的,有些物种必须发现处理能量的最佳化学物质是氧。贝詹的树状构型理论预测了氧气和热流的形状。蔡森的比功率理论设定更稳定的流动将在多个层次上产生更多的结构复杂性。由此,秩序将在不同的层面上出现。从更广泛的角度来看,秩序也许不是作为一种法则,而是作为一种可预见的**叙述手法**,以此来描述化学过程是如何变化的,以及生物进程是如何跟随化学过程变化的。较低的水平是不可预测的,但较高的水平是相当可预测的。物理学也遵循这一模式:皮米*尺度上的量子不可预测性让位给了人类尺度上的经典可预测性。可见,进行预测也需要正确的视角。

达尔文本人有时从偶然的生物学角度来看待事物,这与可预测的化学视角不同。达尔文写道:

> 让建筑师被迫用从悬崖上掉下来的未切割的石头建造一座大厦。每一块石头的形状是令人意外的;然而每一块碎片的形状都是由重力、岩石的性质、悬崖的坡度这类事件和环境决定的,所有这些都取决于自然规律;但是这些规律与建筑者

---

* 1 皮米 = 10^{-12} 米。——译者

使用每一块石头的目的没有关系。同样的道理,每种生物的变异都是由固定不变的法则决定的,但这些法则与通过选择的力量逐渐建立起来的生物结构没有关系。

这种类比适用于岩石和许多生物结构。类似"熊猫拇指"这样的退化结构,是出于其他目的而发展出来的,通常不是出于当下的需求。单个物种的个体特征,表现出一定的随机性。

但这种类比在化学层面上并不适用。生物体所使用的原子并不是一堆乱七八糟的石头,因为它们的形状是由数学确定的,而其利用率是由它们溶解于水后的化学特性确定的。化学形态与化学用途有一定的关系。对于生命来说,只有大约20个元素是可用的,它们有可预测的任务:磷被用于ATP和DNA,硫用于蛋白质和能源,铁和锰用于古老的化学过程,而铜和锌用于后出现的化学过程。

从某种意义上说,碳是最不可预测的元素,因为它可以形成许多形状,但即使是它的形状也有明确的化学模式。比如,形状不同、功能各异的信号激素往往在内部有含氧的碳环;激素分子周围的保护链也是由碳和氧结合而成的。这些并不是生物体所作的任意选择,而是源自化学定律。随着时间的推移,生物体内大多数结构中的元素(比如氧)预计会变得越来越有用。

麦克法兰(Robert Macfarlane)在著作《古道》(*The Old Ways*)中写道:"山峦地貌在其杂乱无章中显得与众不同,但事实上它们是超逻辑地貌,是由极端气候和引力的严格表现组织起来的:超有序,而看起来又像是偶然的。"这些地貌既随机又有序,受物理学和地质学定律的制约。

按照达尔文的描述,我无法预测每一块岩石的下落,但我可以预测重力定律是如何拉动不同类型的岩石,以及化学定律是如何使一些岩石破碎成特定形状的。我还可以预测,建筑师将使用更大、更方的岩石作为建筑的基础。建筑师会有一系列的选择,但我可以预测建筑将矗立起来。

如果某些事物确实是随机产生的,这种随机性仍然可以用于某个目的。坎宁安(Conor Cunningham)写道:"是的,存在随机性。但就像自私一样,随机性是个衍生物。"科学揭示了自然界中隐藏的随机性和秩序。地质学通过化学塑造生物学,生物学通过化学塑造地质学。地球天生就是一个跨学科的星球,各学科随着时间的推移共同变化,使地球在不同的科学领域之间是不分的。然而,尽管地球非常复杂,却一再让科学家感到惊讶,因为它具有一致性和可预测性。

化学进化的故事

对进化论采用还原论的研究方法……在揭示一个器官转化为另一个器官,甚至一个物种转化为另一个物种的最终基础方面取得了巨大成功,但这些重大发现并不能解释生物发展的历史进程。这就好比单靠对角色的描述,并不能决定戏剧的形式。

——福蒂(Richard Fortey)对莫里斯的
《创造的坩埚》的评论

相比之下,我一直认为自然历史是一个漫长而连续的故事,它不仅包含了各种有序结构的起源和演变,而且将其中许多结构连接在一个认识的总体框架中。

——蔡森

我们的目标在很大程度上是要挑战这种传统观点，将矿物学重新定义为一门历史科学。

——黑曾，

《地球的故事》(*The Story of Earth*)

如果你想知道人们的真实想法，可看看他们所犯的错误。科学新闻中的常见错误是对"错误"类词汇的误用。我在网上浏览时发现了两个相关的例子："5亿年前的'**错误**'导致了人类的出现"和"进化的**意外**使得真菌在我们体内茁壮成长"。第一篇文章讲述了全基因组复制是如何先于脊椎进化的。第二篇是关于真菌如何在进化出坚硬的外壳和保护性色素后感染人类。

其实，这些报道中所称"错误"，完全没有必要被视为错误。从宽泛的角度来看，它们都是合理且可预测的遗传反应的一部分。生物学家夏皮罗(James A. Shapiro)举了几个例子，其中在植物中进行了包括全基因组复制在内的剧烈的基因操作，以加速进化并增加生存机会。全基因组复制是生物面对环境压力时产生的一种可预测反应。

如果妄下结论，认为基因改变是一个没有方向的"错误"，那么这种推测就是一种错误。即使生物的基因随机改变(事实上这样的事情经常发生)，生物的生存也取决于环境，环境对突变的结果设置了限制。"错误"可能比"变异"或"改变"更容易吸引眼球，但它迫使人们只关注到故事的细节，而忽略了与细节相关的大背景。

科学的故事应该包括产生变化的**原因**。像威尔逊这样的杰出科学家，鼓励把科学作为一个故事来讲述。在最近一封写给《科学》的信中，他敦促科学家们使用"……并且……但是……因此……"这样的叙事结构[这是由电视剧《南方公园》(*South Park*)的作者提出来的，他们证明了各种艺术都能与科学对话]。从某种意义上来讲，我们是故事驱动的生物，而科学可以讲述我们所喜欢的伟大故事。

然而，这并不总是有效的。故事，就像音乐，需要时间来沉淀。宇宙不是一天形成的，关于宇宙的故事必须经过大量的编辑，才能通过人类语言融入人类大脑。如果关键的部分失败了，科学故事就可能会被证明是错误的。失败的科学故事往往会出现这些词汇：燃素、以太、稳态宇宙、冷聚变。

但是，犯错的风险是科学固有的风险。即使是最优美的故事也会以某种方式简化，并可能随着进一步的测试而分崩离析。这就是为什么每一个科学故事都在不断地被新的实验测试。每一个故事都可能是不完整的，但是当它们连贯起来时，就会与我们由故事驱动的思维产生共鸣。

古尔德的"生命磁带"是一个过于简单的故事。它假设遗传变化在很大程度上独立于其他事件，而事实上，它们被生态网络中其他物种的生物习性、环境中可用的化学物质和能源效率的物理学规律所束缚。具有讽刺意味的是，考虑到古尔德多次展示了进化的力量，"生命磁带"却认为进化十分缓慢且效率低下。古尔德认为"生命磁带"是无法重放的，这需要一种一次性解决所有困难问题的进化，而不是一种汇聚于重复的、有效的解决方案的进化。与化学驱动和趋同进化相比，古尔德的进化理论是缺乏说服力的。

所有的故事都有一个特定的讲述者，他把故事讲给有限的倾听者。所有这些都是不完整的，并且（有意识地或无意识地）被政治所左右。在19世纪，一位名叫莫顿（Samuel George Morton）的医生收集并测量了1000块人类头骨。他由此得出结论，不同种族的颅骨尺寸明显不同。

100年后，古尔德重新测量了这些头骨，发现它们之间没有显著差异。在《人的误测》(*The Mismeasure of Man*)一书中,古尔德用他的测量得出结论:莫顿要么是有意识地挑选了数据,要么是无意识地篡改了数据。古尔德的结论是合理的,像卡内曼(Daniel Kahneman)的《思考,快与慢》(*Thinking, Fast and Slow*)之类的书讨论了先入之见如何影响看似客观的测量。

但是,故事并没有就此结束。2011年,一组人类学家重新测量了莫顿测量过的头骨,发现这些头骨按种族划分具有统计学上的显著差异。他们得出的结论是**古尔德**是基于先入之见的错误判断者,莫顿的数据更加客观。当然,紧随其后的是《自然》(*Nature*)的一篇评论文章,指出2011年的研究小组有**自己**的一套成见!

在这场比赛的每一轮中,我都越来越不确定我们能知道什么。但是,这不需要我们产生认识论上的绝望;这只是提醒我们,即使是直截了当的测量也都是由测量者头脑中的故事塑造的。从任何故事的片段中,你可以推断出作者的背景。自传只是作者对自己的一部分解释。

古尔德的动机源于对种族主义的反对和正确的信念,即人类是同祖同根的一个物种。鲁斯写了一本关于困扰达尔文的有争议的进步观念的书——《从单细胞生物到人》(*Monad to Man*)。他在书中写道,古尔德之所以想强调进化的随机性和偶然性,是因为他鄙视社会达尔文主义、优生学和种族主义——所有这些都是进化性进步观念所产生的坏故事。毫无疑问,这造就了古尔德在《奇妙的生命》中讲述的随机性故事。但是,古尔德的故事已被太多的科学想象所占据,也必须加以纠正。

我的动机来源也很复杂。我从小就喜欢科学和文学,和其他孩子一样,我把从周围所能得到的故事都"啃"光了:从《星球大战》和《印第安纳·琼斯》(*Indiana Jones*)*等著名的故事,到动漫系列《黄金七城》

---

* 通常译作《夺宝奇兵》。——译者

source自尘埃的世界——元素周期表如何塑造生命 / 403

(Seven Cities of Gold)等更晦涩的故事,再到主日学校的希伯来语和希腊语故事,这些故事结合成一个相互关联的故事。我每天晚上都给我的孩子们编故事,即使我觉得自己像谢赫拉扎德(Scheherazade)* 一样被这种安排困住了。

没有人天生就擅长讲故事。问题的关键在于,你要讲的是什么样的故事?本书这个"世界源于尘埃"的故事以一个普通的奇迹开始:我们已经拥有了一个稳定而规则的宇宙。这个宇宙的规律如此可靠,以至于我们可以回顾137亿年,并重建它的演化过程。

本书的故事核心是稳定的,即使某部分内容将来可能会随着科学的发展而改变。几十年来,本书中的大部分内容都保持不变。威廉斯在20年前预测的化学序列,虽然因近期数据而被重新诠释,但依然被人们所接受。

正如古尔德所建议的那样,让我们把这个故事看作是音乐,然后问一下"生命的磁带"听起来是什么样的。随着时间的推移,音乐和进化以变化的速度或节奏展开。进化因压力而加速,也可能会在地球等待氧气的"无聊的10亿年"间减速。在压力时期,遗传机制会快速改变大量的DNA,而不是缓慢地改变随机的某个DNA片段。如果趋同是进化的主导模式,那么进化比我们想象的还要快,因为生命反复地在同一个结果上趋同。

音乐和进化都是有前后关系的,协调的部分一起成为一个连贯的整体。从无性到有性,从独处到社交,生命逐渐学会了合作。复杂生物将重要的化学过程委托给微生物,以线粒体或肠道微生物的形式进行合作。所有这些合作都需要交流来保持同步,或者从音乐的角度来说,保持和谐。

---

* 传说中她为凶残的国王讲了一千零一个晚上的故事,拯救了千千万万的女子,由此诞生了阿拉伯民间故事集《一千零一夜》(The Arabian Nights)。——译者

最后,音乐和进化随着时间的推移而展开之后,出现了一种促进它们前进的动力。在西方音乐中,这种动力源自和谐与不和谐的相互作用。在进化中,这种动力源自随机遗传漂变和有序化学变化的相互作用。随着时间的推移,氧化率和比功率的增加,对应于周期表中从左到右的箭头。这些分别是穿过天空的箭头(见第四章)、越过海洋的箭头(见第八章),以及穿越金属矿藏的箭头(见第十一章)。没有人预见到,随着复杂性的增加,化学变化和能量优化的浪潮推动进化的发展。就像音乐提升了音色的分辨率,化学通过增加氧化和能量流动,向复杂性的方向发展。

数以百计的科学家进行了数以千计的实验,讲述了一个跨越几十亿年的故事,并且以元素周期表的形式放在一张纸上。这个故事是用各个元素的鲜艳色彩和复杂生化分子的混合色调来描绘的。"生命的磁带"通过灾难性的不和谐而展开,在不可避免的损失之后出现了幸福大结局。

从有序的周期表开始,以美丽的复杂性结束,这是一个了不起的故事。这条叙述线索把我们与世界联系在一起,使其成为我们的家园。

在一个寒冷的十二月夜晚,我们住在凯西堡附近时,我第一次想到了这个故事。那是一个宁静的日子,处于圣诞节和元旦之间,那时其他人都在家待着。当我走到海岸边时,已经筋疲力尽,我只想一个人静静。去度假原本应该是轻松的,但是有4个不到12岁的男孩和我在一起,我需要太多的时间和精力来缓和他们制造的混乱。他们散发了如此多的能量,以至于他们的比功率一定"爆表"了。

我走到海滩,站在那片位于两个世界之间的"稀薄之地"上。这个故事的每一章都有一些东西在这里可以触及。我站在绿色的蛇纹石上,它可能为地球上的第一个生命提供了氢能。波浪冲击和包围着这块岩石,此时我好像站在物质三态的三相点上:身前是液态海洋,头顶是气态空气，脚下是固态地壳。

起初，我只能看到翻滚的浪花和海湾对面的汤森港的灯光。大约15分钟后，一颗闪烁的"星星"吸引了我的目光，它就在我的下面。当我意识到星星难以倒映在波浪中时，我看到了一个又一个的"星星"，仿佛它们在昏暗的海水里眨巴着眼睛。当海浪把其中一个小家伙冲上岸时，我跟了上去。它是一种淡绿色的生物，是可以发出生物荧光的浮游生物。这种类型的生物在10亿年后仍然对氧气感到不适，它们像一个气体火炬一样点燃氧气，倾泻出美丽的能量。

我站在那个古老而黑暗的地方，位于星星和发光的浮游生物之间。在我脚下，岩石上一个平静的小水坑倒映着天上的星星，闪亮的绿色浮游生物则随波逐浪。每个波浪看似一样，实则有异。无论是天上的星星，还是海里的"星星"，它们都起源于原子尘埃。我想我回到家了。

我感觉自己处于混沌初开与宇宙演化的连接线上，心中一个故事像小河一样沿着这条线向前流淌。我站在那里，大地和天空、过去和现在，一起向我涌来。我感觉到自己的渺小，但是因瞥见生命起源的轨迹而心存感激。时间在不知不觉间悄然流逝，到了该展开这个故事的时刻了。

词汇表

专业术语

腺苷三磷酸(Adenosine triphosphate,ATP): 由腺嘌呤核苷和3个磷酸基团连接而成的分子。磷酸基团的断裂反应是可以自发进行的,并可为其他生化反应提供能量。DNA的合成需要核苷酸、磷酸基团和ATP。

铝(Aluminum,Al): 原子序数为13的金属元素,在水中可形成Al^{3+}离子。

氨基酸(Amino acid): 可聚合成蛋白质的分子。自然界中有20种天然氨基酸,它们是由碳、氢、氧、氮和硫组成的。

缺氧(Anoxia): 无氧或低氧的状态。在25亿年前大氧化事件出现之前,地球是缺氧的。

抗氧化剂(Antioxidant): 一类富电子的分子。它们能将自己的电子贡献给缺电子分子,以遏制那些分子的破坏作用。

砷(Arsenic,As): 原子序数为33的类金属元素,在水中可形成AsO_4^{3-}(砷酸根)离子。

ATP合酶(ATP synthase): 细菌、线粒体和质体中的膜蛋白,利用质子制造ATP来获取能量,也被称为复合物V。

条带状铁建造(Banded iron formations,BIFs): 由还原性+2价铁离子与氧气反应形成的氧化铁岩层,与地球历史上两次大氧化事件同时发生。

六大元素(Big Six): 黑曾提出的术语,是地球表面岩石中6种主要元素(氧、铁、钙、镁、铝和硅)的统称。

镉(Cadmium,Cd):原子序数为48的过渡金属元素,在水中可形成Cd^{2+}离子。

钙(Calcium,Ca):原子序数为20的金属元素,在水中可形成Ca^{2+}离子。

寒武纪大爆发(Cambrian Explosion):化石证据显示,从5.42亿年前开始,生命突然爆发性增长。

氯(Chlorine,Cl):原子序数为17的非金属元素,在水中可形成Cl^-离子。

CHON:碳、氢、氧、氮四种元素的符号组合,它们是生命中最常用的四种元素。

柠檬酸循环(Citric acid cycle):由8个反应组成的代谢循环,将醋酸分子分解成二氧化碳,并生成呼吸作用所需的电子载体NADH。一些微生物将其反向运行,用二氧化碳制造出更复杂的分子;也称为三羧酸(TCA)循环或克雷布斯(Krebs)循环。

钴(Cobalt,Co):原子序数为27的过渡金属元素,在水中可形成Co^{2+}离子。

趋同(Convergence):在不同类型的环境中的不同物种进化出相似特征或功能的现象。

铜(Copper,Cu):原子序数为29的过渡金属元素,可在水中形成Cu^+或Cu^{2+}离子。

白垩纪大灭绝(Cretaceous extinction):五次大灭绝中最近的一次,发生在大约6500万年前,包括恐龙的灭绝;也被称为白垩纪-古近纪(K-Pg)灭绝事件或白垩纪-第三纪(K-T)灭绝事件。

细胞色素(Cytochromes):一类可以搭载铁的血红素蛋白,常见于线粒体的呼吸酶中。

脱氧核糖核酸(Deoxyribonucleic acid,DNA):由磷酸连接的核苷酸组成的长链,为细胞制造蛋白质提供编码指令。

比功率(Energy rate density, ERD):表示一个系统每单位质量在每单位时间内处理能量的总量,由蔡森用来量化不同系统随时间推移而变化的复杂性。

酶(Enzyme):一种能催化并加速特定化学反应的蛋白质。

真社会性(Eusociality):动物社会性的最高层次,包括照顾后代和天生的社会角色,其典型例子是蜂群。

铁钼辅因子(FeMoCo):固氮酶的催化中心,由铁(Fe)、钼(Mo)和硫(S)组成,如第八章图8.3所示。

发酵罐(Fermenter):用于培养微生物的容器,那些微生物能分解含碳分子以获取能量,通常需要无氧环境。

基因组(Genome):核苷酸的完整序列,包括生物体 DNA 中的所有基因。

糖酵解(Glycolysis):分解糖类以获取能量的代谢过程。

金(Gold, Au):原子序数为79的金属元素,在水中可形成 Au^{3+} 离子。

大氧化事件(Great Oxidation Event, GOE):25亿年前,当大气从光合微生物中获得稳定且具有可检测水平的氧气后,出现了全球性的变化。还有一个较小的事件发生在大约7亿年前,有时被称为第二次大氧化事件(GOE)。

绿叶挥发物(Green leaf volatiles):从植物中释放出来用于交流和发出气味的含有碳和氧元素的气体小分子,也称为挥发性有机化合物(VOCs)。

血红素(Heme):一种结合了铁的卟啉类化合物,是血红蛋白的一部分,可搭载血液中的氧。

氢(Hydrogen, H):原子序数为1的非金属元素,在水中会失去1个电子而成为质子;酸性物质常含有大量的氢离子。

氢氧根(Hydroxide, OH^-):是碱性物质在水中形成的一种离子,可中和酸中的质子并生成水(H_2O)。

离子(Ion)：是原子或分子失去或获得电子形成的,因此它们是带电荷的;它们在水或晶体中能稳定存在。

铁(Iron,Fe)：原子序数为26的过渡金属元素,可在水中形成Fe^{2+}或Fe^{3+}离子,这取决于环境的氧化作用。

欧文-威廉斯序列(Irving-Williams series)：用于表示过渡金属的键合能力,如第二章图2.3所示,它遵循元素周期表中一个可预测的顺序。

镁(Magnesium,Mg)：原子序数为12的金属元素,在水中可形成Mg^{2+}离子。

锰(Manganese,Mn)：原子序数为25的过渡金属元素,在水中可形成Mn^{2+}、Mn^{4+}或其他价态的离子。

产甲烷菌(Methanogen)：排泄出甲烷的微生物。

嗜甲烷菌(Methanophage)：以甲烷为食物的微生物。

线粒体(Mitochondrion)：富含铁的红色细胞器,能氧化乙酸和脂肪,生成二氧化碳,并产生可用ATP合酶制造ATP的质子梯度;在线粒体中可发现柠檬酸循环和呼吸蛋白。

镍(Nickel,Ni)：原子序数为28的过渡金属元素,在水中可形成Ni^{2+}离子。

还原型烟酰胺腺嘌呤二核苷酸(Nicotinamide adenine dinucleotide hydride,NADH)：能将电子对带到细胞中不同位置的代谢物;这些电子对可以用来建立化学键或"燃烧"(通过与氧结合来呼吸并产生能量);大多数细胞还使用功能类似的且多1个磷酸基因的形式:NADPH。

固氮酶(Nitrogenase)：一种金属酶,它能破坏氮分子(N_2)的稳定三键,可使合成氨(NH_3)的过程更容易,这一过程被称为"固氮"。

核苷酸(Nucleotide)：一类由糖、磷酸和富氮碱基组成的化合物,可聚合成DNA和RNA。

氧化(Oxidized)：化学术语,用来表示电子较少或氧原子较多的物质的化学特性。

二叠纪大灭绝（Permian extinction）：五次大灭绝中的第三次也是最大的一次，发生在大约2.5亿年前，也被称为二叠纪–三叠纪（P–Tr）灭绝事件。

磷（Phosphorus，P）：原子序数为15的非金属元素，在水中可形成PO_4^{3-}（磷酸根）离子。

光合作用（Photosynthesis）：利用光能移动电子，并将二氧化碳转化为糖等化学物质的代谢过程。

质体（Plastid）：植物中富含镁和铁的绿色细胞器，能吸收光能，移动电子，并泵入质子，以利用水和二氧化碳生成ATP、NADH和糖类，同时释放氧气。

卟啉（Porphyrin）：一种由碳、氢、氧、氮组成的扁平状正方形化合物，其中有4个氮原子构成一个小孔，该孔可与元素周期表中间的许多金属相匹配。

钾（Potassium，K）：原子序数为19的金属元素，在水中可形成K^+离子。

活性氧类（Reactive oxygen species，ROS）：由携带额外电子（和质子）的O_2形成的不稳定化合物，如H_2O_2（过氧化氢）和O_2^-（超氧化物）。

氧化还原电位（Redox potential）：氧化还原反应中，产物和反应物之间达到平衡时的电压。当环境氧化时，氧化还原电位较低的反应首先进行。

氧还反应（Redox reactions）：氧化还原反应的简称，它能传输电子（通常还有质子或氧）。

还原（Reduced）：化学术语，用来表示电子或氢原子较多的物质的化学特性。

呼吸（Respiration）：把电子转移到氧气中获取能量的代谢过程。这通常会导致氧化（用碳–氧键代替碳–氢键或碳–碳键，并生成二氧化碳）。

核糖核酸(Ribonucleic acid,RNA):由磷酸连接的核苷酸组成的长链,它的核苷酸比 DNA 的多一个羟基。其中名为 mRNA 的类型,可携带从 DNA 到核糖体的蛋白质制造指令。

核糖体(Ribosomes):主要由 RNA 和蛋白质构成,其功能是利用 mRNA 携带的 DNA 信息来合成蛋白质。

核酶(Ribozyme):一种能催化并加速特定化学反应的 RNA 链。核酶比普通酶少得多,但能在生命中发挥关键作用。

肌质网(Sarcoplasmic reticulum):在肌肉细胞中发现的内质网的一种特殊形式,被激活时释放钙波。

钠(Sodium,Na):原子序数为 11 的金属元素,在水中可形成 Na^+ 离子。

甾醇(Sterol):一类由 4 个相连的碳环组成的化合物,是形成胆固醇、类固醇和其他重要分子的核心。我们制造这类化合物的过程需要氧气。

硫(Sulfur,S):原子序数为 16 的非金属元素,在水中形成 S^{2-}(硫化物)或 SO_4^{2-} 离子。

囊泡(Vesicles):具有球形的化学结构,是由一层油包裹水形成的。

锌(Zinc,Zn):原子序数为 30 的过渡金属元素,在水中可形成 Zn^{2+} 离子。

人物

贝詹(Bejan, Adrian):一位工程师,他发展了构造理论,以此来描述为什么在不同的环境中携带物质和能量的分支流动具有相似性;《形状与结构——从工程到自然》(*Shape and Structure, from Engineering to Nature*)(2000 年)一书的作者,《自然中的设计》(*Design in Nature*)(2013 年)的合著者。

卡埃塔诺-阿诺里斯(Caetano-Anollés, Gustavo):计算生物学家,他建造了一种"分子钟",以追溯不同蛋白质在进化史上最早出现的时间。

蔡森(Chaisson, Eric):天体物理学家,他提出了比功率(ERD)的概念,并用其度量能量流动穿过某个系统时的扩散情况以及所导致的结构复杂性。

莫里斯(Conway Morris, Simon)：提出进化趋同理论的古生物学家，著有《生命的解决方案》(2003年)。

古尔德(Gould, Stephen Jay)：古生物学家和进化理论家，著有《奇妙的生命——伯吉斯页岩和历史的本质》(1990年)一书；他在该书中指出，如果进化可像磁带一样倒带和重放，它将走不同的道路，生命看起来会非常不同。

黑曾(Hazen, Robert)：地质学家，著有《地球的故事》(2012年)，他在该书中描述了矿物演化理论。

威廉斯(Williams, R. J. P.)：无机化学家，著有《进化的化学》(*The chemistry of Evolution*)(2006年)和《进化的命运》(2012年)；他通过这些著作提出了一条化学规则：化学物质在水中的丰度和有效性可设定为一套化学序列，这个序列限制了进化的可能途径。

沃尔夫-西蒙(Wolfe-Simon, Felisa)：砷基生命的支持者，论文《一种可以用砷代替磷生长的细菌》(A Bacterium That Can Grow by Using Arsenic Instead of Phosphorus)的主要作者。

图书在版编目(CIP)数据

源自尘埃的世界:元素周期表如何塑造生命/(美)本·麦克法兰著;杨先碧,杨天齐译.—上海:上海科技教育出版社,2020.7(2023.12重印)

(哲人石丛书. 当代科普名著系列)

书名原文:A World from Dust: How the Periodic Table Shaped Life

ISBN 978-7-5428-6108-5

Ⅰ.①源…　Ⅱ.①本…　②杨…　③杨…　Ⅲ.①生物化学—普及读物　Ⅳ.①Q5-49

中国版本图书馆CIP数据核字(2020)第086432号

责任编辑　林赵璘　匡志强
装帧设计　李梦雪　杨　静

源自尘埃的世界——元素周期表如何塑造生命
本·麦克法兰　著
加拉·本特　玛丽·安德森　绘
杨先碧　杨天齐　译

出版发行　上海科技教育出版社有限公司
　　　　　(上海市闵行区号景路159弄A座8楼　邮政编码201101)
网　　址　www.sste.com　www.ewen.co
经　　销　各地新华书店
印　　刷　常熟市文化印刷有限公司
开　　本　720×1000　1/16
印　　张　28.25
版　　次　2020年7月第1版
印　　次　2023年12月第2次印刷
书　　号　ISBN 978-7-5428-6108-5/N·1012
图　　字　09-2023-0900号
定　　价　80.00元

哲人石丛书

当代科普名著系列　当代科技名家传记系列
当代科学思潮系列　科学史与科学文化系列

第 一 辑

第二辑

第 三 辑

第四辑

第五辑

自然罗盘——动物导航之谜　　　　　　　　　　　48.00 元
　　詹姆斯·L·古尔德等著　童文煦译

如果有外星人,他们在哪——费米悖论的 75 种解答　　98.00 元
　　斯蒂芬·韦伯著　刘炎等译

美狄亚假说——地球生命会自我毁灭吗?　　　　　42.00 元
　　彼得·沃德著　赵佳媛译

技术的阴暗面——人类文明的潜在危机　　　　　65.00 元
　　彼得·汤森著　郭长宇等译　姜振寰校

源自尘埃的世界——元素周期表如何塑造生命　　80.00 元
　　本·麦克法兰著　杨先碧等译